小粒咖啡水肥光耦合理论与调控模式

刘小刚　杨启良　王心乐　郝　琨　等著

科学出版社

北京

内 容 简 介

本书以调控小粒咖啡水肥光资源高效利用为中心，以综合提高产量和品质为目标，通过作者近8年长期定位研究成果的总结和凝练，系统探索了小粒咖啡水肥光耦合理论与调控模式。全书共分5章，包括小粒咖啡的水氮耦合效应、灌水和保剂对小粒咖啡苗木的节水调控效应、小粒咖啡水光高效利用及提质高产模式、干热区小粒咖啡需水特征研究等内容。

本书可供农田水利、水资源、经济林、生态、环境等专业的生产、教学、科研、管理及决策者阅读参考。

图书在版编目（CIP）数据

小粒咖啡水肥光耦合理论与调控模式/刘小刚等著. —北京：科学出版社，2018.10

ISBN 978-7-03-058782-4

Ⅰ.①小… Ⅱ.①刘… Ⅲ.①咖啡－肥水管理 Ⅳ.①S571.262

中国版本图书馆 CIP 数据核字（2018）第 209285 号

责任编辑：郑述方 / 责任校对：韩雨舟
责任印制：罗 科 / 封面设计：墨创文化

斜 学 出 版 社 出版

北京东黄城根北街 16 号
邮政编码：100717
http://www.sciencep.com

成都锦瑞印刷有限责任公司印刷
科学出版社发行 各地新华书店经销

*

2018 年 10 月第 一 版 开本：787×1092 1/16
2018 年 10 月第一次印刷 印张：11.75
字数：300 千字

定价：98.00 元
（如有印装质量问题，我社负责调换）

《小粒咖啡水肥光耦合理论与调控模式》
编委会成员

前　言

在国际贸易上，咖啡是继石油之后，世界排名第二的原料型产品，它的消费量为可可的 3 倍、茶叶的 4 倍。中国是亚洲地区咖啡的主产国之一，主产区在云南。云南小粒咖啡(Coffea arabica L.)以"浓而不苦，香而不烈，略带果酸味"闻名于世。到 2015 年，云南省小粒咖啡种植面积高达 1.23×10^5 hm²，产量超过 1.20×10^8 kg，种植面积和产量均占我国的 99% 以上。

但由于小粒咖啡种植区季节性干旱频发、水热矛盾突出、水肥光管理粗放，小粒咖啡生产主要受到土壤干旱、营养不足和光照胁迫多重制约，产量和品质得不到保证。干热区作为小粒咖啡重要的生产区之一，年降水量平均为 600～800 mm，90% 的降水集中在 91 天内，尤其是 3～5 月的土壤干旱胁迫严重。旱季大气蒸发量为 1300 mm 以上，属极干旱区。另外，咖啡具有荫蔽栽培的生长习性，合理荫蔽栽培可为咖啡提供适宜的生长发育环境，增强咖啡树抗旱性和抗寒性，避免过度结果而早衰，还能抑制病虫害(如褐斑病、炭疽病、天牛类及根粉蚧害虫)，降低生产管理成本，具有提升咖啡品质和产值的效能。但如果荫蔽作物及荫蔽度选择不合理，就会与咖啡争夺水分、养分和光照，反而抑制咖啡的正常生长和发育。然而目前小粒咖啡水肥管理和荫蔽栽培存在随意性和盲目性。

为了探讨小粒咖啡水肥光耦合理论与调控模式，加速先进水肥光高效利用技术在热带特色作物种植的示范与推广，促进科技与生产的紧密结合，作者从 2011 年就开始在云南省保山市潞江坝干热区小粒咖啡基地和昆明理工大学农业高效用水试验站进行此方面的田间和室内试验研究工作。先后在国家自然科学基金项目"有限灌溉对云南干热河谷区小粒咖啡的水氮耦合效应(51109102)""有限灌溉和荫蔽栽培下干热河谷区小粒咖啡提质高产机制(51469010)""微润灌溉施肥条件下干热河谷区芒果品质调控机制及水肥耦合模式(51769010)"、云南省应用基础研究项目"水光耦合对小粒咖啡水分高效利用的调控机制(2014FB130)"、云南省教育厅重点项目"补充灌溉和氮营养对云南干热河谷区小粒咖啡的提质增产效应(2011Z035)"以及昆明理工大学"季节性旱区农业高效用水创新团队"的资助下，对小粒咖啡水肥光高效调控技术与模式进行了研究。

作者的研究针对过去只注重单一地考虑灌溉节水效应、施肥效应和遮阴效应，强调将灌溉、施肥和荫蔽栽培结合起来，研究小粒咖啡适宜的水肥光高效利用和调控模式；针对过去只考虑最高产量的最佳水肥供应的经济效应，强调提质增产的综合效益最大的生态农业高效用水用肥新模式；针对过去只考虑小粒咖啡对水肥的耦合效应，强调将水肥协同效应与小粒咖啡生长习性、水肥光生长条件、土壤等结合起来，综合考虑研究水肥光高效利用模式、灌溉施肥和科学荫蔽栽培耦合制度。作者先后开展了包括"水氮耦合对小粒咖啡苗木生理特性和水氮利用的影响""小粒咖啡光合特性和抗氧化物酶对有限灌溉和氮素的响应""干旱胁迫—复水与氮肥耦合对小粒咖啡生长及水氮生产力的影响""不同氮素水平下亏缺灌溉对干热区小粒咖啡产量和品质方面的影响""水肥耦合对小粒咖啡苗木生长和水分利用的影响""灌水和保水剂对咖啡生长的影响""滴灌模式和保水剂对小粒咖啡苗木生长及水分利用的影响""保水剂和氮肥对小粒咖啡生长及水分利用的互作效应""水、氮和保水剂对小粒咖啡干物质生产和水氮利用效率的影响""不同遮阴下亏缺灌溉对小粒咖啡生长和水光利用的影响""不同灌水和光强条件下小粒咖啡叶片光响应及光合生理特征""不同遮光和施氮水平对小粒咖啡生长和光合特性的影响""不同遮阴程度下调亏灌溉对干热区小粒咖啡产量、品质和水分利用效率的影响""不同荫蔽栽培模式下亏缺灌溉对小粒咖啡水光利用和产量的影响"和"青枣荫蔽栽培下微润灌溉对小粒咖啡生长和水光利用的影响"15项科学试验，积累了宝贵的科学试验数据。上述试验数据为研究小粒咖啡水肥光高效利用和调控模式奠定了基础。研究建立灌水与肥料的互作效应在小粒咖啡生长、生理、产量和品质方面与水肥高效利用之间的定量关系，提出水肥高效利用指标体系和最佳供水供肥模式。寻求保水剂和水肥的最优组合和模式，在促进小粒咖啡健康生长的同时，提高水肥利用效率，实现小粒咖啡水肥优化管理。将渗透调节物质、根系活力和干物质累积关联起来，探明保水剂和新灌水技术的节水协同效应。提出干热区小粒咖啡的耗水计算方法，解决区域耗水的计算问题。建立灌水与遮阴的互作效应在小粒咖啡生长、生理、产量和品质方面与水肥高效利用之间的定量关系，提出水光高效利用指标体系和最佳供水遮阴模式。通过以上关键技术问题的深入系统研究，形成基于特色热作小粒咖啡水肥光高效利用和优质高产的节水与生态农业综合技术体系，实现热区水肥光资源的合理配置及农业与生态高效用水用肥前沿应用基础理论的突破和发展。本项成果在 *Agricultural Water Management*、*International Journal of Agricultural and Biological Engineering*、*Journal of Environmental Biology*、*Oxidation Communications*、*Environmental and Earth Sciences Research Journal*、*Carpathian Journal of Food Science and Technology*、《农业机械学报》和《应用生态学报》等国内外刊物上发表论文 30 余篇，有的论文在学术界产生了一定的影响。

　　本书由刘小刚、杨启良、王心乐、郝琨等著，各章的撰写人员在书中均有注明。全书由刘小刚统稿。作者在有关小粒咖啡水肥光耦合理论与调控模式的学习和研究过程中，得到了许多老前辈、领导的支持以及同志们的热情帮助。首先感谢国家自然科学基金委和云南省科技厅的大力资助。感谢昆明理工大学的领导和老师的帮助，特别感谢云南省农业科学院热带亚热带经济作物研究所黄家雄、程金焕、李贵平等研究员在学术和试验研究上给予的大力帮助和支持。感谢在野外试验观测和资料分析整理过程中，昆明理工大学硕士研究生钟原、殷欣、耿宏焯、徐航、符娜、张岩、万梦丹、王露、齐韵涛、朱益飞、郝琨、韩志慧、余宁、张文慧等辛勤劳动。感谢张富仓、李伏生等教授对作者工作的指教。

　　小粒咖啡水肥光耦合理论的研究是一项十分复杂的系统工程，作者的研究成果也是初步的，对某些问题的认识还是较肤浅的，还有待于进一步探索和深化。书中不足之处，恳请同行专家批评指正。

刘小刚
2018 年 5 月 18 日

目 录

第1章 概　述

1.1　研究目的与意义

咖啡原产于非洲热带地区，已有 1300 多年的发展史。在国际贸易上，咖啡是继石油之后，世界排名第二的原料型产品，它的消费量为可可的 4 倍、茶叶的 4 倍。作为饮料，它具有健胃、消食利尿、醒脑提神等功效。咖啡内含淀粉、脂肪、糖分和蛋白质等多种营养成分。咖啡、可可和茶叶被列为世界三大饮料，咖啡在产量、消费量、经济价值方面均居世界首位。咖啡栽培较多的是小粒种、中粒种和大粒种，其中小粒种的种植面积和产量分别占世界咖啡种植总面积和总产量的 80% 以上。

咖啡在非洲、美洲、亚洲和大洋洲的热带、南亚热带地区都有栽培，其中斯里兰卡、印度尼西亚、巴西等地区的种植规模较大。世界咖啡种植总面积达到 1190 万 hm^2，总产量 7.76×10^9 kg，总产值 106.25 亿美元。中国是亚洲地区咖啡的主产国之一，主产区在云南。云南小粒咖啡以"浓而不苦，香而不烈，略带果酸味"闻名于世。《云南省生物产业发展规划纲要（2006—2020 年）》将咖啡列为重点发展的产业，云南省"十二五"规划提出将咖啡种植面积增加到 6.66 万 hm^2。到 2015 年为止，云南省小粒咖啡种植面积高达 1.23×10^5 hm^2，产量超过 1.20×10^8 kg，种植面积和产量均占我国的 99% 以上。

但由于小粒咖啡种植区季节性干旱频发、水热矛盾突出、焚风效应明显，水肥光管理粗放，小粒咖啡生产主要受到土壤干旱、营养不足和光照胁迫多重制约。例如，2009 ～2010 年发生了 60 年一遇的特大干旱，全省咖啡绝收多达 4000 hm^2，新植的咖啡苗枯死率高达 40%。大旱导致小粒咖啡产量下降、颗粒过小、不成熟豆比例上升，造成云南省咖啡种植业经济损失近 6 亿元。因此，要保证小粒咖啡的提质高产，关键是进行节水灌溉和土壤养分的科学管理，以改变当地传统的大田漫灌或者不科学灌溉的现状。

小粒咖啡原生于热带雨林下层，在系统发育中形成了喜温凉、湿润和荫蔽环境的生长习性。适当的荫蔽栽培能改善咖啡园内小气候环境、增强咖啡树抗旱性和抗寒性、避免过度结果而早衰，还能抑制病虫害（如褐斑病、炭疽病、天牛类及根粉蚧害虫），同时能防止土壤侵蚀、改善土壤肥力、提高土地利用率、降低生产管理成本，具有提升咖啡品质和产值的效能。适度荫蔽栽培还可以促进咖啡的营养吸收，但如果荫蔽作物及荫蔽度选择不合理，则荫蔽作物会与咖啡争夺水分、养分和光照，抑制咖啡的正常生长和发育。然而目前干小粒咖啡荫蔽栽培存在随意性和盲目性，有关不同荫蔽条件对小粒咖啡生理生态以及水分利用效率的响应机制等方面的基础研究还比较薄弱，并且荫蔽栽培下小粒咖啡的提质高产机理等科学问题还不清楚。

1.2　小粒咖啡水肥光耦合理论研究现状

1.2.1　水分对小粒咖啡生理生态、产量和品质的影响

国外学者对水分亏缺时咖啡的生理特性研究较多。水分亏缺降低咖啡叶片气孔导度和光合速率，其中气孔导度降幅最大，而对叶绿素荧光参数的影响不明显；轻度水分胁迫降低咖啡光合速率、蒸腾速率、可溶性蛋白质、叶绿素、类胡萝卜素、气孔开张率和水势，而增加过氧化物酶活性、脯氨酸、丙二醛含量以及细胞透性。高温旱季灌水能提高咖啡的光合速率、增加开花数和结果数，同时提前花期，而频繁灌水抑制花蕾开放。持续亏水后复水能刺激花蕾同步开放，并能缩短收获期。也有研究表明，花蕾吐白阶段轻度水分亏缺（−0.5～−0.3 MPa）会促进咖啡开花，同时仅在此阶段花蕾表现出次生木质部的性质。水分胁迫能大幅提高咖啡的超氧化物歧化酶、过氧化氢和抗坏血酸过氧化物酶活性，减少细胞破坏，从而增加咖啡的抗旱性能。此外，有关不同品种咖啡的水分生理、抗旱特性及水分胁迫时的基因表达也有较多研究。以上研究大多是在盆栽模拟条件下进行的，有关大田不同灌溉制度下咖啡的生理生态反应机制研究还比较欠缺，很难为小粒咖啡的节水灌溉提供科学依据。

国外关于咖啡的耗水规律研究大多采用估算方法，而国内鲜见报道。国外学者利用径流和波文比的研究方法，得到滴灌条件下 5 年生咖啡的土壤蒸发系数和基础作物系数分别为 0.24 和 0.76。采用双作物系数法，探明巴西咖啡的土壤蒸发系数和基础作物系数分别为 0.35 和 0.65。参考作物蒸发蒸腾量分别<2 mm/d、2～4 mm/d 和>4 mm/d 时，咖啡的基础作物系数分别为 1.27、0.87 和 0.60。喷灌时基础作物系数为 0.52～0.82，滴灌时为 0.50～0.65，并随参考作物的蒸发蒸腾量而变化。虽然咖啡在生长期内耗水量较大，但是有关咖啡节水灌溉的研究成果较少。

土壤干旱是限制咖啡生长及产量最主要的环境因素。国内外有关节水灌溉下小粒咖啡产量及品质报道较少。国外学者研究表明，充分灌溉能大幅提高土壤含水量、叶片相对含水量、气孔导度和产量，部分根区灌溉及亏缺灌溉能改善咖啡豆的品质，部分根区灌溉能在节约灌水 50%的同时大幅提高水分利用效率。采用主成分析法对巴西 3 个生产区的咖啡进行品质研究后表明，咖啡豆的化学组成受种植环境的影响较大，而受灌溉影响不显著。国内学者对咖啡品质的研究集中在不同地域的比较上，研究表明保山、普洱和德宏的咖啡豆品质较优，均达到了国际标准和行业标准，并初步建立了海拔与小粒咖啡品质（千粒重、总糖含量、咖啡因含量和粗脂肪含量等）的相关关系。

有关咖啡水分效应的研究主要集中在生理特性方面，对产量和品质研究较少。尤其对于我国热区咖啡的耗水规律、灌水指标以及对产量和品质的效应很少报道。

1.2.2　施肥对小粒咖啡生理生态、产量和品质的影响

小粒咖啡的开花期、结果期时间长，结实量大，产量较高，所需的营养投入较高，施肥是获得高产的基本措施之一。我国学者采用田间试验，研究不同 N、P、K 匹配对 3

年生小粒咖啡生长、光合特性以及产量的影响。结果表明，N 的缺乏对小粒咖啡生长、光合特性和产量的影响最大，其次为 K，而 P 的影响相对较小。叶面喷施适量的微量元素(B、Zn)可明显增加产量，$N:P_2O_5:K_2O$ 的最佳匹配比例为 $1:0.5:1$，N、P_2O_5、K_2O 的合适用量分别为 100 g/株、50 g/株和 100 g/株。定位试验研究咖啡－荔枝混农林系统中 N、P、K 不同用量及配比也得到了类似的结论。国外学者利用 ^{15}N 标记的方法研究咖啡植株各部分对 N 的吸收利用，从而评估氮肥农学利用效率。但这种方法由于取样手段、检测水平的限制，研究结果存在较大误差。研究施肥和遮阴对 6 年生咖啡生长、产量的影响，结果表明，咖啡的节点数和产量随着遮阴的增加而增加，而施肥对咖啡的叶片数、节点数、每枝的叶面积和产量影响不明显。以叶绿素仪读数为基础，建立咖啡叶片光合色素、全氮含量和叶绿素 a 的相关关系。结果表明，用绿素仪诊断咖啡叶片光合系统的完整性效果较好，便携式叶绿素仪可用来分析的光合色素、总氮，有助于解释咖啡的光化学过程。

　　有关咖啡施肥效应报道较少，国内侧重于光合和产量分析，缺少肥料利用效率和咖啡豆品质的综合考虑，得到的肥料配比有一定的局限性，国外对咖啡的最佳肥料供给模式以及施肥对品质的效应研究较少。

1.2.3　水肥对小粒咖啡生理生态、产量和品质的影响

　　影响咖啡生长、产量、品质及水肥利用的环境因素很多，其中水分和养分起关键作用。国内外有关咖啡科学合理的灌水、施肥以及产量和品质效应研究还很缺乏。只有根据咖啡需水需肥规律，合理进行水分调控，以水调肥，促进养分的吸收，为咖啡的生长发育提供良好的水肥条件，才能获得优质适产。研究 2 种施肥水平和 4 种水分处理(在干季秸秆覆盖、滴灌、秸秆覆盖＋滴灌、对照)对云南小粒咖啡的植株生长和叶片光合特性的影响。结果表明，高施肥量加大了相对生长率，干季水分处理提高了叶片 P_n、G_s、T_r 和 WUE，而叶绿素的荧光特征没有受到影响；在湿季，高施肥量使叶片含氮量和 P_n 增加，导致 WUE 提高。高施肥量显著减小田间光抑制程度，加大了光合的实际光化学效率和热耗散能力，提高了对强光环境的适应性。说明小粒咖啡需要高养分的投入和良好的水分管理，干季田间秸秆覆盖＋滴灌的效果较好，滴灌和秸秆覆盖的效果相近。对移栽后 1 年咖啡进行不同水肥处理(3 种氮磷钾水平和 2 种灌水制度)，研究咖啡的生长状况。结果表明，氮和钾对咖啡树的新梢生长影响显著，氮肥也影响枝条腋芽的节点数。氮、磷、钾对咖啡树的地上干物质和叶面积指数影响不明显。灌水比施肥更能促进咖啡的生长，植株健壮。冬天咖啡的生长最缓慢，非灌溉处理的咖啡树在 10 月份快速生长。研究表明，水分亏缺导致咖啡叶片的净碳同化率和气孔导度显著降低。施氮可以增加咖啡的碳同化率。在灌溉条件下，碳同化率与叶片氮浓度有关。为减短咖啡枝条修剪后的恢复期，评估巴西米纳斯吉拉斯地区不同灌水量和分步施肥对咖啡生长的影响，设置 4 个灌水水平，研究株高、主杆径粗、花冠、节间数量的动态。结果表明，分步施肥并不能提高咖啡的产量，灌水量为 $120\%ET_0$ 时的产量最高。研究土壤水分亏缺和氮营养对盆栽咖啡水分生理和光合的影响，设置 2 个氮素水平(高氮和低氮)和 2 个灌水频率(每天灌水和隔 5 天灌水)。施氮对叶水势的影响不显著。在水分亏缺条件下高氮处理的咖啡植株

相对含水量较高。高氮处理的植株表现出某些渗透调节能力。干旱条件下施氮可以增加细胞壁的强度。在充分灌水条件下，碳同化率与施氮量成正比，气孔导度与施氮量关系不明显。与充分灌溉相比，干旱条件下碳同化率下降68%～80%，气孔导度和蒸腾速率下降了35%。

虽然我国学者对咖啡水肥效应做了初步探索，但缺少对灌水指标的量化分析，有关灌水对咖啡肥料的吸收利用以及咖啡豆的品质效应很少研究。国外对咖啡的水肥效应研究主要集中在生长、生理生态方面，对不同水肥处理下咖啡的水肥利用、产量、品质效应等科学问题还没探明。总之，国内外有关水分处理对咖啡的水分生理研究较多，而对于反映干旱逆境中渗透调节物质和抗氧化酶的研究还很缺乏；并且对于节水灌溉下咖啡的最佳灌水指标、水分利用、产量和品质效应很少报道。有关咖啡的施肥效应研究集中在光合和产量方面，对于肥料利用效率和品质研究不够；有关咖啡水肥互作方面的研究也是集中在生理生态方面。国内对咖啡的水肥管理一直处于粗放状态，有关科学经济的水肥管理模式研究很少报道，尤其是关于节水灌溉条件下小粒咖啡的耗水规律、生理特性、生长动态、产量和品质、水肥高效利用机理缺少系统深入研究。

1.2.4　荫蔽栽培对小粒咖啡生理生态、耗水量、产量及品质的影响

荫蔽栽培会影响光照强度，从而对咖啡的光合特性产生明显的影响。我国学者研究表明，荫蔽栽培不同程度降低叶片光合速率、蒸腾速率、气孔密度和干湿比，而增加气孔导度和叶水势。无荫蔽和荫蔽度较小时咖啡光合速率的日变化呈不对称的双峰曲线，而荫蔽度较大时的光合速率日变化呈单峰曲线。也有研究表明，不同荫蔽下咖啡叶片的光合特性基本相同；与叶片生理特征相比，叶片形态解剖的可塑性较高。研究发现，咖啡的光合速率较低，一般小于$2.5~\mu mol/(m^2 \cdot s)$。荫蔽栽培能增加叶绿素含量，表观量子效率，降低抗坏血酸累积和叶片的表型可塑性，而对主要抗氧化物酶及丙二醛的影响不明显。荫蔽栽培还能降低叶表温度，增加比表面积，而不影响横向节点生长。研究还表明，随着荫蔽度的增加，气孔导度对净光合速率的抑制逐渐降低，光量子通量密度对净光合速率影响不明显。由此可知，目前咖啡荫蔽栽培的生理生态研究大多集中叶绿素、光合和气孔导度等方面，关于光合适应性、冠层结构特点、反映植物耐阴性的光补偿点和光饱和点以及解释光合速率变化的荧光参数等研究不足。

科学合理的荫蔽栽培可为咖啡创造一个适宜的生长发育环境，从而保证高产稳产。我国学者对咖啡荫蔽栽培的研究大多集中在经济效益方面，缺乏对荫蔽栽培指标及模式的优选。目前咖啡立体栽培的模式较多，包括咖啡与橡胶、茶叶、澳洲坚果、香蕉和龙眼等，而各模式的适应性和产值各不相同。海南地区采用咖啡和香蕉间作模式能显著缩短投资回收期、提高产值和增加效益。适当的荫蔽栽培能促进小粒咖啡的生长和提高干豆产量，并增加叶绿素总量和叶片养分含量。荫蔽栽培还能显著改善咖啡杯品质（香气、味道和酸度），并提高干鲜比。

国外研究表明，荫蔽栽培对咖啡的感官指标、大小、缺陷或碎豆比例影响不显著，产量与荫蔽度呈负线性相关。对哥伦比亚咖啡的品质研究表明，高海拔地区荫蔽栽培不

利于咖啡的感官特性(香气、酸度、甜度和苦味)，而对外形特征影响不明显。低海拔地区荫蔽栽培对感官特性影响不明显，而显著减少小豆的数量。采用间作种植可以达到咖啡荫蔽栽培的目的，同时可以获得较高的经济收益。通过调查和试验观测研究了乌干达地区咖啡和香蕉的间作效应，结果表明香蕉作为荫蔽作物对咖啡的产量没有显著影响。无荫蔽栽培和香蕉作为荫蔽作物时小粒咖啡的鲜果年均产量分别为 1230 kg/hm² 和 1180 kg/hm²，中粒咖啡的分别为 1250 kg/hm² 和 1090 kg/hm²。香蕉与咖啡间作提高小粒和中粒咖啡产量的边际效应分别为 9.1 倍和 2.1 倍。在巴西以香蕉作为荫蔽作物，结果显示荫蔽栽培能延后咖啡成熟期，同时增加叶片数、叶面积和下层枝条数，而减少枝条生长点和枝枯病的发生。荫蔽栽培的咖啡产量略高于非荫蔽栽培，但差异性不明显。而对于不同荫蔽栽培下干热河谷区小粒咖啡耗水规律、产量及品质特性等研究还很欠缺，需进一步研究。

1.2.5　灌溉和荫蔽栽培耦合对小粒咖啡生理生态、耗水量、产量及品质的影响

水分或荫蔽栽培单一因素对咖啡的生理生态影响研究较多，而水光耦合效应研究还缺乏系统深入。采用称重控水和人工荫蔽的方法研究咖啡对水分和光照的适应性，结果发现，水光耦合作用对咖啡形态及生理特征的影响不明显。无荫蔽栽培时土壤水分亏缺下咖啡通过气孔限制来抑制光合速率，同时叶片通过渗透调节和降低组织弹性来提高水分利用效率。与水分相比，咖啡对光表现出较高的可塑性。荫蔽栽培时光合速率与叶片生化指标密切相关，荫蔽栽培不能缓解干旱对咖啡的不利影响。

灌溉和荫蔽栽培的耦合作用对咖啡耗水、产量及品质的影响还鲜见报道，而有关养分和荫蔽栽培耦合效应有部分报道。对不同荫蔽和施肥水平下咖啡的生长及产量研究表明，咖啡的节点数和产量随着荫蔽度的增加而逐渐减少，施肥对咖啡的生长及产量影响不显著。荫蔽处理前 3 年对咖啡的营养和生殖生长影响不明显，而后 3 年对节点数、叶面积和产量影响显著。荫蔽处理能提高咖啡叶面积而降低节点数，但对多年的均产影响不明显。另有研究发现，咖啡叶面积和比叶面积随荫蔽度的增加而增加，而产量及鲜果数量随荫蔽度的增加而降低。荫蔽栽培能提高咖啡鲜豆重量，推迟且缩短成熟期。无荫蔽处理的咖啡叶面积和叶片厚度较大，而枝条长度较短。施肥对咖啡树的叶面积、比叶面积和鲜果产量影响不显著。

1.3　小粒咖啡水肥光耦合理论研究的总体思路

为了探明不同水肥和荫蔽栽培策略下小粒咖啡提质高产机理、节水效应以及可实现的有效途径，还需要进一步研究不同水肥和荫蔽栽培策略下小粒咖啡根区土壤水肥迁移转化、生理生态响应机制、生理生态和冠层微环境的定量关系、耗水规律、水肥光高效利用和提质高产机理以及水肥和荫蔽栽培耦合模式这些科学问题。

1.3.1　小粒咖啡水肥光耦合理论与调控模式研究的框架及体系

以提高水肥光资源利用率为中心，以提高小粒咖啡的产量和提升品质为目标，在深

刻认识高效利用水肥光过程、生理生态及其与生态环境关系的基础上，实施考虑环境的节水节肥型生态农业技术措施与水肥光资源的优化配置，其总体框架如图 1-1 所示。

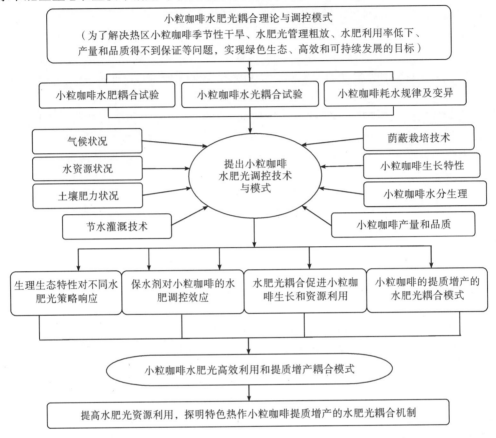

图 1-1　总体框架图

1.3.2　需要解决的关键科学技术问题

　　季节性干旱、土壤营养不足、强光胁迫制约云南小粒咖啡产量的提高和品质的提升，制定科学合理的水肥光耦合管理制度已成为小粒咖啡生态可持续发展的核心。以小粒咖啡为研究对象，通过节水灌溉和水肥光调控，以提高产量和品质为目标，以资源高效利用和促进小粒咖啡健康生长为核心，寻求最佳水肥光供给模式。将小粒咖啡的生理特性与根区水肥环境、冠层微气候环境变化关联起来，探明水肥光高效利用机理，得到最佳灌水指标、施肥量和遮阴程度。探明节水灌溉、施肥和遮阴处理下小粒咖啡生理特性影响的过程、反馈机制和定量关系。明确不同水肥和遮阴（光照）处理对小粒咖啡的产量、品质的调控效应和作用机理。基于不同水肥光照管理模式下云南小粒咖啡"水分—养分（光照）—产量—品质"模型，确定有利于提高产量、品质以及水肥光耦合利用效率的最佳供水、施肥和遮阴参数及遮光模式。

　　（1）建立灌水与肥料的互作效应在小粒咖啡生长、生理、产量和品质方面与水肥高效利用之间的定量关系，提出水肥高效利用指标体系和最佳供水供肥模式。该内容是为了回答不同灌水与肥料之间的互作效应下小粒咖啡生长、生理、产量和品质与作物水肥高效利用之间如何响应的科学问题，并期望提供可操作性的灌水和施肥的最优调控指标。

（2）对于特色热作小粒咖啡，以指导节水灌溉和提高水分利用为目的，开展保水剂与灌水的耦合效应及农业节水集成的模式研究报道较少。寻求保水剂和水肥的最优组合和模式，在促进小粒咖啡健康生长的同时，提高水肥利用效率，实现小粒咖啡水肥优化管理。将渗透调节物质、根系活力和干物质累积关联起来，探明保水剂和新灌水技术的节水协同效应。回答保水剂如何调控小粒咖啡根区水肥环境，促进提高水肥利用和干物质累积的水分－肥料－保水剂最佳组合的科学问题。为小粒咖啡水肥协调和高效利用提供一定的理论依据和实践参考。

（3）建立灌水与遮阴的互作效应在小粒咖啡生长、生理、产量和品质方面与水肥高效利用之间的定量关系，提出水光高效利用指标体系和最佳供水遮阴模式。该内容是为了回答不同灌水与遮阴之间的互作效应下小粒咖啡生长、生理、产量和品质与作物水光高效利用之间如何响应，荫蔽栽培下节水灌溉如何调控小粒咖啡生长的微气候和土壤微生态环境及实现水光高效利用的科学问题，并期望提供可操作性的灌水和遮阴的最优调控指标。

（4）提出干热区小粒咖啡的耗水计算方法，解决区域耗水的计算问题。探明"小粒咖啡需水需肥和用水用肥规律，预测其未来变化趋势，解决小粒咖啡何时需要补充灌溉和施肥，如何获取植物生命需水需肥信息并实行精量控制植物水肥用量的科学问题。

通过以上关键技术问题的深入系统研究，形成基于特色热作小粒咖啡水肥光高效利用和优质高产的节水与生态农业综合技术体系，实现热区水肥光资源的合理配置及农业与生态高效用水用肥前沿应用基础理论的突破和发展。

1.4 基于小粒咖啡提质增产的水肥光高效利用的技术与调控模式

1.4.1 小粒咖啡水肥高效利用及提质高产模式

为探明经济热作小粒咖啡幼树的水氮精准管理模式，研究 4 个灌水水平（W_S：75%~85%FC，W_H：65%~75%FC，W_M：55%~65%FC，W_L：45%~55%FC）和 4 个施氮水平（N_H：0.60 g/kg，N_M：0.40 g/kg，N_L：0.20 g/kg，N_Z：0 g/kg）对小粒咖啡幼树生理特性及水氮吸收利用的影响。结果表明：与 W_L 相比，增加灌水降低叶绿素、类胡萝卜素、丙二醛、脯氨酸和可溶性糖含量分别为 5.8%~15.5%、6.0%~14.4%、14.2%~30.3%、27.6%~60.0%和 22.6%~57.5%，提高根系活力和水分利用效率分别为 15.8%~63.8%和 21.6%~29.6%，降低土壤硝态氮均值 21.5%~36.2%。与 N_Z 相比，增加施氮降低丙二醛 23.8%~49.8%，提高叶绿素、类胡萝卜素、脯氨酸、可溶性糖、根系活力和水分利用效率分别为 49.0%~88.4%、21.9%~60.9%、5.09~7.03 倍、20.7%~52.3%、23.5%~41.8%和 21.6%~53.9%，同时增加土壤硝态氮均值

$2.73\sim14.44$ 倍。N_Z 和 N_L 时氮素吸收总量与灌水量显著正相关；N_M 和 N_H 时水分利用效率和氮素吸收总量均随灌水量先增后减。不同灌水条件下，水分利用效率、氮素吸收总量均与施氮量呈显著二次曲线关系。N_MW_H 组合的水分利用效率最大，同时也为 N_M 和 N_H 处理的氮素表观利用效率和氮素吸收效率最大，因此 N_MW_H 为水氮高效利用组合。

研究 4 个灌水水平（W_1、W_2、W_3、W_4）和 3 个施氮水平（N_1、N_2、N_3）对小粒咖啡生长和生理特性的影响。结果表明：土壤贮水量的降幅在灌水周期内先增后减，灌水后第 3 d 降幅最大。灌水对小粒咖啡叶片光合及水分利用效率的影响大于氮肥，与 W_4 相比，N_1 条件下增加灌水分别在一天不同时刻（10：00、12：00、14：00 和 16：00）提高净光合速率 $19.60\%\sim57.35\%$、$18.06\%\sim94.72\%$、$4.40\%\sim107.62\%$、$2.59\%\sim79.94\%$。叶片净光合速率和蒸腾速率均随着氮肥的增加呈现先增后减的趋势，叶片水分利用效率随着灌水增加而增大。叶片抗氧化物酶（超氧化物歧化酶 SOD、过氧化物酶 POD、抗坏血酸过氧化物酶 APX）活性随着水分减少呈现先增后减的趋势，峰值均出现在 W_3 处理中，同比 W_4 处理分别增加 5.01%、97.70% 和 167.61%，说明水分相对缺乏时，酶活性最强。增加灌水和氮肥都能够提高小粒咖啡株高、茎粗、分枝数、冠幅、叶片数和新枝长度等生长指标。N_2W_2 组合的叶片水分利用效率最大，同时此处理的小粒咖啡生长指标及初次产量也相对较大，因此 N_2W_2 为水氮高效利用的组合。

设置灌水（周期性干旱胁迫后复水）和施氮 2 个因素，4 个灌水模式分别为：充分灌水（I_{F-F}：$100\%ET_0+100\%ET_0$，ET_0 为参考作物腾发量）、轻度干旱胁迫－复水（I_{L-F}：$80\%ET_0+100\%ET_0$）、中度干旱胁迫－复水（I_{M-F}：$60\%ET_0+100\%ET_0$）和重度干旱胁迫－复水（I_{S-F}：$40\%ET_0+100\%ET_0$），3 个施氮水平分别为高氮[N_H：750 kg 纯氮/（$hm^2\cdot$ 次）]、中氮[N_M：500 kg 纯氮/（$hm^2\cdot$ 次）]和低氮[N_L：250 kg 纯氮/（$hm^2\cdot$ 次）]，分 4 次等量施氮。结果表明，小粒咖啡株高、茎粗、产量、水氮生产力受灌水和施氮影响显著，株高和茎粗与日序数呈 S 形曲线关系，干旱胁迫时小粒咖啡叶片光合作用显著下降，复水后大多光合作用指标能不同程度恢复。与 I_{F-F} 相比，I_{L-F} 增加干豆产量 6.91%，而 I_{M-F} 和 I_{S-F} 减少干豆产量分别为 15.20% 和 38.50%；I_{L-F} 和 I_{M-F} 分别增加水分利用效率 18.80% 和 6.02%，而 I_{S-F} 减少水分利用效率 12.14%；I_{L-F} 增加氮肥偏生产力 6.07%，而 I_{M-F} 和 I_{S-F} 分别减少氮肥偏生产力 14.03% 和 35.99%。与 N_H 相比，N_M 增加干豆产量和水分利用效率分别为 20.94% 和 19.31%，而 N_L 分别减少 42.37% 和 41.89%；N_M 和 N_L 增加氮肥偏生产力分别为 81.41% 和 72.90%。与 $I_{F-F}N_H$ 相比，$I_{L-F}N_M$ 增加干豆产量、水分利用效率和氮肥偏生产力分别为 37.62%、52.92% 和 106.44%。回归分析表明，灌水量为 318.01 mm，施氮量为 583.16 kg/hm^2 时，干豆产量（2361.64 kg/hm^2）最大；灌水量为 294.68 mm，施氮量为 583.65 kg/hm^2 时，水分利用效率（0.78232 kg/m^3）最大，即产量和水分利用效率同时达到最大值时最接近 $I_{L-F}N_M$ 水氮组合。因此，$I_{L-F}N_M$ 为小粒咖啡最佳的水氮组合模式。

为探讨小粒咖啡（卡蒂姆 P7963）的节水高效生产模式，通过 3 种滴灌模式：常规滴灌（CDI：$100\%ET_0$，ET_0 为参考作物腾发量）、交替滴灌（ADI：$2/3ET_0$）和固定滴灌（FDI：$2/3ET_0$），3 个施氮水平：高氮[N_H：15 g 纯氮/（株·次）]、中氮[N_M：10 g 纯氮/（株·次）]和低氮[N_L：5 g 纯氮/（株·次）]完全组合试验，研究滴灌模式与氮肥耦合对小粒咖啡幼树生长、光合特性、生物量累积及灌溉水利用的影响。结果表明：小粒咖啡幼树的株高和茎粗与生长天数日序数呈显著的 Logistic 曲线关系。与 CDI 相比，ADI 对小粒咖啡叶片净光合速率、气孔导度和瞬时水分利用效率及地上部分生物量累积的影响不显著，而 FDI 降低明显，ADI 和 FDI 的灌溉水利用效率分别增加 50.59% 和 32.85%。与 N_H 相比，随着施氮量的减少，净光合速率减少 6.81%～12.30%，气孔导度减少 13.70%～22.69%，地上部分生物量累积减少 9.61%～16.67%，灌溉水利用效率减少 9.78%～15.64%。与 $CDIN_H$ 相比，其余处理的净光合速率和气孔导度分别降低 9.16%～19.22% 和 14.49%～32.91%（除 $ADIN_H$ 不明显外），地上部分生物量累积减少 8.26%～27.34%（除 $ADIN_H$ 增加外），而灌溉水利用效率增加 16.46%～60.95%（除 $CDIN_M$ 和 $CDIN_L$ 减少外）。因此，高氮水平下进行交替滴灌（$ADIN_H$）是小粒咖啡幼树节水增效的最佳水氮耦合模式。

为探讨热带特色经济作物小粒咖啡的节水抗旱和水肥资源高效利用模式，采用 4 个灌水水平（充分灌水、高水、中水、低水）和 4 个施肥水平（高肥、中肥、低肥、无肥）的完全处理组合，在智能控制温室内通过盆栽试验，测定了不同水肥处理下小粒咖啡苗木生长及耗水指标（株高、基茎、叶面积、生物量分配、日蒸散量、耗水量及水分利用效率），研究了水肥耦合对小粒咖啡苗木生长、生物量累积及水分利用的影响规律。结果表明：小粒咖啡苗木的生长（株高、基茎、叶面积）和生物量累积随灌水和施肥的增加呈增加趋势。和低水处理相比，灌水增加生物量累积 59.03%～369.77%。小粒咖啡苗木的根冠比和根质量比随灌水量的增加略有减小。小粒咖啡苗木的耗水量随施肥量的增加略有降低，而随灌水量的增加显著增加。和低水处理相比，增加灌水可提高小粒咖啡水分利用效率 7.39%～128.96%。高水中肥处理（土壤含水量控制在田间持水率的 65%～75%，施肥量为 3 g/kg 干土）能促进小粒咖啡生长并保证有较高的水分利用效率。

为探明中国云南干热区小粒咖啡节水和优质适产的水肥管理模式，通过连续 2 年的大田试验，在 3 个 N 水平（N_H：140 g/株、N_M：100 g/株 和 N_L：60 g/株）下，研究了旱季以充分灌水 FI 为对照，3 个亏缺灌水（DI_1、DI_2 和 DI_3，其灌水量分别为 FI 的 80%、60% 和 40%）对小粒咖啡生长、产量、营养品质及水分利用效率的影响，并通过 TOPSIS 法对产量和营养品质的综合效益进行了评价。结果表明：与 FI 相比，DI_1 分别增加 2 年平均咖啡生豆中蛋白质、粗脂肪和绿原酸含量 9.4%、26.0% 和 12.5%，但是降低干豆产量 6.4%。DI_2 和 DI_3 大幅降低干豆产量和水分利用效率，但是增加了咖啡生豆中咖啡因和粗纤维含量。与 N_L 相比，增施氮肥增加干豆产量、水分利用效率、生豆中蛋白质和绿原酸含量分别为 32.9%～42.6%、32.1%～45.4%、5.9%～9.7% 和 7.0%～12.6%，其中 N_M 的干豆产量、水分利用效率和干豆中绿原酸含量最高。FIN_M 处理干豆产量最高，为 5587.42 kg/hm^2，比 FIN_L 增加 31.8%。DI_1N_M 的产量和品质综合效益最优。与 FIN_L 相比，DI_1N_M 处理分别增加 2 年平均干豆产量、水分利用效率和绿原酸含量为 16.9%、29.1% 和 37.0%。因此，干热区小粒咖啡施氮 100 g/株 和适度亏缺灌水（灌水量为 80% 充分灌水量）为适宜的水氮管理模式，同时达到小粒咖啡节水和优质适产的目的。

1.4.2　保水剂对小粒咖啡的水肥调控效应及其与水肥的耦合模式

为探讨热带特色作物小粒咖啡的高效节水模式，研究 3 个保水剂水平(高保、低保和无保)和 3 个灌水水平(高水、中水和低水)对小粒咖啡苗木生理、生长、干物质及水分利用的影响。结果表明：与无保相比，低保分别提高叶绿素、类胡萝卜素和根系活力11.8%、13.4%和52.2%，而分别降低可溶性糖、丙二醛和脯氨酸24.9%、24.3%和55.8%，同时提高总干物质和水分利用效率31.0%和35.9%；而高保分别降低叶绿素、类胡萝卜素、丙二醛和根系活力3.1%、2.4%、13.5%和6.3%，提高叶片可溶性糖和脯氨酸3.7%和75.1%，降低总干物质21.3%，提高水分利用效率8.6%。与低水相比，中水分别提高总干物质、耗水量和水分利用效率89.8%、44.5%和33.2%，高水分别提高总干物质、耗水量和水分利用效率172.8%、104.8%和34.0%。和无保低水相比，低保中水的水分利用效率增幅最大为112.7%，同时提高总干物质158.9%，分别提高叶片相对含水率、叶绿素、类胡萝卜素和根系活力24.4%、19.5%、25.8%和149.9%，分别降低可溶性糖、丙二醛和脯氨酸38.3%、36.4%和68.7%。从高效节水的角度考虑，低保中水为最适宜的搭配方式。

为探讨小粒咖啡节水抗旱和水肥资源高效利用模式，采用 3 个保水剂水平和 3 个施氮水平，研究了保水剂和氮肥对小粒咖啡苗木生长及水分利用的影响。结果表明：低氮、低保处理可以获得小粒咖啡苗木的最大生长量(株高、茎粗及叶面积)。和对照(无氮处理)相比，低氮可使干物质累积量提高 24.10%，而高氮减小干物质累积 11.95%。和无保水剂处理相比，低保水剂提高干物质累积 11.53%，而高保水剂抑制干物质累积8.65%。此外氮肥和保水剂能不同程度地降低日蒸散量，提高水分利用效率；施氮和保水剂可分别提高小粒咖啡水分利用效率 2.72%～35.37%和8.48%～20.24%。小粒咖啡氮素累积量随着施氮量增加先增后降。过高水平保水剂和氮肥都会对小粒咖啡的苗木生长产生明显的抑制作用，而低氮低保处理可同时提高干物质累积和水分利用效率。

水分和氮素是影响小粒咖啡生长发育的两大生态因素。为探求小粒咖啡幼树最佳水氮管理及高效利用模式，通过 2 种灌水水平[中水(W_M, 65%～80%FC)和低水(W_L, 50%～65%FC)]、3 种施氮水平[高氮(N_H, 0.40 g/kg)，低氮(N_L, 0.20 g/kg)和无氮(N_Z, 0 g/kg)]和 2 种保水剂水平[有保(S_H, 1 kg/m³)和无保(S_Z, 0 kg/m³)]的完全处理组合，研究灌水、氮素营养及保水剂对小粒咖啡幼树根区土壤水氮累积、干物质生产和水氮利用效率的效应。研究表明：和 W_L 相比，W_M 提高总干物质量、水分利用效率、氮素吸收总量和氮素干物质生产效率分别为 86.0%、36.4%、73.1%和 5.3%。和 N_Z 相比，N_L 和 N_H 提高水分利用效率和氮素吸收总量的效果基本相同。和 S_Z 相比，S_H 提高土壤硝态氮含量、总干物质量、水利用效率和氮素吸收总量分别为 21.9%～43.0%、78.3%、68.9%和91.2%，而降低氮素干物质生产效率10.0%。在中等供水和低氮条件下，配施保水剂能有效调控土壤水氮供给状况，促进干物质生产和提高水氮利用效率。因此，在本试验条件下，有利于小粒咖啡水氮高效利用的最优试验组合为 $W_M N_L S_H$。

1.4.3　小粒咖啡水光高效利用及提质高产模式

为了探明云南干热河谷区小粒咖啡高产的灌溉和遮阴优化模式，设置了 3 个灌水处理(高水 W_H，中水 W_M 和低水 W_L)和 4 个遮阴处理(S_H，遮阴度 95%；S_M，遮阴度 75%；S_L，遮阴度 55%；S_0，自然光照)，研究了不同的灌水和遮阴对小粒咖啡生长、光合特性日变化、叶片水分利用效率、叶片光能利用效率和产量的影响。结果表明，与 W_L 相比，增加灌水分别提高了株高和新枝长度 5.60%~12.39% 和 10.83%~19.50%，叶片水分利用效率、叶片光能利用效率和干豆产量分别提高了 16.98%~36.79%，61.64%~121.95% 和 47.27%~120.76%。与 S_0 相比，S_L 的日均净光合速率、气孔导度、叶片水分利用效率、叶片光能利用效率和干豆产量分别增大了 5.85%、10.80%、6.64%、28.51% 和 20.05%。与 $W_L S_0$ 相比，增加灌水和遮阴，能同时增大叶片水分利用效率、叶片光能利用效率和干豆产量 13.94%~44.47%，7.96%~231.04% 和 44.55%~143.41%，处理 $W_H S_L$ 的干豆产量最大，为 6131.84 kg/hm²。因此，从最佳产量角度考虑，干热区小粒咖啡的水光耦合模式为 $W_H S_L$ 组合。

采用盆栽试验，研究 3 个灌水水平(W_H：高水；W_M：中水；W_L：低水)和 3 个光强水平(S_0：不遮阴；S_1：轻度遮阴；S_2：重度遮阴)对小粒咖啡叶片光响应曲线、光合、蒸腾及气孔导度等生理指标的影响。结果表明：遮阴对小粒咖啡叶片的叶绿素及胡萝卜素含量的影响大于灌水，与不遮阴相比，增大遮阴强度使叶绿素总量和叶绿素 b 分别增大 13.53%~260.21% 和 31.10%~412.91%；不遮阴和轻度遮阴时，与低水相比，增大灌水量使叶绿素 a、叶绿素 b 和叶绿素总量分别增大 13.30%~110.65%，92.11%~148.36% 和 39.85%~124.30%；不遮阴和轻度遮阴时，与低水相比，增大灌水量提高最大净光合速率 26.61%~185.27%；而重度遮阴时，增大灌水量使最大净光合速率先增大后减少，中水和低水时，与不遮阴相比，增大遮阴强度使最大净光合速率增大 10.73%~103.73%；不同灌水和光强条件下咖啡叶片的净光合速率、蒸腾速率以及气孔导度日变化均呈双峰形，与不遮阴相比，增大遮阴强度使叶片日均净光合速率和日均气孔导度分别增大 12.36%~57.74% 和 4.56%~42.66%，而降低日均蒸腾速率；与低水相比，日均气孔导度和净光合速率随着灌水量增大而显著增大；轻度遮阴和高水组合水分利用效率最大，同时光能利用效率和最大净光合速率最大，$S_1 W_H$ 为小粒咖啡水光高效利用组合。

设 3 个灌水水平(充分灌水、轻度亏缺灌水和重度亏缺灌水)和 4 个荫蔽栽培模式(无荫蔽：单作咖啡；轻度荫蔽：4 行咖啡间作 1 行香蕉；中度荫蔽：3 行咖啡间作 1 行香蕉；重度荫蔽：2 行咖啡间作 1 行香蕉)，研究香蕉荫蔽栽培下亏缺灌溉对小粒咖啡生长、叶片光合特性、水光利用和产量的影响。结果表明：小粒咖啡叶片的净光合速率(P_n)、蒸腾速率(T_r)、气孔导度(G_s)、叶片水分利用效率(LWUE)、叶片表观光能利用效率(LRUE)随灌水量的增大而增大，胞间 CO_2 浓度(C_i)随灌水量的增大而减小；与重度亏缺灌水相比，轻度亏缺灌水和充分灌水的干豆产量分别增加 43.1% 和 57.9%，水分利用效率(WUE)分别增加 20.3% 和 23.8%。P_n、T_r、G_s、LWUE 随荫蔽度的增大呈先增大后减小的趋势，中度荫蔽栽培的增量最大；与无荫蔽模式相比，轻度荫蔽模式干豆产量增加 13.0%，WUE 增加 12.9%，中度荫蔽栽培模式干豆产量增加 23.1%，WUE 增加 23.4%。随着灌水量和荫蔽度的增加，百粒咖啡豆的体积和鲜质量呈不同程度增加，干豆产量增加 2.2%~110.1%，WUE 增加 2.2%~64.2%，其中中度荫蔽栽培下充分灌水的干豆产量和 WUE 增量最大。相同土层深度的土壤含水率随着荫蔽度的增加而减小；在 0～50 cm 土层，土壤含水率随土层深度的增加先增大后减小。LRUE 与光合有效辐射呈显著的负指数关系或符合 Logistic 曲线变化。因此，从优质高产、水光高效利用的综合效益考虑，中度荫蔽栽培下充分灌水是小粒咖啡灌水处理和香蕉荫蔽栽培模式的最佳组合。

1.4.4　小粒咖啡耗水量估算及影响因素评价

基于元谋气象站点 1956～2010 年逐日的降水量、平均风速、平均气压、相对湿度、水汽压、平均温度、日最高气温、日最低气温、日照时数等气象观测资料，计算并分析元谋灌区小粒咖啡需水量和水分盈亏指数的逐日变化、月际变化和年际变化，同时采用相关分析、偏相关分析及通径分析等方法探讨各气象因子对元谋灌区小粒咖啡需水量的影响程度，得出以下结论：

(1)小粒咖啡需水量年内变化趋势呈单峰抛物线形状，3～5 月为小粒咖啡生长需水关键阶段，同时也是水分亏缺量最大时期，小粒咖啡生长对灌溉依赖程度最大，6～8 月则是需水量最低时期，水分亏缺较小，即所需灌溉补给量较少，就季节而言，小粒咖啡生长对灌溉需求量从高到低依次为春季、冬季、秋季、夏季。

(2)近 55 年来小粒咖啡生长需水量呈递减趋势，且水分盈亏年总值 55 年来均为负值，即为水分亏缺。自 1981 年发生突变，20 世纪 80 年代后小粒咖啡需水量呈显著下降趋势，同时水分亏缺量明显减少，表明元谋灌区小粒咖啡生长所需的灌溉补给量逐年显著递减。

(3)对元谋灌区小粒咖啡逐日需水量均值与各气象因子作二元相关分析，得出相关程度从高到低依次为日平均风速、日平均相对湿度、日照时数、日最高气温、日平均水汽压、日降水量、日平均气压、日平均气温、日最低气温。对逐月需水量和各气象因子进行偏相关分析，进一步得出风速和日照时数是对小粒咖啡生长需水量影响最为显著的气象因子。

(4)利用偏相关分析及通径分析等方法对小粒咖啡需水量的不同时间尺度下的变异性进行了归因分析，求取了各个气象因子与小粒咖啡需水量的相关性，分析了气候变化对作物需水量的影响。得到元谋灌区影响需水量最显著的气象因素是风速和日照时数。

参考文献

蔡传涛，蔡志全，解继武，等. 2004. 田间不同水肥管理下小粒咖啡的生长和光合特性[J]. 应用生态学报，15(7)：1207-1212.

蔡传涛，姚天全，刘宏茂，等. 2006. 咖啡-荔枝混农林系统中小粒咖啡营养诊断及平衡施肥效应研究[J]. 中国生态农业学报，14(2)：92-95.

蔡志全，蔡传涛，齐欣，等. 2004. 施肥对小粒咖啡生长、光合特性和产量的影响[J]. 应用生态学报，15(9)：1561-1564.

董建华，王秉忠. 1995. 咖啡光合速率生理生态的研究[J]. 热带作物学报，16(2)：58-64.

董建华，王秉忠. 1996. 土壤干旱对小粒种咖啡有关生理参数的影响[J]. 热带作物学报，17(1)：50-56.

董云萍，黎秀元，闫林，等. 2011. 不同种植模式咖啡生长特性与经济效益比较[J]. 热带农业科学，31(12)：12—16.

杜华波. 2007. 云南咖啡产业可持续发展探讨[J]. 中国热带农业，14(5)：15—17.

杜社妮，梁银丽，翟胜等. 2005. 不同灌溉方式对茄子生长发育的影响[J]. 农业工程科学，21(6)：430—432.

杜太生，康绍忠，胡笑涛，等. 2005. 根系分区交替滴灌对棉花产量和水分利用效率的影响[J]. 中国农业科学，38(10)：2061—2068.

杜太生，康绍忠，张霁，等. 2006. 不同沟灌模式对沙漠绿洲区葡萄生长和水分利用的效应[J]. 应用生态学报，17(5)：805—810.

郭容琦，罗心平，李国鹏，等. 2009. 云南小粒咖啡产业发展现状分析[J]. 广东农业科学，44(3)：209—211.

何永彬，朱彤，卢培泽. 2002. 云南干热河谷特色农业开发[J]. 山地学报，20(4)：445—449.

黄家雄，李贵平. 2008. 咖啡遗传育种研究进展[J]. 西南农业学报，21(4)：1178—1181.

李建洲. 2001. 干热区小粒咖啡抗旱节水与抗寒防冻高产栽培技术[J]. 云南热作科技，24(4)：41—42.

李锦红，张洪波，周华，等. 2011. 荫蔽或非荫蔽耕作制度对云南咖啡质量的影响[J]. 热带农业科学，31(10)：20—23.

李维锐. 2009. 云南咖啡产业发展现状及今后发展对策[J]. 热带农业科技，32(1)：26—29.

李文娆，张岁岐，山仑. 2007. 苜蓿叶片及根系对水分亏缺的生理生化响应[J]. 草地学报，15(4)：299—305.

穆军，李占斌，李鹏，等. 2009. 干热河谷干季土壤水分动态研究[J]. 长江科学院院报，26(12)：22—25.

彭磊，周玲，杨惠仙，等. 2002. 低海拔干热河谷山地小粒咖啡栽培技术[J]. 中国农学通报，18(2)：117—119.

孙燕，董云萍，杨建峰. 2009. 咖啡立体栽培及优化模式探讨[J]. 热带农业科学，29(8)：43—46.

王剑文，龙乙明，解继武，等. 1994. 荫蔽对小粒种咖啡的影响[J]. 热带作物研究，2：31—35.

张洪波，周华，李锦红，等. 2010，云南小粒种咖啡荫蔽栽培研究[J]. 热带农业科技，33(3)：40—48.

Abrisqueta J M, Mounzer O, Alvarez S, et al. 2008. Root dynamics of peach trees submitted to partial rootzone drying and continuous deficit irrigation[J]. Agricultural Water Management, 95 (8)：959—967.

Agnaldo R M, Angela T, Hugo A. 2008. Seasonal changes in photoprotective mechanisms of leaves from shaded and unshaded field-grown coffee (*Coffea arabica* L.) trees[J]. Trees, 22(3)：351—361.

Alena T N, Eliemar C, Jurandi G O, et al. 2005. Photosynthetic pigments, nitrogen, chlorophyll a fluorescence and SPAD-502 readings in coffee leaves[J]. Scientia Horticulturae, 104(2)：199—209

Arantes K R, Faria M A, Rezende F C. 2009. Recovery of coffee tree (*Coffea arabica* L.) after pruning under different irrigation depths[J]. Acta Scientiarum Agronomy, 31(2)：313—319.

Araujo W L, Dias P C, Moraes G A B K, et al. 2008. Limitations to photosynthesis in coffee leaves from different canopy positions[J]. Plant Physiology and Biochemistry, 46(10)：884—890.

Bosselmann A S, Dons K, Oberthur T, et al. 2009. The influence of shade trees on coffee quality in small holder coffee agroforestry systems in Southern Colombia[J]. Agriculture, Ecosystems & Environment, 129(1): 253—260.

Cai C, Cai Z, Yao T, et al. 2007. Vegetative growth and photosynthesis in coffee plants under different watering and fertilization managements in Yunnan, SW China[J]. Photosynthetica, 45(3): 455—461.

Catalina J B, Ricardo H S S, Herminia E P M, et al. 2010. Production and vegetative growth of coffee trees under fertilization and shade levels[J]. Sci. agric. (Piracicaba, Braz.), 67(6): 639—645.

Cavatte P C, Rodriguez-Lopez N F, Martins S C V, et al. 2012. Functional analysis of the relative growth rate, chemical composition, construction and maintenance costs, and the payback time of *Coffea arabica* L. leaves in response to light and water availability[J]. Journal of experimental botany, 63(8): 3071—3082.

Cifre J, Bota J, Escalona J M, et al. 2005. Physiological tools for irrigation scheduling in grapevine (*Vitis vinifera* L.) an open gate to improve water-use efficiency[J]. Agriculture, Ecosystems and Environment, 106: 159—170.

Crisosto C H, Grantz D A, Meinzer F C. 1992. Effects of water deficit on flower opening in coffee (*Coffea arabica* L.)[J]. Tree Physiol, 10 (2): 127—139.

Damatta F M, Loos R A, Silva E A, et al. 2002. Effects of soil water deficit and nitrogen nutrition on water relations and photosynthesis of pot-grown Coffea canephora Pierre[J]. Trees-Structure and Function, 16(8): 555—558.

Damatta F M, Loos R A, Silva E A, et al. 2002. Limitations to photosynthesis in *coffea canephora* as a result of nitrogen and water availability[J]. Journal of plant physiology, 159(9): 975—981.

Dhaeze D, Deckers J, Raes D, et al. 2003. Over-irrigation of *coffea canephora* in the Central Highlands of Vietnam revisited Simulation of soil moisture dynamics in Rhodic Ferralsols[J]. Agricultural Water Management, 63 (3): 185—202.

Franck N, Vaast P. 2009. Limitation of coffee leaf photosynthesis by stomatal conductance and light availability under different shade levels[J]. Trees, 23(4): 761—769.

Gutierrez B F H, Thomas G W. 1998. Phosphorus nutrition and water deficits in field-grown soybeans[J]. Plant and Soil, 207(1): 87—96.

Jaramillo-Botero C, Santos R H S, Martinez H E P, et al. 2010. Production and vegetative growth of coffee trees under fertilization and shade levels[J]. Scientia Agricola, 67(6): 639—645.

Jaramillo-Botero C, Santos R H S, Martinez H E P, et al. 2009. Production and vegetative development of coffee trees grown under solar radiation and fertilization levels, during years of high and low yield[J]. American-Eurasian Journal of Agricultural and Environmental Science, 6(2): 143—151.

Jensen C R, Adriano B, Finn P, et al. 2010. Deficit irrigation based on drought tolerance and root signaling in potatoes and tomatoes[J]. Agricultural Water Management, 98(3): 403—413.

Kang S, Zhang J. 2004. Controlled alternate partial root-zone irrigation: its physiological consequences and impact on water use efficiency[J]. Journal of Experimental Botany, 55 (407): 2437—2446.

Li X, Liu F, Li G, et al. 2010. Soil microbial response, water and nitrogen use by tomato under different irrigation regimes[J]. Agricultural Water Management, 98(3): 414—418.

Liu X, Qi Y, Li F, et al. 2018. Impacts of regulated deficit irrigation on yield, quality and water use efficiency of Arabica coffee under different shading levels in dry and hot regions of southwest China[J].

Agricultural Water Management，204：292－300.

Marin F R，Angelocci L R，Righi E Z，et al. 2005. Evapotranspiration and irrigation requirements of a coffee plantation in southern Brazil[J]. Experimental Agriculture. 41(2)：187－197.

Masarirambi M T，Chingwara V，Shongwe V D. 2009. The effect of irrigation on synchronization of coffee (*Coffea arabica* L.) flowering and berry ripenng at Chipinge，Zimbabwe[J]. Physics and Chemistry of the earth，34(13－16)：786－789.

Nazareno R B，Oliveira C A S，Sanzonowicz C，et al. 2003. Initial growth of Rubi coffee plant in response to nitrogen，phosphorus and potassium and water regimes[J]. Pesquisa Agropecuaria Brasileira，38(8)：903－910.

Ricci M S F，Rouws J R C，Oliveira N G，et al. 2011. Vegetative and productive aspects of organically grown coffee cultivars under shaded and unshaded systems[J]. Scientia Agricola，68(4)：424－430.

Shahnazari A，Ahmadi S H，Laerke P E，et al. 2008. Nitrogen dynamics in the soil-plant system under deficit and partial root-zone drying irrigation strategies in potatoes[J]. European Journal of Agronomy，28：65－73.

Shao G，Zhang Z，Liu N，et al. 2008. Comparative effects of deficit irrigation (DI) and partial rootzone drying (PRD) on soil water distribution，water use，growth and yield in greenhouse grown hot pepper[J]. Scientia Horticulturae，119：11－16.

Sidney C P，Fabio M D，Marcelo E L，et al. 2006. Effects of long-term soil drought on photosynthesis and carbohydrate metabolism in mature robusta coffee (*Coffea canephora* Pierre var. *kouillou*) leaves[J]. Environmental and Experimental Botany，(56)：263－273.

Steiman S，Idol T，Bittenbender H C，et al. 2011. Shade coffee in Hawai exploring some aspects of quality，growth，yield，and nutrition[J]. Scientia Horticulturae，128(2)：152－158.

Tatiele A B，Klaus R，Osny O S，et al. 2007. The ^{15}N isotope to evaluate fertilizer nitrogen absorption efficiency by the coffee plant[J]. Annals of the Brazilian Academy of Sciences，79(4)767－776.

Tiago P S，Carlos M L，Lucilia M R，et al. 2007. Effects of deficit irrigation strategies on cluster microclimate for improving fruit composition of Moscatel field-grown grapevines[J]. Scientia Horticulturae，112(3)：321－330.

Topcu S，Kirda C，Dasgan Y，et al. 2007. Yield response and N-fertilizer recovery of tomato grown under deficit irrigation[J]. European Journal of Agronomy，26(1)：64－70.

Vaast P，Kanten R，Siles P，et al. 2004. Shade：a key factor for coffee sustainability and quality[C]. ASIC 2004. 20th International Conference on Coffee Science，Bangalore，India，11－15 October.

Van Asten P J A，Wairegi L W I，Mukasa D，et al. 2011. Agronomic and economic benefits of coffee banana intercropping in Uganda's smallholder farming systems[J]. Agricultural Systems，104(4)：326－334.

Wolfram S，Somchai O，Martin H，et al. 2009. Yield and fruit development in mango (*Mangifera indica* L.，cv. 'Chok Anan') under different irrigation regimes[J]. Agricultural Water Management，96，(4)：574－584.

（刘小刚、杨启良、王心乐、郝琨、程金焕）

第 2 章　小粒咖啡的水氮耦合效应

2.1　水氮耦合对小粒咖啡苗木生理特性和水氮利用的影响

2.1.1　引　言

咖啡栽培较多的是小粒种、中粒种和大粒种，其中小粒种的种植面积和产量占世界的 80％以上。季节性干旱和土壤贫瘠是制约我国小粒咖啡优质高产的两大因素。小粒咖啡种植区 90％的降水集中在 6～10 月，而在开花结果期(3～5 月)土壤水分极度亏缺。同时小粒咖啡种植以山坡地为主，土壤肥力较低。单纯施肥和灌水往往不能有效改善林木的生长状况，将二者综合考虑可以获得"以水调肥""以肥控水""水肥共济"的效果。研究发现，采取合理的水肥管理措施可显著改善矮化红富士幼树的营养状况，促进新梢生长和提早开花结实。不同水肥组合对橡胶产量和干胶含量影响显著，氮肥与土壤水分、磷肥及钾肥之间存在耦合效应。氮肥对洋白蜡生物量的作用在很大程度上受土壤水分的影响，不同的水肥配合的生物量积累不同。土壤水分是影响毛白杨生物量的主要因素，其次为氮肥和磷肥。随着三者投入量的增加，毛白杨生物量增加；当三者增加到一定程度时，继续投入则使其生物量下降。

前人对小粒咖啡生长的水肥耦合效应做了初步探索。研究发现，小粒咖啡的水肥需求量较大，旱季采用秸秆覆盖结合滴灌能显著促进植株生长，同时提高水分利用效率，研究不同水肥处理(3 种氮磷钾水平和 2 种灌水制度)对移栽 1 年后咖啡生长的影响，结果表明，灌水促进小粒咖啡生长发育的效果大于施肥。氮肥和钾肥对小粒咖啡新梢生长影响显著，同时氮肥影响枝条的腋芽数，而氮磷钾对地上干物质量和叶面积指数影响不明显。氮肥对小粒咖啡生长、光合特性和产量的影响最大，钾肥次之，磷肥影响最小。灌水量为 1.2 倍蒸散量时小粒咖啡的产量最高，分次施肥提高产量不明显。氮肥对小粒咖啡生长、光合特性和产量的影响最大，钾肥次之，磷肥影响最小。而有关水氮耦合对小粒咖啡生长及水氮利用方面的研究还鲜见报道。

水氮是容易调控的两大生态因子，适宜的水氮供给也是植物健康生长的前提。研究水氮耦合效应有助于制定合理的水氮供应模式，提高水氮利用效率，而有关水氮耦合对小粒咖啡生长及水氮利用方面的研究还鲜见报道。本书通过研究不同水氮组合对小粒咖啡幼树生理特性、根区水氮迁移累积和水氮吸收利用的影响，以期为小粒咖啡幼树的水氮高效管理提供一定的理论依据和实践参考。

2.1.2　材料与方法

试验于 2012 年 4～12 月在昆明理工大学智能控制温室内完成，温度为 12～35 ℃，湿度为 50％～85％。4 月 12 日移栽龄期为 1 年且生长均一的小粒咖啡幼树(卡蒂姆P7963，云南潞江坝)到生长盆(上底直径 30 cm，下底直径 22.5 cm，高 30 cm)中，盆底均匀分布 5 个直径为 0.5 cm 的小孔保证根区通气良好。供试土壤为燥红壤土，田间持水量(FC)为 24.3％，土壤颗粒＜0.02 mm 占 7.8％，0.02～0.10 mm 占 32.4％，0.10～0.25 mm 占 45.4％，0.25～1.00 mm 占 13.4％。土壤有机质含量为 5.05 g/kg，全氮为0.87 g/kg，全磷为 0.68 g/kg，全钾为 13.9 g/kg。每盆装土 14 kg，装土容重为 1.2 g/cm³。

试验设 2 因素：灌水和氮肥。4 个灌水水平，分别为充分灌水(W_S，75％～85％FC)、高水(W_H，65％～75％FC)、中水(W_M，55％～65％FC)和低水(W_L，45％～55％FC)。4 个施氮水平，分别为高氮(N_H，0.60 g N/kg)、中氮(N_M，0.40g N/kg)、低氮(N_L，0.20 g N/kg)和无氮(N_Z，0 g N/kg)。磷肥和钾肥施入水平为 0.5 g KH₂PO₄/kg。完全组合设计，共 16 个处理，4 次重复。称重法控制灌水，灌水处理前各处理土壤含水量控制在 75％～85％FC，缓苗后 50 d 后开始灌水处理。试验于灌水处理后 192 d 结束。每 7 d 调换植株位置 1 次，以减少环境造成的系统误差。

分别在试验前期、中期和后期(7.9、9.26 和 12.5)采集小粒咖啡根区土样，测定土壤硝态氮。土壤硝态氮采用 1 mol/L KCl(土液比 1∶5)浸提，紫外可见分光光度计测定。叶片生理指标于 10 月 20 日(旺长期灌水前 1 天)取冠层顶部第 1 片完全展开叶测定，根系活力于 12 月 6 日测定。叶片水分、叶绿素和类胡萝卜素含量、脯氨酸含量、丙二醛含量、可溶性糖含量及根系活力分别采用称重法、乙醇提取比色法、酸性茚三酮法、硫代巴比妥酸比色法、蒽酮比色法和 TTC 还原法测定。试验结束时将植株不同器官分开，105 ℃杀青 30 min 后用 80 ℃烘至恒质量，用天平测定其干质量，凯氏定氮法测定氮素含量。

总耗水量由水量平衡方程计算，水分利用效率为总干物质量与总耗水量的比值。氮素吸收总量为植株各器官氮素含量与其干物质量乘积总和。氮素干物质生产效率为总干物质量与植株氮素吸收总量的比值。氮素表观利用效率为施氮处理的氮素吸收量减去未施氮处理的氮素吸收量与施氮量的比值。氮素吸收效率为植株氮素吸收总量与施氮量的比值。

采用 SAS 统计软件对数据进行方差分析(ANOVA)和多重比较，多重比较采用Duncan 法进行。

2.1.3　结果与分析

1. 水氮耦合对小粒咖啡生理特性的影响

灌水和氮素及其交互作用对小粒咖啡各生理指标影响显著(表 2-1)。和 W_L 处理相比，增加灌水则降低叶绿素、类胡萝卜素、丙二醛、脯氨酸和可溶性糖分别为 5.8％～15.5％、6.0％～14.4％、14.2％～30.3％、27.6％～60.0％和 22.6％～57.5％，而增加根系活力为 15.8％～63.8％。与 N_Z 相比，增加施氮则提高叶绿素、类胡萝卜素、脯氨酸、可溶性糖和根系活力分别为 49.0％～88.4％、21.9％～60.9％、5.09～7.03 倍、20.7％～52.3％和 23.5％～41.8％，而降低丙二醛 23.8％～49.8％。可溶性糖和根系活力随施氮量的增加先增后降，N_M 处理的最高。与 N_ZW_L 相比，除 N_Z 处理外，其余各处理提高叶绿素和脯氨酸分别为 $8.1\%\sim41.7\%$ 和 $85.5\%\sim327.9\%$；N_M 和 N_H 各处理提高类胡萝卜素 $9.7\%\sim31.5\%$。与 N_ZW_L 相比，增加水氮供给会降低丙二醛 $6.8\%\sim63.6\%$；除 N_ZW_M 处理对根系活力影响不明显外，其余处理提高根系活力 $35.0\%\sim141.1\%$。

表 2-1　水氮耦合对小粒咖啡幼树生理特性的影响

氮素水平	灌水水平	叶绿素 /(mg/g)	类胡萝卜素 /(mg/g)	丙二醛 /(nmol/g)	脯氨酸 /(μg/g)	可溶性糖 /%	根系活力 /[μg/(g·h)]
N_H	W_S	16.83±0.15	2.47±0.03	4.11±0.51	23.38±1.83	27.27±1.45	86.90±4.19
	W_H	17.51±0.72	2.57±0.10	5.03±0.43	50.27±2.12	34.75±1.18	71.58±4.52
	W_M	17.96±0.57	2.72±0.07	5.14±0.12	57.06±3.13	39.54±4.39	64.65±0.65
	W_L	18.07±0.84	2.81±0.06	5.63±0.11	69.95±2.56	48.81±4.98	52.55±3.06
N_M	W_S	15.03±0.11	2.17±0.05	4.82±0.48	25.54±2.03	26.41±3.09	86.10±6.61
	W_H	15.94±0.36	2.34±0.06	4.20±0.21	27.05±2.84	36.57±4.19	86.53±2.53
	W_M	16.58±0.02	2.42±0.08	5.16±0.41	40.34±2.25	47.41±5.08	70.74±2.29
	W_L	16.94±0.20	2.47±0.06	5.14±0.09	59.31±4.75	65.74±0.90	57.23±2.26
N_L	W_S	13.99±0.08	2.10±0.08	6.76±0.19	25.37±1.89	25.35±1.11	80.61±2.74
	W_H	14.12±0.34	2.05±0.07	6.07±0.94	35.09±0.16	46.31±2.42	72.55±7.26
	W_M	13.74±0.32	1.94±0.05	6.58±0.25	39.18±0.67	50.35±5.41	59.81±7.74
	W_L	13.78±0.2	1.92±0.03	9.90±0.31	53.94±1.56	67.68±1.40	48.68±0.81
N_Z	W_S	6.17±0.07	1.26±0.13	6.76±0.19	3.97±0.69	16.79±0.25	64.97±6.78
	W_H	8.72±0.29	1.47±0.04	9.39±0.54	3.31±1.02	27.00±2.10	74.97±6.45
	W_M	9.71±0.07	1.70±0.10	10.77±0.19	5.10±1.32	37.38±1.22	35.94±0.16
	W_L	12.75±0.06	2.14±0.07	11.55±0.56	12.60±1.70	43.41±2.65	36.05±2.37
显著性检验(P 值)							
氮素水平		<0.001	<0.001	<0.001	<0.001	<0.001	0.022
灌水水平		<0.001	<0.001	<0.001	<0.001	<0.001	0.038
氮素水平× 灌溉水平		<0.001	<0.001	<0.001	<0.001	0.013	0.024

2. 水氮耦合对小粒咖啡根区硝态氮累积的影响

统计表明，灌水和氮素及其交互作用对小粒咖啡根区土壤硝态氮含量影响显著(图 2-1)。与 W_L 相比，增加灌水分别降低第 1 次、第 2 次、第 3 次及土壤硝态氮均值分别为 $11.1\%\sim17.2\%$、$21.4\%\sim49.0\%$、$37.6\%\sim52.4\%$ 和 $21.5\%\sim36.2\%$。随着灌水和植株对氮素的吸收利用，土壤硝态氮含量明显降低。与 N_Z 相比，增加施氮提高第 1 次、第 2 次、第 3 次及土壤硝态氮均值分别为 $4.78\sim20.13$ 倍、$1.51\sim11.76$ 倍、$1.88\sim11.23$ 倍和 $2.73\sim14.44$ 倍。与 N_ZW_L 处理相比，除 N_ZW_M 处理外，其余各处理提高第 1 次、第 2 次和土壤硝态氮均值分别为 $2.16\sim48.12$ 倍、$2.34\sim34.97$ 倍、$2.30\sim38.43$ 倍和 $2.27\sim40.55$ 倍。总之，随着时间的推移，各处理土壤硝态氮含量明显下降，降幅与灌水水平正相关。

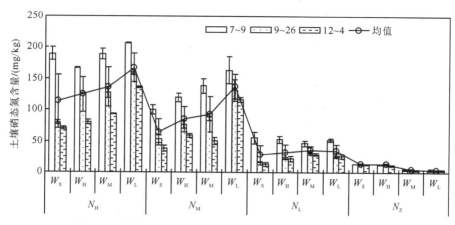

图 2-1　水氮耦合对小粒咖啡幼树根区土壤硝态氮含量的影响

3. 水氮耦合对小粒咖啡水分和氮素利用效率的影响

灌水和氮素及其交互作用对小粒咖啡水分利用效率、氮素吸收总量、氮素干物质生产效率、氮素表观利用效率及氮素吸收效率影响显著（表 2-3）。与 W_L 相比，增加灌水提高水分利用效率、氮素吸收总量、氮素干物质生产效率、氮素表观利用效率和氮素吸收效率分别为 21.6%～29.6%、54.1%～90.0%、6.0%～22.6%、1.51～2.09 倍和66.0%～105.6%，这表明增加灌水能促进植株的水氮吸收利用。与 N_Z 相比，增施氮肥提高水分利用效率和氮素吸收总量分别为 21.6%～53.9% 和 1.26～1.92 倍，而降低氮素干物质生产效率 44.0%～56.4%。与 N_L 相比，N_M 降低氮素表观利用效率和氮素吸收效率分别为 38.4% 和 43.5%，N_H 降低分别为 49.5% 和 57.1%。表明施氮虽然增加了氮素吸收总量，但降低了氮素吸收效率。与 N_ZW_L 相比，除 N_ZW_M 提高氮素吸收总量不明显外，其余处理增加氮素吸收总量 29.2%～333.6%；除 N_ZW_M、N_ZW_H 和 N_ZW_S 外，其余处理降低氮素干物质生产效率 32.1%～58.9%。与 N_LW_L 相比，除 N_MW_L 和 N_HW_L 外，其余处理提高氮素表观利用效率 32.1%～265.0%。N_L 时氮素吸收效率随灌水水平的提高而提高；N_M 时 W_L 降低氮素吸收效率 45.1%，W_S 和 W_H 增加氮素吸收效率分别为11.5% 和 14.4%；N_H 时各处理降低氮素吸收效率 7.8%～51.4%。表明氮肥供给水平较低时，增加灌水能提高氮素吸收效率；而氮肥供给水平较高则抑制氮素吸收效率。

表 2-3　水氮耦合对小粒咖啡幼树水氮利用效率的影响

氮素水平	灌水水平	水分利用效率 /(kg/m³)	氮素吸收总量 /(g/株)	氮素干物质生产效率/(kg/kg)	氮素表观利用效率/%	氮素吸收效率/%
N_H	W_S	2.86±0.14	2.18±0.11	45.43±0.37	25.49±1.25	36.31±1.92
	W_H	2.55±0.11	1.80±0.16	39.99±0.62	18.85±2.22	29.97±2.66
	W_M	2.63±0.26	1.70±0.22	36.93±1.11	19.62±3.00	28.27±3.64
	W_L	2.02±0.06	1.15±0.05	33.65±0.74	10.76±0.76	19.13±0.86
N_M	W_S	2.71±0.15	1.76±0.12	52.76±0.42	27.67±1.64	43.91±2.88
	W_H	2.95±0.10	1.80±0.05	44.68±0.42	28.38±0.54	45.07±1.22
	W_M	2.79±0.05	1.56±0.02	42.93±0.37	25.98±1.42	38.97±0.46
	W_L	2.11±0.14	0.86±0.09	42.12±0.40	9.06±2.81	21.62±2.24

氮素水平	灌水水平	水分利用效率 /(kg/m³)	氮素吸收总量 /(g/株)	氮素干物质生产 效率/(kg/kg)	氮素表观 利用效率/%	氮素吸收 效率/%
N_L	W_S	2.42±0.04	1.69±0.04	55.58±0.48	52.09±4.53	84.56±2.22
	W_H	2.18±0.13	1.50±0.14	49.33±1.26	41.60±5.55	74.97±7.06
	W_M	2.07±0.07	1.32±0.05	47.71±0.47	39.85±3.72e	65.82±2.44k
	W_L	1.68±0.02	0.79±0.02	47.76±0.83	14.27±2.38f	39.39±1.15l
N_Z	W_S	1.76±0.12	0.65±0.05	98.06±0.88	——	——
	W_H	1.76±0.08	0.67±0.03	87.99±0.40	——	——
	W_M	1.65±0.14	0.52±0.03	90.20±0.84	——	——
	W_L	1.69±0.16	0.50±0.03	81.84±0.55	——	——
显著性检验(P值)						
氮素水平		<0.001	<0.001	<0.001	<0.001	<0.001
灌水水平		<0.001	<0.001	<0.001	<0.001	<0.001
氮素水平×灌溉水平		0.008	<0.001	<0.001	0.013	0.003

4. 小粒咖啡的水氮利用关系

统计分析表明(表2-4), N_Z时氮素吸收总量与灌水量显著正相关, N_L时水分利用效率和氮素吸收总量均与灌水量显著正相关, N_M和N_H时水分利用效率和氮素吸收总量均与灌水量呈显著二次曲线关系, 氮素表观利用效率与灌水量显著正相关。不同灌水条件下, 水分利用效率和氮素吸收总量均与施氮量呈显著二次曲线关系, 氮素表观利用效率与施氮量显著负相关。

表 2-4　水氮耦合对小粒咖啡幼树水氮利用关系的影响

X	Y	回归模型	相关系数(R^2)	P值
灌水量 /(L/株)	水分利用效率 /(kg/m³)	$Y=-0.0035X^2+0.2372X-1.1884(N_H)$	0.593	0.0173
		$Y=-0.0061X^2+0.3474X-2.0186(N_M)$	0.753	0.0018
		$Y=0.0438X+0.7141(N_L)$	0.8631	<0.001
		$Y=0.0062X+1.5253(N_Z)$	0.023	0.6300
	氮素吸收总量 /(g/株)	$Y=-0.0026X^2+0.2046X-1.7863(N_H)$	0.7796	0.0011
		$Y=-0.005X^2+0.3088X-2.9477(N_M)$	0.9185	<0.001
		$Y=0.0559X-0.4265(N_L)$	0.9167	<0.001
		$Y=0.0149X+0.1296(N_Z)$	0.4904	0.0124
	氮素表观利用效率/%	$Y=1.6511X-19.758$	0.6728	0.0010
施氮量 /(g/kg)	水分利用效率/(kg/m³)	$Y=-0.0312X^2+0.3342X+1.6721$	0.5373	<0.001
	氮素吸收总量/(g/株)	$Y=-0.0331X^2+0.3752X+0.6149$	0.5880	<0.001
	氮素表观利用效率/%	$Y=-4.5688X+44.41$	0.3223	<0.001

2.1.4　讨　论

水分和养分胁迫时, 植株通过叶面积、根冠比、质膜透性、内渗透调节物质和酶活性等生理生态指标的变化做出适应性反应。干旱胁迫抑制叶绿素的生物合成, 提高叶绿素酶活性并加速叶绿素分解，导致叶绿素含量显著下降。而本试验发现，增加灌水不同程度会降低叶绿素和类胡萝卜素，这可能与水分亏缺程度及灌水降低根区土壤矿物氮浓度有关。土壤水分亏缺时，为保证组织水势下降时细胞膨压得以尽量维持和生理代谢活动正常进行，植株积累大量的渗透调节物质，以防止细胞和组织脱水并提高水分利用率。本研究也表明，增加灌水能不同程度降低丙二醛、脯氨酸和可溶性糖含量，同时能促进根系的新陈代谢和吸收补偿功能。干旱条件下，施氮可以增加植物体内可溶性有机物质和无机离子的积累，提高植株的渗透调节能力，改善植株水分状况。本研究中，适量施氮明显促进小粒咖啡叶片脯氨酸和可溶性糖的积累，增强渗透调节能力，而过量施氮会抑制可溶性糖和根系活力的提高。可能是由于适宜的施氮促进了氮代谢，同时也提高了植株碳同化效率，而参与渗透调节的许多物质为碳氮代谢的产物，施氮过量后，植株吸氮量增加，氮素同化需要更多的碳骨架和能量，进而会影响其他代谢过程。可溶性糖含量下降，可能与叶端糖输出增加有关，也可能与光合能力不足有关。本研究发现，叶片丙二醛含量随施氮量的增加而逐渐降低，说明适当提高施氮水平可以缓解膜脂过氧化作用，增强抗逆性。另外发现，灌水对小粒咖啡叶片生理指标的影响与施氮水平密切相关。N_Z 时增加灌水抑制叶绿素和脯氨酸累积，施氮对叶绿素和脯氨酸的促进作用受灌水水平的影响不明显。N_Z 时充分灌水限制了根系正常的生理代谢，降低了根系活力，可能的原因是 N_ZW_S 处理的光合速率较低，光合同化物向根部的供应减少，进而影响根系活力，表明单独通过增加灌水来促进植株根系活力的作用是有限的；施氮时根系活力随着灌水水平增加而增加。

土壤水分和硝态氮含量与作物对水分和氮素的吸收利用有关。W_L 时的土壤硝态氮累积明显，主要由于 W_L 处理抑制了干物质生产，从而降低了氮素吸收利用。提高施氮量能促进植株氮素总量吸收，但降低氮素吸收效率。可能由于增施氮肥促进干物质累积的同时，也提高了植株对氮素的奢侈吸收。研究表明，N_Z 时氮素吸收总量与灌水量显著正相关，这与增加灌水促进干物质累积有关。N_L 时水分利用效率和氮素吸收总量均与灌水量显著正相关；当施氮水平较高时（N_M 和 N_H 处理），水分利用效率和氮素吸收总量均随灌水水平先增后减。结果说明，当施氮水平较低时，通过增加灌水量对提高氮素吸收总量是有效的，而当施氮水平较高时，灌水量低于阈值时水氮表现出明显的节水互补效应，灌水量高于阈值时水分利用效率呈下降趋势。氮素表观利用效率与灌水量显著正相关，主要由于水分亏缺加重时会抑制作物根系生长，降低根系吸收面积和吸收能力，使木质部液流黏滞性增大，减缓作物对土壤养分的吸收和运输。同时，水分影响土壤养分的化学有效性与动力学有效性，严重水分亏缺时土壤的有效养分不能变为根际的实际有效养分。施氮量与水分利用效率、氮素吸收总量均呈显著二次曲线关系，这与对甜瓜的研究结果相一致。施氮量与氮素表观利用效率显著负相关，这也与施氮水平较高时土壤硝态氮累积较多相统一。研究表明，表观氮素损失随施氮量的增加而增加，氮素表观损失量与供氮水平正相关；同时高施氮量适当下调，可减少氮素残留对环境的污染。本研究结果发现，N_L 处理虽然可以获得较高的氮素吸收效率和氮素表观利用效率，但其水分利用效率远低于 N_M 和 N_H 处理。N_MW_H 组合的水分利用效率最大，同时能获得 N_M 和 N_H 处理下最大的氮素表观利用效率和氮素吸收效率。

2.1.5　结　论

(1)与低水相比,增加灌水降低小粒咖啡叶绿素、类胡萝卜素、丙二醛、脯氨酸和可溶性糖含量分别为 5.8%～15.5%、6.0%～14.4%、14.2%～30.3%、27.6%～60.0% 和 22.6%～57.5%,而提高根系活力和水分利用效率分别为 15.8%～63.8% 和 21.6%～29.6%。低水处理的土壤硝态氮累积明显,抑制了氮素吸收利用。

(2)与无氮相比,增加施氮降低丙二醛含量 23.8%～49.8%,提高叶绿素、类胡萝卜素、脯氨酸、可溶性糖、根系活力和水分利用效率分别为 49.0%～88.4%、21.9%～60.9%、5.09～7.03 倍、20.7%～52.3%、23.5%～41.8% 和 21.6%～53.9%。与低氮相比,中氮和高氮分别降低氮素吸收效率 43.5% 和 57.1%。

(3)中氮高水的水分利用效率最大,同时中氮和高氮下的氮素表观利用效率和氮素吸收效率也最大。因此,中氮高水为水氮高效利用组合。

2.2　小粒咖啡光合特性和抗氧化物酶对有限灌溉和氮素的响应

2.2.1　引　言

水分和氮素是影响植物生长重要的因素。增加灌水量能显著促进小粒咖啡生长,提高各形态指标(株高、茎粗、叶面积和枝条长度)。王辰阳等研究表明,土壤水分不足,植株各茎节间活动受到抑制,伸长变慢,株高降低,茎秆变细,随着水分亏缺的加剧,叶片的长度以及叶面积减小,且长与宽的比值也减小。一天不淋水可导致咖啡光合速率、蒸腾速率、可溶性蛋白质和叶绿素、类胡萝卜素含量以及含水量等生理参数开始下降,且随土壤水分胁迫的加剧,各生理参数呈恶性渐变。杨华庚等研究表明,在轻度干旱胁迫下,中粒种咖啡幼苗通过增强抗氧化酶活性和渗透调节来主动防御干旱危害,以维持其正常的生长发育。随着干旱胁迫强度的增加,咖啡幼苗的防御机制受到削弱,甚至受到严重破坏,植株受害日趋严重。氮素不仅是植物营养的三大要素之一,而且是植物体最重要的结构物质,是植物体内蛋白质、核酸、酶、叶绿素以及许多内源激素或其前体物质的组成部分,所以氮素对植物生理代谢和生长发育有重要作用。国内有学者研究表明,在施肥量较高的环境下提高了小粒咖啡相对生长率。氮的缺乏对小粒咖啡生长、光合特性和产量的影响最大,其次为钾,而磷的影响相对较小。水氮存在明显的交互作用,水分不足会限制氮肥肥效的正常发挥,而水分过多则易导致氮肥淋浴损失和作物减产;同时还有一定的互补效应,即亏缺灌溉下增施氮肥和低氮条件下增加供水均能明显提高生物量和水分利用效率。干旱条件下,施氮可以提高植物体的渗透调节能力并且改善植物体中的水分状况,同时适当的施氮可以缓解膜脂的过氧化作用,增强抗逆性。Sandhu等(2000)研究指出,水分和养分只有投入合理、供应协调,才能产生明显的协同互作效果,而且在合理的灌溉条件下低的氮肥用量也能增加作物的产量。

本书通过温室种植槽小区试验探究不同灌水和施氮水平对小粒咖啡生理生态特性的

影响，重点研究小粒咖啡光合特性、叶片抗氧化物酶对水分和氮素的响应，可以为小粒咖啡水肥高效管理提供一定的实践参考。

2.2.2　材料与方法

　　2013 年 5 月～2015 年 1 月在昆明理工大学现代农业工程学院智能控制温室内种植槽内进行试验，温度 12～35 ℃，相对湿度为 50%～85%。2013 年 3 月 13 日将长势均一的小粒咖啡(卡蒂姆 P7963)幼苗间隔 50 cm 移栽到四条土槽(每条宽 50 cm，深 60 cm，每条土槽相距 80 cm)中，土槽底部铺设塑料薄膜，防止水分渗透影响灌水水平。供试土壤为红褐土。

　　试验设灌水和氮肥 2 个因素。采用完全组合设计，共 12 个处理，4 次重复。以前期盆栽试验为基础，确定灌水定额和施氮量。4 个灌水水平分别为 W_1、W_2、W_3 和 W_4，幼苗期(2013 年 5 月 19 日～9 月 16 日)每株灌水量分别为 2.0 L、1.6 L、1.2 L 和 0.8 L；由于植株生长，需水量增加，幼树期(2013 年 9 月 26 日～2015 年 1 月 26 日)灌水量分别为 4.0 L、3.2 L、2.4 L 和 1.6 L。试验期间每株灌水总量分别为 0.268 m³、0.214 m³、0.161 m³ 和 0.107 m³。灌水方式采用滴灌，水表计量方式控制灌水，灌水周期为 7 d。氮肥选用尿素，3 个施氮水平，即 N_1[15 g/(株·次)]、N_2[10 g/(株·次)]、N_3[5 g/(株·次)]；施 KH_2PO_4，均为 10 g/(株·次)。分别在 2013 年 5 月 23 日、9 月 15 日及第 2 年 3 月 22 日、8 月 26 日等量追施，施氮总量分别为：N_1，0.72 kg；N_2，0.48 kg；N_3，0.24 kg。施氮方式为环形施氮(在距离植株 10 cm 处，挖宽 5 cm，深 10 cm 的环形施肥槽)。

　　叶片净光合速率及蒸腾速率用便携式光合仪 Li-6400 测定，分别于 2014 年 12 月 24 日、12 月 27 日和 2015 年 1 月 4 日 10：00～16：00 每隔 2 小时在自然光条件下测定。每处理 4 个重复，每重复测定 4 个叶片，取其平均值，通过净光合速率与蒸腾速率的值相比，得到水分利用效率。2014 年 4 月 18 日剪取小粒咖啡的位置相似、叶龄相近的叶片。叶片超氧化物歧化酶(SOD)、过氧化物酶(POD)、抗坏血酸过氧化酶(APX)活性的测定分别采用氮蓝四唑法、愈创木酚法、分光光度法。2015 年 1 月 26 日测得小粒咖啡生长指标最终值。株高、冠幅用卷尺测定；茎粗由电子游标卡尺测量植株茎秆上、中、下三个部位取平均而得；新枝长度由直尺测量植株上中下的四个不同方向新长出的绿枝取平均值得到；分枝数与叶片数则由人工统计而得。在灌水周期内(排除灌水日)，每日用烘干法测定土壤含水率，计算土壤贮水量。2015 年 1 月 30 日测得小粒咖啡初次结果的产量，分别测得每株产量的鲜重、干重，求得鲜干比。

　　数据计算处理和制图采用 Microsoft Excel 2007 软件进行，方差分析与多重比较用 SPSS 统计软件中的 ANOVA 和 Duncon 法实现。

2.2.3　结果与分析

1. 土壤贮水量周期变化

　　土壤贮水量是影响植物产量最重要的因素。由于蒸发蒸腾和灌水的影响，测得土壤贮水量(如表 2-5)，0～50 cm 的整体剖面上，增加灌水，贮水量的降幅在灌水周期内先增后减。灌水后第 3 天，W_1、W_2、W_3 和 W_4 处理的土壤贮水量分别降低 10.51%、

6.21%、6.04%和6.34%。灌水后第6天，土壤贮水量分别降低16.26%、15.18%、16.88%和15.65%，虽然灌水不同，灌水后第3天，W_1处理的贮水量降幅最大，但是灌水后第6天贮水量降幅几乎相同，说明0~50 cm整体剖面上不同灌水处理的贮水量随着时间的变化会产生波动，但最终会趋于稳定。0~20 cm剖面上变化规律与0~50 cm剖面相似，但变化幅度小于0~50 cm剖面；20~50 cm剖面贮水量变化幅度很小，且越往深层越趋于稳定。

表 2-5　灌水周期内土壤贮水量/mm

灌水处理	土壤剖面/cm	灌水后第1 d	灌水后第2 d	灌水后第3 d	灌水后第4 d	灌水后第5 d	灌水后第6 d
W_1	0~10	28.90±1.60	27.59±0.87	26.40±1.10	26.63±0.68	24.40±0.81	25.87±1.93
	10~20	32.93±0.44	32.69±5.26	27.18±0.56	28.63±1.43	27.55±1.30	26.24±0.71
	20~30	30.30±0.66	31.15±5.06	28.18±1.11	24.27±0.35	23.87±0.95	25.17±1.87
	30~40	29.57±0.75	31.02±4.67	27.70±0.30	26.27±1.84	24.08±2.10	24.23±0.86
	40~50	29.18±0.20	27.52±0.84	27.07±0.53	26.22±1.77	24.88±1.37	24.84±2.24
	0~50	150.88±3.65	149.97±16.70	136.53±3.60	132.02±6.07	124.78±6.53	126.35±7.61
W_2	0~10	28.05±1.36	26.73±0.55	27.68±1.28	26.80±1.51	24.78±0.82	25.86±0.59
	10~20	30.47±1.24	28.31±1.06	29.85±1.54	24.81±0.46	24.40±0.87	24.67±2.62
	20~30	31.08±1.05	27.29±0.49	26.77±0.79	25.39±0.61	25.26±1.25	26.90±1.14
	30~40	29.26±2.10	28.67±0.39	26.83±0.96	25.52±0.89	26.53±1.23	23.54±0.50
	40~50	28.17±1.47	29.09±0.38	27.30±1.08	25.67±0.64	24.84±0.67	23.74±1.21
	0~50	147.03±7.22	140.09±2.87	138.43±5.65	128.19±4.11	125.81±4.84	124.71±6.06
W_3	0~10	27.00±1.36	27.80±1.24	25.21±1.03	24.25±1.06	25.43±2.02	24.65±0.50
	10~20	26.92±1.09	29.38±0.89	28.57±0.71	26.32±0.60	25.97±2.68	22.67±0.88
	20~30	28.28±1.41	25.46±0.42	25.54±0.68	25.57±0.71	27.10±3.35	23.26±2.01
	30~40	29.35±0.92	26.07±1.30	24.66±0.64	25.44±0.45	26.32±0.82	22.32±0.41
	40~50	28.47±1.48	28.35±0.98	28.07±0.99	25.66±0.72	26.07±0.54	23.49±1.00
	0~50	140.02±6.26	137.06±4.83	132.05±4.05	127.24±3.54	130.89±9.41	116.39±4.80
W_4	0~10	29.07±1.07	27.49±0.82	27.71±0.32	23.86±2.00	26.55±1.20	24.71±1.00
	10~20	28.04±0.83	24.35±0.57	25.51±0.59	24.69±1.93	25.07±0.95	23.44±0.64
	20~30	26.66±1.44	27.20±0.70	27.11±1.03	25.34±1.72	25.81±0.88	23.69±1.18
	30~40	26.47±1.75	28.71±1.62	25.95±1.27	25.29±2.15	26.14±1.24	22.11±1.40
	40~50	28.44±1.66	26.82±2.06	24.13±0.28	24.90±2.37	23.93±1.75	23.03±1.07
	0~50	138.68±6.75	134.57±5.77	130.41±3.49	124.08±10.17	127.50±6.02	116.98±5.29

2. 小粒咖啡光合特性及水分利用效率

显著性分析(表2-6)得知灌水对小粒咖啡叶片的净光合速率影响显著($P<0.05$)，叶片净光合速率在10：00、12：00、14：00和16：00随着灌水量增加均呈先增后减的趋势。相同施氮处理下，灌水对净光合速率的影响表现为：$W_2>W_1>W_3>W_4$。N_1处理下，与W_4相比，增加灌水分别提高四个时段的净光合速率19.60%~57.35%、18.06%~94.72%、4.40%~107.62%、2.59%~79.94%，由此可知增加灌水可以大幅度提高叶片净光合速率。在N_2、N_3处理下，W_2处理的净光合速率大于W_1处理，说明过量的灌水不能增加叶片净光合速率，反而减小叶片的净光合速率。施氮对小粒咖啡 10：00 的净光合速率影响显著（$P<0.05$），对 12：00、14：00、16：00 的净光合速率影响不显著（$P>0.05$）。10：00 时，在 W_3、W_4 处理下，都是 N_3 处理的净光合速率最大，说明在供水适当亏缺的条件下，少量的施氮可以改善咖啡的生长环境，提高叶片的净光合速率。水氮交互作用对小粒咖啡 10：00、12：00 和 16：00 的净光合速率影响显著（$P<0.05$），对 14：00 的净光合速率影响不显著（$P>0.05$），12：00 时，相比 N_3W_4 处理，N_1W_1、N_1W_2、N_2W_2 处理下的净光合速率分别提高 60.05%、52.05% 和 55.25%，说明同时增加灌水和施氮能够提高小粒咖啡叶片净光合速率。

蒸腾速率在一天中随时间呈现先增大后减小的趋势，灌水对小粒咖啡 10：00 和 16：00 的蒸腾速率影响显著（$P<0.05$），对 12：00、14：00 的蒸腾速率影响不显著（$P>0.05$）。16：00 时，与 W_4 相比，增加灌水提高叶片蒸腾速率 1.81%～69.23%。由表 2-6 可知，施氮对小粒咖啡 16：00 的叶片蒸腾速率显著（$P<0.05$），对 10：00、12：00、14：00 的蒸腾速率不显著（$P>0.05$）。16：00 时，W_1 处理下，相比 N_3，增施氮肥小粒咖啡叶片蒸腾速率先增大后减小，说明水分充足的情况下，增施适量氮肥可以增大小粒咖啡的叶片蒸腾速率，过量氮肥则会减小蒸腾速率。

表 2-6　不同水氮供给对小粒咖啡光合特性的影响

施氮处理	灌水处理	净光合速率/[$\mu mol/(m^2 \cdot s)$]				蒸腾速率/[$mmol/(m^2 \cdot s)$]			
		10：00	12：00	14：00	16：00	10：00	12：00	14：00	16：00
N_1	W_1	5.46±0.02c	7.01±0.02a	6.10±0.02bc	3.30±0.13b	2.87±0.20de	4.55±0.08a	4.07±0.04ab	2.25±0.06efg
	W_2	4.63±0.20d	6.66±0.79a	7.08±1.12b	5.56±0.79a	3.36±0.18cd	4.71±0.24a	3.61±0.76ab	3.74±0.41a
	W_3	4.15±0.14d	4.25±0.21cd	3.56±0.05e	3.17±0.05b	4.54±0.47ab	3.93±0.42ab	3.52±0.21ab	2.66±0.10cde
	W_4	3.47±0.27e	3.60±0.53d	3.41±0.13e	3.09±0.03b	3.67±0.24bcd	2.89±0.18b	2.55±0.25b	2.21±0.13efg
N_2	W_1	4.18±0.32d	4.55±0.33bcd	6.21±1.07bc	3.53±0.01b	2.18±0.13e	3.64±0.16ab	4.16±0.69a	3.18±0.04b
	W_2	6.53±0.22b	6.80±0.22a	9.21±0.12a	4.05±0.64b	4.18±0.51abc	3.50±0.91ab	4.14±0.43a	3.15±0.28bc
	W_3	4.15±0.20d	3.83±0.25d	3.91±0.56de	3.26±0.01b	4.49±0.48ab	4.00±0.57ab	3.66±0.66ab	2.92±0.06bcd
	W_4	5.45±0.12d	5.02±0.14bc	3.94±0.08de	3.20±0.06b	4.48±0.25ab	4.08±0.25ab	3.60±0.22ab	2.15±0.03fg

续表

施氮处理	灌水处理	净光合速率/[μmol/(m²·s)]				蒸腾速率/[mmol/(m²·s)]			
		10：00	12：00	14：00	16：00	10：00	12：00	14：00	16：00
N_3	W_1	4.13±0.05d	5.55±0.06b	5.89±0.46bcd	3.54±0.09b	1.95±0.07e	3.93±0.47ab	3.36±0.25ab	2.64±0.11def
	W_2	7.97±0.04a	5.18±0.56bc	6.83±1.3b	3.79±0.02b	4.85±0.43a	3.83±0.63ab	3.39±0.77ab	2.14±0.05g
	W_3	4.72±0.10d	4.22±0.04cd	5.12±0.1bcde	3.54±0.17b	5.00±0.18a	3.34±0.12ab	3.96±0.04ab	2.84±0.02bcd
	W_4	5.68±0.28c	4.38±0.01cd	4.26±0.09cde	3.22±0.05b	4.87±0.16a	2.72±0.01b	2.63±0.15ab	1.95±0.03g

注：同行不同小写字母表示处理间差异显著（$P<0.05$），全书同。

由显著性分析(图 2-2)得知灌水对小粒咖啡叶片的水分利用效率影响显著($P<$0.05)，施氮对 16：00 的小粒咖啡水分利用效率影响显著($P<0.05$)，水氮交互作用对 12：00 的小粒咖啡水分利用效率影响显著($P<0.05$)。相同施氮处理下，小粒咖啡的水分利用效率随着灌水量的增加而增大。N_1 处理下，相比 W_4，增加灌水分别提高四个时段的水分利用效率 44.79%～101.09%、9.38%～20.31%、9.49%～54.74%和 4.26%～22.27%，N_2、N_3 处理也有相类似的结果。12：00 和 14：00 时，与 N_3W_4 相比，N_2W_2 处理下的水分利用效率提高 45.96%和 42.33%，并显著大于其他处理，10：00 和 16：00 的水分利用效率相对也较大。N_2W_2 能够充分发挥水氮交互作用，对叶片光合和水分充分利用具有积极的影响，所以认为 N_2W_2 为水分利用效率最大的组合。

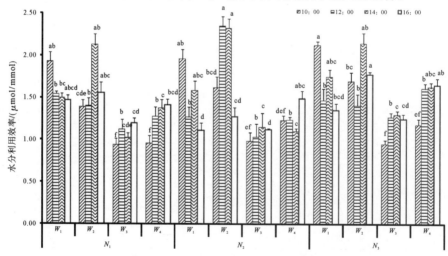

图 2-2　不同水氮供给对小粒咖啡叶片水分利用效率的影响

3. 小粒咖啡叶片 SOD 活性

由显著性分析得知灌水对小粒咖啡叶片 SOD 活性的影响显著($P<0.05$)。施氮对小粒咖啡 SOD 活性的影响不显著($P>0.05$)。水氮交互对其影响也不显著($P>0.05$)。小粒咖啡叶片 SOD 活性在相同的施氮处理下随着灌水量的减少呈现先增后降的趋势(图 2-3)，水量充足时，SOD 活性较小，当水分逐渐减少时，SOD 活性缓慢增加并逐渐达到峰值，当水分持续减少，酶活性迅速减小。相比 W_4，增加灌水，SOD 活性分别提高 1.40%～3.19%、1.63%～4.29% 和 1.93%～5.01%。

4. 小粒咖啡叶片 POD 活性

灌水、施氮及两者交互作用对小粒咖啡叶片 POD 活性的影响显著（$P<0.05$）。在相同的施氮处理下，小粒咖啡叶片 POD 活性随着灌水量的增加呈现先升后降的趋势（图 2-4）。POD 活性随着水分变化与 SOD 变化情况相类似，N_3W_2 处理 POD 活性达到峰值 28.2 U/(g·min)，同比 W_4 处理 POD 活性提升了 50.0%。N_1 处理和 N_2 处理中都是 W_3 处理的 POD 活性达到峰值，分别为 34.4 U/(g·min) 和 23.4 U/(g·min)，同比 W_4 处理 POD 活性分别提升了 97.70% 和 81.40%。W_3 处理下，相比 N_3 处理，增加施氮分别提高小粒咖啡 POD 活性 23.81%～82.01%。W_1、W_2、W_4 灌水处理下，增施氮肥 POD 活性变化无明显规律，说明在水分相对较少的情况下，增施氮肥可以增强 POD 活性。相比 N_3W_4 处理，N_2W_3、N_1W_3 和 N_1W_2 分别提高 POD 活性 24.47%、82.98% 和 28.72%，N_1W_3 处理下的 POD 活性值达到 34.4 U/(g·min)，显然大于其他处理，够充分发挥水氮互作用，说明水氮互作效应呈现显著水平。

5. 小粒咖啡叶片 APX 活性

由显著性分析得知灌水量对小粒咖啡叶片 APX 活性的影响显著（$P<0.05$），施氮对小粒咖啡叶片 APX 活性的影响不显著（$P>0.05$），水氮交互作用对其影响也不显著（$P>0.05$）。小粒咖啡叶片 APX 活性在同样的施氮量下随着灌水量的减少呈现先增高后降低的趋势（图 2-5），APX 活性随着水分变化与 SOD 变化情况相类似。相同施氮处理下，相比 W_4，增加灌水 APX 活性分别提高 13.92%～55.44%、102.82%～167.61% 和 21.67%～41.63%。

6. 不同水氮供给对小粒咖啡形态结构的影响

灌水和施氮对小粒咖啡苗木的株高、茎粗、分枝数、冠幅、叶片数及新枝长度影响显著（$P<0.05$），水氮交互作用对小粒咖啡分枝数影响显著（$P<0.05$），对株高、茎粗、冠幅、叶片数及新枝长度影响不显著（$P>0.05$）。由表 2-7 可知，在相同施氮处理下，随着灌水量的增加，小粒咖啡的各项形态结构指标也增大。与 W_4 处理相比，增加灌水使株高、茎粗、分枝数、冠幅、叶片数和新枝长度分别增加 3.33%～30.24%、7.38%～21.37%、6.56%～51.22%、2.45%～23.83%、3.82%～81.58% 和 10.68%～28.42%，新枝长度的峰值出现在 W_2 处理中。不同施氮条件下，W_2 比 W_4 处理小粒咖啡的新枝长度分别增加了 17.96%、48.28% 和 23.14%，而 W_1 相比于 W_4 处理则分别增加 4.49%、45.87% 和 1.41%，说明过量的灌水抑制了小粒咖啡新枝的生长。从施氮水平来看，同一灌水处理下，增施氮肥可以提高小粒咖啡的各项形态指标。与 N_3 相比，增加氮肥使株高、茎粗、分枝数、冠幅、叶片数和新枝长度分别增加 12.39%～14.87%、6.83%～10.91%、1.00%～15.00%、9.06%～15.61%、25.56%～40.88% 和 6.93%～16.32%。由表 2-7 可以看出，N_2 条件下，W_1 相比于 W_4 处理各项指标数据的提升量更大，分别为 34.72%、27.93%、98.95%、38.52%、96.67%、45.88%，明显大于 N_1 条件下 W_1 相比于 W_4 处理各项指标数据的提升量（33.10%、19.98%、23.02%、18.03%、95.78%、4.49%），说明过量的施氮可以继续增加小粒咖啡的形态结构，但是增幅明显下降。与 N_3W_4 相比，N_2W_2 处理下的株高、茎粗、分枝数、冠幅、叶片数和新枝长度分别增加 41.35%、24.57%、89.90%、32.58%、107.60% 和 27.65%，显著大于其他处理，说明 N_2W_2 处理可以充分发挥水氮互作效应。

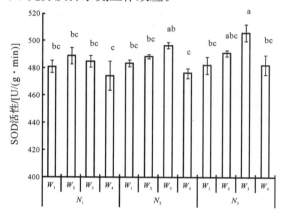

图 2-3 小粒咖啡叶片 SOD 活性

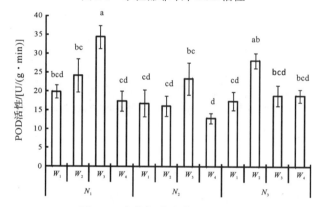

图 2-4 小粒咖啡叶片 POD 活性

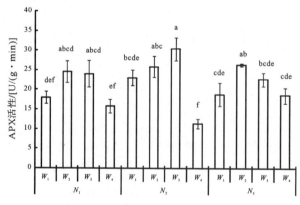

图 2-5 小粒咖啡叶片 APX 活性

表 2-7　不同水氮供给对小粒咖啡形态结构的影响

施氮水平	灌水水平	株高/cm	茎粗/mm	分枝数/个	冠幅/cm	叶片数/个	新枝长度/cm
N_1	W_1	143.75±9.96a	14.95±0.65a	38.75±2.69b	121.13±5.02ab	858.50±56.4a	12.80±0.65ab
	W_2	139.50±9.01a	14.74±0.48ab	31.00±1.47bcde	116.88±8.23ab	805.75±58.24ab	14.45±0.73a
	W_3	107.50±3.48bc	12.68±1.02abcd	25.75±1.44ab	102.88±5.29bc	478.50±83.81cd	14.21±1.04a
	W_4	108.00±4.61bc	12.46±0.43abcd	31.50±1.32bcde	102.63±6.72bc	438.50±115.92d	12.25±0.91ab
N_2	W_1	145.50±11.49a	14.61±1.25ab	47.25±3.47a	123.63±8.76a	782.75±219.13ab	13.96±0.5a
	W_2	141.00±7.82a	13.79±0.5abc	47.00±2.12a	117.00±7.14ab	751.50±105.08abc	14.19±0.62a
	W_3	115.25±6.34bc	13.00±0.59abcd	31.25±4.52bcde	88.50±3.54c	368.25±86.92d	13.09±0.99ab
	W_4	108.00±9.60bc	11.42±0.72cd	23.75±2.36e	89.25±3.04c	398.00±61.55d	9.57±0.34c
N_3	W_1	109.75±3.35bc	12.85±0.63abcd	35.00±1.29bc	102.13±3.6bc	535.00±64.52bcd	11.48±0.92bc
	W_2	130.75±2.78ab	13.68±0.42abc	33.25±2.06bcd	103.63±7.28bc	537.75±40.84bcd	13.94±0.62a
	W_3	103.50±7.13c	11.84±0.65cd	28.25±2.29cde	89.63±4.75c	397.50±34.85d	10.98±0.96bc
	W_4	99.75±5.17c	11.07±0.78d	24.75±1.93e	88.25±5.12c	362.00±68.83d	11.32±0.57bc

7. 不同水氮供给对小粒咖啡初次产量的影响

测定咖啡初产可知，除 N_1W_3、N_2W_3 和 N_2W_4 处理外，其余各处理均有初次产量。在同样的施氮处理下，随着灌水量的增大，小粒咖啡初次产量也随之增大。与 W_4 相比，增加灌水使产量增加了 95.97%～537.03%。与 N_3 相比，增加氮肥使产量提升了 99.81%～166.14%。产量最大值出现在 N_2W_1 处理中，比 N_1W_1 和 N_3W_1 处理提升了 4.88% 和 125.63%，表明施氮可以有效的提高熟豆产量，但是过量的施氮不会明显提高熟豆产量。N_2W_2 处理的鲜干比最小为 4.75，位列第 3。

2.2.4　讨　论

水分和氮素会对植物的光合与蒸腾作用产生影响，水分利用效率能够反映作物对水分的利用情况，通过水分利用效率的研究，可以探讨光合作用与蒸腾作用的关系。有研究表明在干旱季节，水分是影响小粒咖啡光合和生长的主要因素；在湿季土壤水分含量较高，充分灌水使植株的形态结构明显优于亏缺灌水，同时增加施氮量也促进了这种优势，说明适量地增加水分和氮素共同促进了植物的生长。孔东等认为不是灌水量越多光合速率就越高，生育后期过度的水量反而抑制其光合作用，与本试验中 W_2 处理的净光合速率水平研究结果达到了较高的一致。光合速率随灌溉上限的上升表现出明显的上升趋势，超过一定范围后开始下降；不论灌溉上限高低，光合速率均随施肥量的增加表现出先降低后升高的趋势，变化趋势缓慢。氮含量直接影响植株体内的叶绿素及光合酶类的合成与活性，从而调节其光合与蒸腾速率。李伏生、于亚军等研究表明，随着氮肥用量增加光合速率相应增加，叶片水分利用效率也增加。过量施用氮肥，水分利用效率提高不明显。郭二辉等研究得出，高氮水平还必须与适宜的水分、光强等气候因素配合，才能改善光合机构的光合同化能力，弱光、缺水时氮素对光合机构的正向效应因受光或水分的限制而不能得以发挥。合理施用氮素有利于提高光能利用率和水分利用效率，促进植物的生长发育，增加产量。本实验中的 N_2W_2 能够充分发挥水氮互作效应，合理地调控小粒咖啡生长趋势。

有研究表明，SOD、POD 和 APX 是植物防御系统中重要的抗氧化酶，它们维持着植物体内活性氧的动态平衡。当水分达到胁迫时，植物体内活性氧增加，植物体产生氧化胁迫，为使组织免受伤害，SOD、POD 和 APX 都会提高。梁潘霞等研究发现，随着胁迫时间的延长不同浓度硅处理的叶片相对含水量持续下降，POD 活性先降后升，CAT 活性先升后降，SOD 活性则表现为先降后升再降的抛物线式变化趋势。本研究发现，在同样的施氮处理下，随着水分减少，小粒咖啡叶片的 SOD、POD 及 APX 活性都呈先升高再降低的趋势；三种酶活性峰值均出现在 W_3 处理中，分别为 506.1 U/(g·min)、34.4 U/(g·min) 和 30.4 U/(g·min)，同比 W_4 处理分别增加 5.01%、97.70% 和 167.61%，说明水分相对缺乏时，酶活性最强。本实验中 N_1W_1 与 N_3W_4 处理的植株生长量相差明显，但是它们的酶活性差值并不明显，说明它们的抗逆性没有明显变化。但是需要说明的是，小粒咖啡的抗旱性强弱可能还受多种因子影响，未知因素还有待于进一步研究。

本试验结果表明，在滴灌条件下，增加灌水与施氮可以提升小粒咖啡各项形态指标。同样的施氮情况下，W_1 处理下的株高、茎粗、分枝数、冠幅及叶片数出现峰值，W_2 处理下的新枝长度最长。但是随着灌水量的增加，小粒咖啡各项指标增加的幅度排序如下：N_2处理>N_1处理>N_3处理。在初次产量方面，只有 N_1W_3 处理、N_2W_3 处理及 N_2W4 处理未收获咖啡豆，这与蔡志全等得出的随着施肥量的增加，小粒咖啡单株咖啡豆粒的鲜重一直增加的结论有些相悖，反而在低氮的处理中全部有咖啡豆收获，但是总体咖啡豆质量和鲜干比不如其他处理，这可能是初次产量受到多种因子影响的缘故。分析不同处理的小粒咖啡单株产量发现，W_1 与 W_2 处理的小粒咖啡都有产量，说明充足的水分是小粒咖啡初次产量的必要条件。N_2W_2 处理的小粒咖啡豆的产量较大且鲜干比最小。总体来说，适量地增加灌水和施氮量有助于提高小粒咖啡植株的形态指标和咖啡豆产量。适当的亏缺灌溉可以有效地提升小粒咖啡的抗逆性，但是过量的灌水与施氮使小粒咖啡产生了"徒长"现象，降低了水肥利用效率。

2.2.5　结　论

(1)水分充足和亏缺都降低了小粒咖啡的净光合速率，而水分亏缺降低的幅度最明显。增加施氮量可以增加小粒咖啡的净光合速率。总体来说，灌水对小粒咖啡叶片光合及水分利用效率的影响大于氮肥。水氮相对充足条件下，小粒咖啡叶片的水分利用效率最大，并且可以有效抑制无用的蒸腾作用。

(2)小粒咖啡叶片的 SOD、POD 和 APX 活性随着灌水量的减少，都呈现先升后降的趋势，N_3W_3 处理具有最高的 SOD 活性，相对较高的 POD、APX 活性。因此，N_3W_3 相比于其他处理，在抗逆性的表现上更优秀。

(3)在同样的施氮处理下，W_1 处理可以得到最大初次熟豆产量。熟豆产量峰值出现在 N_2W_1 处理中，增施氮肥可以显著提高熟豆产量，但是过量的施氮不会明显提高熟豆产量。

(4)N_2W_2 处理的生长指标相对较大，叶片水分利用效率最大，并且获得较大的初次产量，因此 N_2W_2 是保证小粒咖啡健康生长和水分高效利用的优化组合。

2.3　干旱胁迫－复水与氮肥耦合对小粒咖啡生长及水氮生产力的影响

2016 年云南省咖啡种植面积达 1.18×10^5 hm²，产量超过 1.39×10^5 t，其种植面积和产量均占全国的 99% 以上，其中小粒咖啡种植最为广泛。目前小粒咖啡生长经常受到土壤干旱和营养不足双重制约，产量得不到保证。

干旱胁迫是干旱与半干旱地区限制作物生长的一个最主要的环境因子。干旱胁迫程度的加剧会引起作物膜解体，并导致叶绿素降解，光抑制增强，进而影响作物的形态结构和生理功能。然而作物在适当时期受到阈值以内的干旱胁迫后，在具有恢复因子条件下进行适当程度复水，作物在水分胁迫解除后，会产生水分亏缺补偿或超补偿作用。作物在干旱胁迫及复水时，在渗透调节、蒸腾作用、光合作用、同化物质运输等方面都有一些适应性调节变化，这些变化并不会随着复水而立即消失，会持续一段时间，以对光合生理、生物量累积及最终的经济产量做出补偿，同时提高水分利用效率。

近年来，国内外学者对灌溉和施肥条件下咖啡的形态结构、产量和水氮利用效率等指标进行了较多的研究，得出：充分灌溉能大幅提高咖啡产量，部分根区灌溉能大幅提高水分利用效率。施肥是小粒咖啡获得高产的基本措施之一，其中氮肥的缺乏对多年生小粒咖啡的产量影响最大。有研究表明，低氮条件下充分灌水处理可提高小粒咖啡苗木的形态指标，获得较高的干物质累积和水分利用效率，但也有研究发现灌水量和施氮量均处于中间水平时咖啡的产量和水分利用效率最高。

以往对咖啡生长、产量及水氮利用等方面的研究多以灌水或施氮为控制因素，关于干旱胁迫－复水与施氮耦合对咖啡的调控效应研究鲜见报道。在不同施氮条件下，适宜干旱胁迫－复水能否保证咖啡生长、产量及水氮利用不降低或者降低较小，实现产量和水氮生产力最优还不清楚。为此，研究不同施氮水平下干旱胁迫－复水对小粒咖啡生长、产量、光合特性和水氮生产力的影响，通过建立水氮回归模型，以期找到最佳的水氮耦合模式，可为小粒咖啡水氮科学管理提供指导依据。

2.3.1　材料与方法

2013 年 5 月～2015 年 12 月在昆明理工大学现代农业工程学院智能控制温室(102°45′ E、24°42′ N)的种植槽内进行了 2.5 年的试验，温度为 12～35 ℃，相对湿度为 50%～85%。2013 年 3 月 13 日将长势均一的小粒咖啡(卡蒂姆 P7963)1 年生幼树间隔 1 m 移栽到土槽中，每条土槽长 10 m，宽 0.55 m，深 0.7 m，土槽之间间距 1.0 m，土槽底部铺设塑料薄膜，以防止外部水分渗透影响灌水。供试土壤为红褐土，土壤平均容重为 1.20 g/cm³，田间持水量为 24.3%，有机质质量比 5.05 g/kg，全氮质量比 0.87 g/kg，全磷质量比 0.68 g/kg，全钾质量比 13.9 g/kg。

试验设灌水和施氮 2 个因素。4 个灌水模式(周期性干旱胁迫后复水)分别为充分灌水(I_{F-F}：$100\%ET_0 + 100\%ET_0$，ET_0 为参考作物腾发量)、轻度干旱胁迫－复水(I_{L-F}：

$80\%ET_0+100\%ET_0$)、中度干旱胁迫—复水(I_{M-F}：$60\%ET_0+100\%ET_0$)和重度干旱胁迫—复水(I_{S-F}：$40\%ET_0+100\%ET_0$），灌水周期为($7+7$)d（干旱胁迫 7 d 后复水，周而复始）。采用地表滴灌，滴头间距 100 cm，滴头流量 2 L/h，工作压力 0.3 MPa，水表计量控制灌水。结合前人研究成果和施肥习惯，3 个施氮水平分别为高氮[N_H：750 kg 纯氮/(hm^2·次)]、中氮[N_M：500 kg 纯氮/(hm^2·次)]和低氮[N_L：250 kg 纯氮/(hm^2·次)]，氮肥选用尿素（含氮 46.4%），分 4 次（2013.9.15、2014.3.22、2014.8.26 及 2015.5.5）等量施氮。施 961.5 kg KH_2PO_4（含 P_2O_5 52%，K_2O 34%）/(hm^2·次)，每次同氮肥一同施入。施氮方式为环形施氮（在距离植株 10 cm 处，挖宽 5 cm、深 10 cm 的环形施肥槽）。采用完全组合设计，共 12 个处理，各处理 3 次重复。

在旺长期选择长势良好的同一片功能叶用便携式光合仪器(Li-6400)测定叶片光合特性，对比观测干旱胁迫后的第 3 天(2014.11.20)和复水后第 3 天(2014.11.27)的 10：00～16：00 每隔 2 h 光合日变化。叶片瞬时水分利用效率为净光合速率与蒸腾速率的比值。用毫米刻度尺和游标卡尺连续观测小粒咖啡株高和茎粗变化动态。2015 年年底分批采摘鲜豆，鲜豆蜕皮后加水淹没，静置发酵完成后清洗搓揉脱胶，日光自然干燥后测定干豆产量。鲜豆采摘结束后，分器官测定地上部分鲜(干)质量。

采用水量平衡法计算小粒咖啡树的耗水量 ET：

$$ET=I-\Delta W \tag{2-1}$$

式中，I 为灌水量，mm；ΔW 为试验初期和末期 0～70 cm 土壤水分变化量，mm。

统计 2015 年小粒咖啡产量，并计算当年水分利用效率和氮肥偏生产力，公式如下：

水分利用效率 WUE，kg/m^3：

$$WUE=Y/ET \tag{2-2}$$

式中，Y 为咖啡干豆产量，kg/hm^2。

氮肥偏生产力 PFP，kg/kg：

$$PFP=Y/F \tag{2-3}$$

式中，F 为 2015 年投入纯氮量的总质量，kg/hm^2。

2.3.2　数据处理

数据计算处理和制图采用 Microsoft Excel 2013 软件进行，用 IBM SPSS Statistics 21 统计软件进行方差分析（ANOVA），如果方差齐次且差异显著，则进行 Tukey HSD 比较。

2.3.3　结果与分析

1. 不同施氮水平下干旱胁迫—复水对小粒咖啡株高和茎粗的影响

以日序数(2013.6.17 为起始日期)为自变量 x($1\leqslant x\leqslant 898$)，分别以株高(cm)和茎粗(mm)为因变量 y 建立回归模型(表 2-8)。水氮处理对小粒咖啡株高和茎粗的影响极显著($P<0.01$)，决定系数 R^2 均在 0.995 以上。由表可知，不同处理水平下，株高和茎粗与日序数均呈显著的 6 次多项式关系，前期和后期增长比较缓慢，中期增长比较快，高次项系数过小，表明株高和茎粗与日序数呈平缓的 S 形曲线关系。与其余处理相比，

$I_{F-F}N_L$、$I_{S-F}N_H$、$I_{S-F}N_M$、$I_{S-F}N_L$ 的株高和茎粗增长迟缓，说明重度干旱胁迫－复水与低氮处理严重抑制小粒咖啡株高和茎粗生长；第 302～898 天 $I_{F-F}N_H$、$I_{L-F}N_H$ 的株高大于其他处理，第 461～898 天 $I_{L-F}N_H$ 的茎粗大于其他处理，其次是 $I_{L-F}N_M$ 的茎粗大于其他处理，说明充分灌水或轻干旱胁迫－复水与高氮处理提高小粒咖啡株高生长速率最显著，轻度干旱胁迫－复水与高氮或中氮处理提高小粒咖啡茎粗生长速率最显著。

表 2-8　不同施氮水平下干旱胁迫－复水对小粒咖啡株高和茎粗的影响

处理	日序数(x)与株高(y/cm)的回归模型	R^2	日序数(x)与茎粗(y/mm)的回归模型	R^2
$I_{F-F}N_H$	$y=-7X_6+2X_5-2X_4+10X_3-2.7X_2+0.3191x+33.103$	0.9992**	$y=10X_f-3X_e+2X_d-9X_c+10X_b+2.25X_a+7.2225$	0.9968**
$I_{F-F}N_M$	$y=2X_6-0.4X_5+0.2X_4+0.7X_3-0.5X_2+0.1912x+33.823$	0.9988**	$y=4X_f-X_e+0.8X_d-2X_c-X_b+3.27X_a+6.4840$	0.9975**
$I_{F-F}N_L$	$y=-10X_6+3X_5-3X_4+20X_3-3.5X_2+0.3392x+33.949$	0.9991**	$y=4X_f-0.6X_e+0.2X_d+2X_c-10X_b+3.74X_a+6.7758$	0.9950**
$I_{L-F}N_H$	$y=3X_6-0.4X_5-0.2X_4+3X_3-10X_2+0.1844x+35.215$	0.9980**	$y=5X_f-0.8X_e+0.04X_d+4X_c-20X_b+4.91X_a+6.3414$	0.9978**
$I_{L-F}N_M$	$y=3X_6-0.5X_5+0.1X_4+X_3-0.7X_2+0.2015x+35.870$	0.9958**	$y=9X_f-2X_e+X_d-X_c-9X_b+4.45X_a+6.7526$	0.9984**
$I_{L-F}N_L$	$y=-9X_6+3X_5-3X_4+10X_3-0.7X_2+0.3527x+32.937$	0.9968**	$y=9X_f-2X_e+2X_d-4X_c-X_b+2.60X_a+7.1150$	0.9979**
$I_{M-F}N_H$	$y=0.7X_6+0.09X_5-0.4X_4+3X_3-0.9X_2+0.1620x+37.744$	0.9985**	$y=10X_f-2X_e+X_d-2X_c-8X_b+4.29X_a+7.8510$	0.9951**
$I_{M-F}N_M$	$y=-4X_6+X_5-2X_4+9X_3-2.3X_2+0.3018x+33.170$	0.9989**	$y=8X_f-2X_e+0.9X_d-0.6X_c-9X_b+3.93X_a+6.7920$	0.9975**
$I_{M-F}N_L$	$y=-4X_6+X_5-X_4+8X_3-1.7X_2+0.1721x+33.967$	0.9988**	$y=9X_f-2X_e+2X_d-5X_c+8X_b+0.93X_a+7.5526$	0.9977**
$I_{S-F}N_H$	$y=-7X_6+2X_5-2X_4+10X_3-2.6X_2+0.2352x+33.699$	0.9979**	$y=7X_f-X_e+0.5X_d+X_c-10X_b+3.23X_a+7.2128$	0.9950**
$I_{S-F}N_M$	$y=-6X_6+2X_5-2X_4+10X_3-2.2X_2+0.2008x+36.088$	0.9982**	$y=5X_f-0.9X_e+0.6X_d-X_c+X_b+1.81X_a+6.5091$	0.9976**
$I_{S-F}N_L$	$y=-8X_6+2X_5-2X_4+10X_3-2.4X_2+0.2519x+33.676$	0.9978**	$y=10X_f-2X_e+2X_d-5X_c+5X_b+1.70X_a+7.2940$	0.9964**

注：$X_{2\sim6}$ 分别表示 $\times10^{-3}x^2$、$\times10^{-6}x^3$、$\times10^{-8}x^4$、$\times10^{-11}x^5$、$\times10^{-15}x^6$，$X_{a\sim f}$ 分别表示 $\times10^{-2}x$、$\times10^{-5}x^2$、$\times10^{-7}x^3$、$\times10^{-9}x^4$、$\times10^{-12}x^5$、$\times10^{-16}x^6$，$1\leqslant x\leqslant898$，R^2 代表决定系数，** 表示 1% 的显著水平。

2. 不同施氮水平下干旱胁迫－复水对小粒咖啡叶片日均光合特性的影响

由表 2-9 可知，干旱胁迫第 3 天时，除施氮水平对小粒咖啡叶片蒸腾速率的日均值影响不显著外，灌水模式与施氮水平对小粒咖啡叶片净光合速率、蒸腾速率、气孔导度和叶片水分利用效率的日均值均影响显著，两者的交互作用对小粒咖啡叶片气孔导度的日均值影响显著；复水后第 3 天灌水模式与施氮水平及其两者的交互作用对小粒咖啡叶片光合日均值影响不显著。

与干旱胁迫相比，复水后小粒咖啡叶片净光合速率、蒸腾速率和气孔导度明显增大，叶片水分利用效率略有增大，说明干旱胁迫后复水能明显改善小粒咖啡叶片的光合特性。

与 I_{F-F} 相比，干旱胁迫第 3 天时 I_{L-F} 的净光合速率变化不明显，I_{M-F} 和 I_{S-F} 分别减少 9.24% 和 15.51%，复水后第 3 天 I_{L-F} 的净光合速率变化不明显，I_{M-F} 和 I_{S-F} 分别减少 7.00% 和 9.24%；干旱胁迫第 3 天时 I_{L-F} 的蒸腾速率变化不明显，I_{M-F} 和 I_{S-F} 分别减少 6.37% 和 8.21%，复水后第 3 天 I_{L-F} 和 I_{M-F} 的蒸腾速率变化不明显，I_{S-F} 减少 5.44%；干旱胁迫第 3 天时 I_{L-F} 的气孔导度变化不明显，I_{M-F} 和 I_{S-F} 分别减少 9.21% 和 12.38%，复水后第 3 天气孔导度变化不明显；干旱胁迫第 3 天时 I_{L-F} 和 I_{M-F} 的叶片水分利用效率变化不明显，I_{S-F} 减少 8.64%，复水后第 3 天变化不明显。与 N_H 相比，干旱胁迫第 3 天时 N_L 减少净光合速率、蒸腾速率和气孔导度率分别为 10.36%、5.22% 和 6.83%，N_M 和 N_L 减少叶片水分利用效率分别为 5.96% 和 7.54%；复水后第 3 天 N_M 和 N_L 减少净光合速率、叶片水分利用效率分别为 6.16% 和 11.11%、6.26% 和 8.95%，N_L 减少气孔导度 8.63%。

与 $I_{F-F}N_H$ 相比，干旱胁迫第 3 天时净光合速率除 $I_{F-F}N_M$、$I_{L-F}N_H$ 变化不明显外，其余处理减少 7.86%～24.32%，气孔导度除 $I_{F-F}N_M$、$I_{F-F}N_L$、$I_{L-F}N_H$、$I_{L-F}N_M$ 变化不明显外，其余处理减少 8.08%～18.64%，蒸腾速率除 $I_{F-F}N_M$、$I_{L-F}N_H$、$I_{L-F}N_M$ 变化不明显外，其余处理减少 7.17%～13.62%，叶片水分利用效率除 $I_{L-F}N_L$、$I_{M-F}N_L$、$I_{S-F}N_M$、$I_{S-F}N_L$ 减少 5.75%～13.82% 外，其余处理变化不明显；复水后第 3 天净光合速率除 $I_{L-F}N_H$、$I_{M-F}N_H$ 变化不明显外，其余处理减少 6.80%～19.33%，蒸腾速率除 $I_{F-F}N_M$、$I_{L-F}N_H$ 变化不明显外，其余处理减少 5.68%～11.42%，气孔导度除 $I_{L-F}N_H$、$I_{M-F}N_H$、$I_{S-F}N_H$ 变化不明显外，其余处理减少 5.68%～12.62%，叶片水分利用效率除 $I_{L-F}N_M$、$I_{M-F}N_L$ 和 $I_{S-F}N_L$ 减少 8.90%～13.72%、$I_{M-F}N_H$ 增加 5.65% 外，其余处理变化不明显。

表 2-9　不同施氮水平下干旱胁迫—复水对小粒咖啡叶片日均光合特性的影响

灌水模式	施氮水平	干旱胁迫第 3 天				复水后第 3 天			
		净光合速率/ [μmol/ (m^2·s)]	蒸腾速率/ [mmol/ (m^2·s)]	气孔导度/ [μmol/ (m^2·s)]	叶片水分利用效率/ (μmol/mmol)	净光合速率/ [μmol/ (m^2·s)]	蒸腾速率/ [mmol/ (m^2·s)]	气孔导度/ [μmol/ (m^2·s)]	叶片水分利用效率
I_{F-F}	N_H	2.973a	2.290a	32.248a	1.309ab	3.026a	2.314a	33.300a	1.312abc
	N_M	2.822abc	2.247a	31.254a	1.256abc	2.920a	2.280a	31.410abc	1.281abc
	N_L	2.642abcd	2.043ab	30.758b	1.309ab	2.739a	2.082a	30.923abc	1.333abc
I_{L-F}	N_H	2.884ab	2.208ab	31.678ab	1.306ab	3.012a	2.239a	33.374a	1.345ab
	N_M	2.740abcd	2.187ab	30.771b	1.245abcd	2.771a	2.296a	31.401abc	1.196abc
	N_L	2.521cde	2.104ab	28.475cd	1.173cde	2.664a	2.110a	29.682bc	1.275abc
I_{M-F}	N_H	2.651abcd	2.046ab	29.641c	1.348a	2.890a	2.087a	32.265ab	1.386a
	N_M	2.588bcde	2.025ab	28.633cd	1.278abcd	2.724a	2.081a	30.998abc	1.309abc
	NL	2.454de	2.027ab	28.397d	1.234bcd	2.571a	2.072a	30.043bc	1.241c
I_{S-F}	N_H	2.498de	2.028ab	28.866cd	1.266abc	2.676a	2.050a	31.890ab	1.335abc
	N_M	2.413de	2.071ab	28.538cd	1.157de	2.675a	2.120a	31.367abc	1.302abc
	N_L	2.25e	1.978b	26.238e	1.128e	2.441a	2.105a	29.097c	1.159bc
主体间效应的检验									
$P(I)$		<0.001**	0.043*	<0.001**	<0.001**	0.380	0.675	0.537	0.873
$P(N)$		0.001**	0.090	<0.001**	<0.001**	0.989	0.837	0.708	0.929
$P(I \times N)$		0.994	0.882	0.027*	0.289	0.999	0.998	0.967	0.962

3. 不同施氮水平下干旱胁迫—复水对小粒咖啡生物量累积及产量的影响

各器官鲜、干物质质量均为：叶＞杆＞茎＞咖啡豆。I_{F-F} 和 I_{S-F} 处理时增加施氮量显著增加各器官鲜、干物质质量，而 I_{L-F} 和 I_{M-F} 处理变化不明显；相同施氮时，各器官鲜、干物质质量随着干旱胁迫程度的加剧呈先增后减的趋势（图 2-6）。与 I_{F-F} 相比，I_{M-F} 增加鲜物质累积 13.25%、I_{S-F} 减少 35.38%，而 I_{L-F} 变化不明显；与 N_H 相比，N_M 和 N_L 减少鲜物质累积分别为 10.09% 和 21.05%；与 $I_{F-F}N_H$ 相比，其余处理减少鲜物质累积 19.52%～69.30%。与 I_{F-F} 相比，I_{L-F} 增加干物质累积 10.96%、I_{M-F} 增加 20.99%、而 I_{S-F} 减少 34.94%；与 N_H 相比，N_M 和 N_L 减少干物质累积分别为 7.30% 和 16.40%；与 $I_{F-F}N_H$ 相比，其余处理减少干物质累积 9.73%～66.14%。

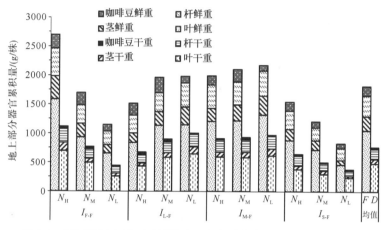

图 2-6　不同施氮水平下干旱胁迫—复水对小粒咖啡生物量累积的影响

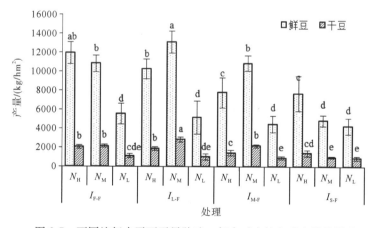

图 2-7　不同施氮水平下干旱胁迫—复水对小粒咖啡产量的影响

灌水模式和施氮水平及其两者的交互作用对小粒咖啡鲜豆产量和干豆产量的均值均影响显著（图 2-7），与 I_{F-F} 相比，I_{L-F} 增加鲜豆产量不明显，I_{M-F} 和 I_{S-F} 减少鲜豆产量分别为 18.27% 和 40.80%，I_{L-F} 增加干豆产量 6.91%，I_{M-F} 和 I_{S-F} 减少干豆产量分别为 15.20% 和 38.50%；与 N_H 相比，N_M 增加鲜豆产量 5.19%，而 N_L 减少 48.48%，N_M 增加干豆产量 20.94%，而 N_L 减少 42.37%；与 $I_{F-F}N_H$ 相比，除 $I_{L-F}N_M$ 增加鲜豆产量 9.57% 外，其余处理减少 9.43%～64.40%，除 $I_{L-F}N_M$ 增加干豆产量 37.62%，$I_{F-F}N_M$

和 $I_{M-F}N_M$ 增加不明显外，其余处理减少 10.43％～57.64％。

4. 不同施氮水平下周期性干旱胁迫—复水对小粒咖啡水分利用效率和氮肥偏生产力的影响

灌水模式和施氮水平及其两者的交互作用对小粒咖啡的水分利用效率（WUE）和氮肥偏生产力（PFP）均影响显著（表 2-10）。

表 2-10　不同施氮水平下干旱胁迫—复水对小粒咖啡水分利用效率和氮肥偏生产力的影响

灌水模式	施氮水平	水分利用效率/(kg/m³)	氮肥偏生产力/(kg/kg)
	N_H	0.6118±0.0593b	2.7193±0.2637cde
I_{F-F}	N_M	0.6418±0.0522b	4.2787±0.3483b
	N_L	0.3282±0.0654d	4.3767±0.8727b
	N_H	0.6089±0.0615b	2.4358±0.2459de
I_{L-F}	N_M	0.9356±0.0831a	5.6137±0.4986a
	N_L	0.3346±0.113d	4.0153±1.3566b
	N_H	0.5329±0.1093bc	1.8947±0.3887e
I_{M-F}	N_M	0.8097±0.0621a	4.3183±0.3310b
	N_L	0.3343±0.0643d	3.566±0.6861bc
	N_H	0.5993±0.1439b	1.8647±0.4477e
I_{S-F}	N_M	0.4203±0.0512cd	1.9613±0.2388e
	N_L	0.3702±0.0741d	3.4553±0.6920bcd
主体间效应的检验			
$P(I)$		0.003 **	<0.001 **
$P(N)$		<0.001 **	<0.001 **
$P(I×N)$		<0.001 **	0.003 **

WUE 在 0.3282～0.9356 kg/m³ 之间变化，PFP 在 1.8647～5.6137 kg/kg 之间变化。与 I_{F-F} 相比，I_{L-F}、I_{M-F} 增加 WUE 分别为 18.80％、6.02％，而 I_{S-F} 减少 12.14％，I_{L-F} 增加 PFP6.07％，而 I_{M-F} 和 I_{S-F} 分别减少 14.03％和 35.99％；与 N_H 相比，N_M 增加 WUE19.31％，而 N_L 减少 41.89％，N_M 和 N_L 增加 PFP 分别为 81.41％和 72.90％；与 $I_{F-F}N_H$ 相比，除 $I_{L-F}N_M$、$I_{M-F}N_M$ 增加 WUE 分别为 52.92％、32.35％，$I_{F-F}N_M$、$I_{L-F}N_H$、$I_{S-F}N_H$ 变化不明显外，其余处理减少 WUE12.90％～45.35％，除 $I_{L-F}N_H$、$I_{M-F}N_H$、$I_{S-F}N_H$ 和 $I_{S-F}N_M$ 减少 PFP10.43％～31.43％外，其余处理增加 PFP27.07％～106.44％，其中 $I_{L-F}N_M$ 处理的 WUE 和 PFP 均最大，分别是 $I_{S-F}N_L$ 的 2.53 倍和 1.625 倍。由此表明，轻度干旱胁迫—复水处理（I_{L-F}）和中氮处理（N_M）很大程度上增加小粒咖啡树的 WUE 和 PFP。

5. 水氮投入与产量、水分利用效率、氮肥偏生产力和干物质质量的关系

以水氮投入量为自变量，分别以产量、水分利用效率、氮肥偏生产力和干物质质量为因变量，进行回归分析。由表 2-11 可知，水肥投入对产量影响显著（$P<0.05$），对水分利用效率和氮肥偏生产力的影响不够显著，对干物质质量影响极不显著。决定系数 R^2 除了干物质质量之外，其余均在 0.7 以上。设定灌水量的上下限分别为 I_{F-F} 和 I_{S-F} 处理的灌水量，施氮量的上下限为 N_H 和 N_L 处理的施氮量，用 MATLAB 极值问题求解的方

法分别求出表 4 中各方程的最大值，并得到获得最大值时对应的灌水量和施氮量。

由表 2-11 可知，灌水量最大（333.33 mm），施氮量分别为 639.747 kg/hm² 和 397.71 kg/hm² 时，鲜豆产量（12197.42 kg/hm²）、氮肥偏生产力（4.68331 kg/kg）最大；灌水量为 298.81 mm，施氮量最大（750 kg/hm²）时，干物质质量（51214.89 kg/hm²）最大；灌水量为 318.01 mm，施氮量为 583.16 kg/hm² 时，干豆产量（2361.64 kg/hm²）最大；灌水量为 294.68 mm，施氮量为 583.65 kg/hm² 时，水分利用效率（0.78232 kg/m³）最大。可见，几个指标不能同时达到最大，且仅干豆产量和水分利用效率的最优结果在本研究设计范围内。

表 2-11　水氮投入与产量、水分利用效率、氮肥偏生产力和干物质质量之间的回归模型

因变量 Y_i	回归方程	R^2	P	因变量最大值	对应灌水量 /mm	对应施氮量 /(kg/hm²)
鲜豆产量	$Y_1 = -46532.4313 + 285.2099I + 35.0434N$ $-0.4899I^2 - 0.0443N^2 + 0.0647IN$	0.838	0.023	12197.42	333.33	639.47
干豆产量	$Y_2 = -11688.432 + 70.3889I + 10.0886N$ $-0.1195I^2 - 0.0113N^2 + 9.153 \times 10^{-3}IN$	0.791	0.046	2361.64	318.01	583.16
水分利用效率	$Y_3 = -3.9677 + 0.0249I + 3.875 \times 10^{-3}N$ $-4.384 \times 10^{-5}I^2 - 3.789 \times 10^{-6}N^2 + 1.435 \times 10^{-6}IN$	0.731	0.091	0.78232	294.68	583.65
氮肥偏生产力	$Y_4 = -21.4204 + 0.1504I + 0.01297N$ $-2.390 \times 10^{-4}I^2 - 1.603 \times 10^{-5}N^2 - 6.493 \times 10^{-7}IN$	0.773	0.058	4.68331	333.33	397.71
干物质质量	$Y_5 = -420580.4899 + 3270.8573I - 60.1680N$ $-5.8265I^2 - 6.013 \times 10^{-3}N^2 + 0.2819IN$	0.537	0.346	51214.89	298.81	750.00

注：$Y_i(i=1\sim5)$ 的单位分别为 kg/hm²、kg/hm²、kg/m³、kg/kg、kg/hm²；I 为当季灌水量（233.33～333.33 mm）；N 为当季施氮量（250～750 kg/hm²）。R^2 和 P 分别代表决定系数和统计显著性值。

2.3.4　讨　论

1. 不同施氮水平下干旱胁迫—复水对小粒咖啡生长的影响

水、肥是影响作物正常生长发育的两大关键因素。作物体内水分不仅是良好的生理溶剂，也是运输代谢产物的重要途径，而肥能为作物提供必需的营养元素。有研究表明，作物的株高和茎粗与灌水量和施肥量之间呈正相关的关系，并且施肥量的影响大于灌水量。本书通过多元回归拟合，发现小粒咖啡的株高和茎粗与日序数呈 S 形曲线关系，即前期和后期增长比较缓慢，中期增长比较快。可能由于前期小粒咖啡根系和叶片面积较小，影响合成内源激素、水肥吸收和光合作用产物累积；而中期随着小粒咖啡光合面积的迅速扩大和庞大根系的建立，生长速率明显加快；而后期小粒咖啡分枝增加，部分营养生长转变为生殖生长。这与 Deng 等提出的生长模型一致，均解释了经典的 S 形生长曲线。与其他处理相比，$I_{S-F}N_H$、$I_{S-F}N_M$ 和 $I_{S-F}N_L$ 的株高和茎粗增长缓慢，表明重度干旱胁迫后复水，小粒咖啡生长的有效补偿受到较大限制，同时也限制了对氮肥的有效吸收利用。

2. 不同施氮水平下干旱胁迫—复水对小粒咖啡叶片日均光合特性的影响

与 I_{F-F} 相比，干旱胁迫时 I_{M-F} 和 I_{S-F} 显著降低小粒咖啡叶片净光合速率、蒸腾速率和气孔导度,同时 I_{S-F} 显著降低叶片水分利用效率,而 I_{L-F} 降低光合特性指标不明显;复水后 I_{S-F} 显著降低净光合速率和蒸腾速率,而对气孔导度和叶片水分利用影响不明显,I_{L-F} 增加或降低光合特性指标不明显。这表明小粒咖啡叶片在干旱胁迫下出现不同程度的光合作用下降现象,经过复水处理后,小粒咖啡各项光合作用指标能部分或全部恢复,即与对照(I_{F-F})相比无显著性差异。可能是由于中度或重度干旱胁迫导致小粒咖啡叶绿体的结构和功能受到一定程度的破坏,复水后补偿恢复比较困难,从而导致光合、蒸腾等生理过程受到严重抑制。氮是叶绿素的重要组成物质,合理施氮可增加叶片气孔导度,加快 CO_2 供应速度,进而提高光合速率。本研究中,与 N_H 相比,降低施氮量在干旱胁迫或复水后均不同程度降低小粒咖啡的光合特性。这与增施氮肥能提高植物叶绿素含量,增强叶片吸光强度和叶肉细胞光合活性,最终增加净光合速率的结论相一致。

3. 不同施氮水平下干旱胁迫—复水对小粒咖啡生物量的影响

干物质积累是作物产量形成的物质基础,本研究发现轻度干旱胁迫后复水处理不一定降低生物量,这与适度干旱后及时复水不仅不会造成产量的明显降低,而且在土壤肥力水平较高的条件下,还有利于产量潜力的发挥的研究结果相类似。而重度干旱胁迫后复水小粒咖啡的补偿或超补偿能力受阻,因此显著降低了生物量累积。充分灌水高氮组合虽然能获得最大的生物量累积,但不代表能获得最大的生殖生长转化率(即经济产量)。

水肥具有明显的耦合关系,肥料的增产作用不仅在于肥料本身,更重要的在于与土壤水分的互作,合理有效的水肥调控措施是实现高产高效生长的前提与重要基础。水肥不足时,补足水分和施肥可增加产量,随着土壤肥力的提高,水分作用越来越大,施肥有明显的调水作用。本研究发现,与 I_{F-F} 相比,I_{L-F} 增产不明显,而 I_{M-F} 和 I_{S-F} 显著减产。可能由于咖啡使轻度干旱胁迫后若干生理功能(光合、渗透调节能力)超过了充分供水;另外,在适度干旱胁迫期间,虽然生长受到了一定的抑制,但强化了能量代谢和一系列生物合成,并增加了细胞持水能力。这些都表明轻度干旱胁迫后复水具有不降低产量的潜力。N_M 的咖啡产量最大可能由于适量施氮能促进根系发育和吸水功能,改善叶片的光合能力,并增加同化物的含量。

与其余处理相比,$I_{L-F}N_M$ 咖啡豆产量最大但生物量累积总量并非最大。这是植物产生补偿效应的生理学机制决定的,是由于植物光合活性的提高和因减少生长冗余引起的植物运集中心改变及其调节下的植物体内同化产物运转的最优化分配,缩小了生长需水量大的理想生态位和水分胁迫的现实生态位的差距,更好地适应土壤水氮环境实现节水增产。同时适宜的土壤水氮环境能增强作物根系吸收能力和增加吸收养分表面积,从而提高产量和促进水氮利用。

4. 不同施氮水平下干旱胁迫—复水对小粒咖啡水氮生产力的影响

水分利用效率反映作物对水分的吸收和利用过程,氮肥偏生产力反映当地土壤基础养分和氮肥施用量的综合效应。本研究发现,不同干旱胁迫后复水和施氮水平均对小粒咖啡当季水分利用效率和氮肥偏生产力影响显著,且水分利用效率和氮肥偏生产力对周期性干旱胁迫后复水和施氮水平均呈先增大后减小的规律,其中 $I_{L-F}N_M$ 处理的水分利用效率和氮肥偏生产力均最大。主要由于在中氮条件下轻度干旱胁迫后复水能促进小粒咖啡的生长补偿效应,在节水的同时获得最大的产量;而中度或重度干旱胁迫后复水会抑制作物根系生长，降低根系吸收面积和吸收能力，使木质部液流粘滞性增大，抑制作物对土壤养分的吸收和运输，土壤的有效养分不能变为根系的实际有效养分，因此降低了水分利用效率和氮肥偏生产力。

5. 水氮投入与产量、水分利用效率、氮肥偏生产力和干物质质量的回归分析

农田水肥管理最优，就能实现低投入高产出的目标。为此，学者们大多采用多元回归分析建立水肥回归方程，通过求解极值来推求最佳水肥组合。本研究通过建立小粒咖啡的水氮耦合模型，得到不同评价指标最优时的水、氮组合方案。同时发现各水氮组合不能同时使鲜豆产量、干豆产量、水分利用效率、氮肥偏生产力、干物质质量达到最大。回归分析得到干豆产量和水分利用效率最大时的水氮用量处于水氮设计范围（233.33 mm $\leqslant I \leqslant$ 333.33 mm，250 kg/hm^2 $\leqslant N \leqslant$ 750 kg/hm^2），而鲜豆产量、氮肥偏生产力、干物质质量最大时水氮用量超过水氮设计范围，具体结果尚需试验进一步验证。

综上，小粒咖啡的株高和茎粗与日序数呈 S 形曲线关系。重度干旱胁迫-复水与低氮处理严重抑制小粒咖啡株高和茎粗的生长，而充分灌水（I_{F-F}）或轻度干旱胁迫-复水（I_{L-F}）与高氮（N_H）处理促进小粒咖啡株高的生长最显著，轻度干旱胁迫-复水（I_{L-F}）与高氮（N_H）或中氮（N_M）处理促进小粒咖啡茎粗的生长最显著。随着灌水量的减少，干旱胁迫时小粒咖啡的净光合速率、气孔导度、蒸腾速率、叶片水分利用效率都有不同程度的减少，经过复水处理后，小粒咖啡各项光合指标能部分或全部恢复，其中轻度干旱胁迫-复水（I_{L-F}）能得到全部恢复。小粒咖啡的产量、干物质累积量、水分利用效率和氮肥偏生产力随着干旱胁迫程度的增加和氮肥用量的减少均呈先增后减的趋势，其中 I_{L-F} N_M 处理的干豆产量（2806.83 kg/hm^2）、水分利用效率（0.9356 kg/m^3）和氮肥偏生产力（5.6137 kg/kg）均最大。回归分析表明，灌水量为 318.01 mm，施氮量为 583.16 kg/hm^2 时，干豆产量最大；灌水量为 294.68 mm，施氮量为 583.65 kg/hm^2 时，水分利用效率最大，即干豆产量和水分利用效率同时达到最大值时最接近 $I_{L-F}N_M$ 水氮组合。从水氮高效利用的角度考虑，建议小粒咖啡的最佳水氮组合模式选用 $I_{L-F}N_M$。

2.4　不同氮素水平下亏缺灌溉对干热区小粒咖啡产量和品质的影响

中国是亚洲地区咖啡的主产国之一，主要栽培性喜温暖湿润气候环境的小粒咖啡。2014 年中国西南云南省小粒咖啡种植面积达 1.24×10^5 hm^2、产量达 1.18×10^8 kg，种植面积和产量均占中国很大的比重（Huang and Li，2008）。云南小粒咖啡具有"浓而不苦、香而不烈、略带果酸味"的独特品质。云南干热区光照充足，冬季气温较暖，但是降水量少，蒸发量大，旱季持续时间长，同时土壤贫瘠，限制了小粒咖啡的高效生产。

亏缺灌溉是针对水资源紧缺与用水效率低下提出的一种节水灌溉新技术（Fereres et al.，2007；Patanè et al.，2011）。到目前为止，亏缺灌溉已在梨（Samperio et al.，2015）、桃（Faci et al.，2014）、芒果（Schulze et al.，2013）、葡萄（Santesteban et al.，2011）、番茄（Patanè et al.，2011）和咖啡（Tesfaye et al.，2013）进行了研究。研究表明，亏缺灌溉能大量节约灌溉用水，同时能保持或者增加作物产量，改善品质（Patanè et al.，

2011；Santesteban et al.，2011）。然而，亏缺灌溉对咖啡的产量和品质的影响研究较少。水分亏缺显著降低咖啡的水分利用效率、开花数和结果数（Liu et al.，2014；Vaast et al.，2004），降低树高、树冠大小和树干直径（Chemura et al.，2014；Sakai et al.，2015；Perdoná et al.，2015）以及咖啡产量（Sakai et al.，2015；Perdoná et al.，2015）。但是 Tesfaye 等（2013）发现亏缺灌溉不会显著降低咖啡产量，但可改善咖啡豆的外观质量。然而不同亏缺灌溉水平对咖啡小粒产量、品质和水分利用效率的影响程度还不清楚。

施氮量对咖啡树的枝条腋芽数、新梢长度及氮素吸收利用影响显著（Bruno et al.，2011；Nazareno et al.，2003；Tatiele et al.，2007），增施氮肥显著提高咖啡的水分利用效率和产量（Liu et al.，2014；Winston et al.，1992），减少施氮量至 $200 \sim 600 \ kg/hm^2$ 不会显著降低咖啡豆产量。DaMatta 等（2002）研究表明氮肥能够通过叶片气孔行为改变碳同化来增加水分利用效率，而与灌水处理无关。Liu 等（2014）发现施氮量为 $0 \sim 0.2 \ g \ N/kg$ 时，咖啡幼树氮素吸收与灌水量显著正相关；施氮量为 $0.4 \sim 0.6 \ g \ N/kg$ 时，随着灌水量的增加水分利用效率和氮素吸收总量先增后减。较高的水分供给（65%～75%田间持水量）和中等施氮量（0.4 g N/kg）组合能使咖啡幼树获得最大的水分利用效率。然而，不同水氮管理措施对小粒咖啡产量和品质的调控效应还需要进一步研究。

TOPSIS 法是一种有限方案多目标决策分析方法，通过计算各待评价对象与理想点的相对贴近度大小，以评价各对象的相对优劣（Deng et al.，2000），在农业节水评价中已有应用（Wang et al.，2011；Liu et al.，2014）。Wang 等（2011）通过 TOPSIS 法评价了亏缺灌溉下番茄的综合品质并提出了适宜的灌溉制度。Liu 等（2014）用 TOPSIS 法建立了温室番茄节水、优质、高产相统一的综合评价模型，以此确定了温室番茄节水调质灌溉制度。影响咖啡品质的指标多且各指标相互影响，而目前咖啡品质评价选用的指标比较单一（Huang et al.，2012；Läderach et al.，2011）。然而只有将咖啡产量和多个营养品质指标相结合，才能得到咖啡综合效益的评价结果。

本研究目标是探明不同氮素水平下亏缺灌水对小粒咖啡生长、产量、营养品质和水分利用效率的影响，并用改进的 TOPSIS 法建立咖啡产量和各营养品质指标的综合效益评价模型，以期找到最佳水氮供应模式，为中国西南干热区小粒咖啡的水肥管理提供科学依据。

2.4.1 材料与方法

大田试验于 2013～2015 年在云南省保山市潞江坝进行（北纬 $21°59'N$，东经 $98°53'E$，海拔 750 m）。试验区年均降水量 755.4 mm，80%集中在 6～10 月，年均蒸发量 2101.90 mm，年均温 21.3 ℃，绝对最高气温 40.4 ℃，绝对最低气温 0.2 ℃，大于 10 ℃积温 7694 ℃。年均日照时数 2328 h，相对湿度 71%。

供试土壤为老冲积层上发育而成的红褐色砂壤土，耕层土壤有机质含量 10～15 g/kg，全氮 0.8～1.2 g/kg，全磷 0.8～1.5 g/kg，碱解氮 60～120 mg/kg，速效磷 5.0～20.0 mg/kg，速效钾 100～150 mg/kg。供试作物为 4 年生小粒咖啡（卡蒂姆 P7963），株行距为 $1 \ m \times 1.5 \ m$（333 株$/hm^2$）。

干热区雨季（6～10 月）降雨能满足小粒咖啡的耗水需求（Cai et al.，2007），因而本研究仅在旱季（2～5 月：咖啡的开花结果期，11 月～次年 1 月：成熟期）进行灌溉处理。试验设 4 个灌水水平和 3 个施氮水平，完全方案设计，共 12 个处理，每个处理设 3 个小区，共 36 个小区，各小区面积为 45 m²（9 m×5 m）。4 个灌水水平包括充分灌水 FI 和 3 个亏缺灌水（DI_{80}、DI_{60} 和 DI_{40}），DI_{80}、DI_{60} 和 DI_{40} 灌水量分别为 FI 的 80%、60% 和 40%。灌水周期约为 7 d，遇到降雨灌水日期顺延。结合前人研究成果（Cai et al.，2007），设 3 个施氮水平，即 N_H（140 g N/株）、N_M（100 g N/株）和 N_L（60 g N/株）。

根据该地区咖啡逐月耗水强度资料（Chen et al.，1995）和实际有效降水量确定充分灌水（FI）的灌水定额，计算公式如下：

$$I_i = ET_{ai} \times n - P_i \tag{2-4}$$

式中，I_i 为充分灌水（FI）第 i 时段内的灌水量，mm；ET_{ai} 为第 i 时间段内的平均耗水强度，mm/d；n 为时段长度，d；P_i 为第 i 时间段内的有效降水量（Guo，1997），mm。

灌溉方式采用地表滴灌，系统工作压力为 0.1 MPa，每棵咖啡树的两侧毛管上各安装 1 个压力补偿式滴头，单个滴头流量为 2.5 L/h。氮肥用尿素，分别在 3 月中旬和 8 月下旬等量施入。磷酸二氢钾为 150 g/株，3 月中旬同氮肥一同施入。施肥以咖啡树干为中心，从离树干 40 cm 处开挖 20 cm 深的环形沟，沟内均匀撒施肥料后覆土。每月人工中耕除草 1 次，5 月上旬控制害虫，咖啡树不进行整形修剪。试验期间有效降雨累积过程线和土壤水量收支情况如图 2-8 和图 2-9。

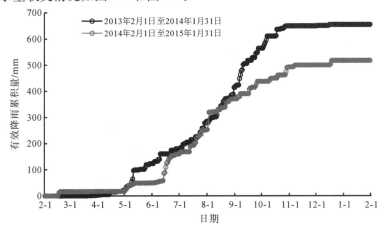

图 2-8　试验期间有效降雨累积过程线

试验期初和咖啡鲜果采收结束时（2014 年 1 月 17 日和 2015 年 1 月 26 日）采用毫米刻度尺测定树高和枝条长度，用游标卡尺测定东西南北 2 个方向的树径（距地面 10 cm）。每株树选取 10 个初始长度基本一致的枝条，编号后固定测定其长度。

咖啡鲜果成熟期（11 月～次年 1 月）分批采收红或紫红色成熟鲜豆并测定产量。鲜豆蜕皮后加水淹没，静置发酵完成后人工清洗搓揉脱胶，日光自然干燥后测定干豆产量。

将干豆脱壳去衣、磨碎过 100 目筛后待测各营养品质指标。干豆中咖啡因、总糖、粗纤维、蛋白质、粗脂肪和绿原酸含量分别采用高效液相色谱法、蒽酮比色法、酸碱消煮法、凯氏定氮法、索氏抽提法和高效液相色谱法测定（Yu，2001）。

由于试验区地下水埋藏较深，地势平坦且降水量较少，且滴灌湿润深度较浅，地下

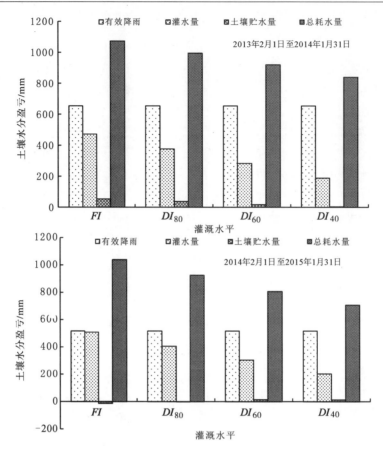

图 2-9　试验期间土壤水量收支情况

水补给、径流和深层渗漏均忽略不计，总耗水量计算公式为

$$ET = P_r + I - \Delta W \tag{2-5}$$

式中，ET 为生育期总耗水量，mm；P_r 为生育期总有效降水量，mm；I 为总灌水量，mm；ΔW 为试验期初和期末的土壤贮水量变化，mm。土壤贮水量为土层厚度与土壤含水量的体积比之积。

用土钻取土烘干法测得含水率，取土深度为 150 cm，每隔 10 cm 取 1 个样。

水分利用效率（kg/m³）计算公式如下：

$$\text{WUE} = Y/(ET \times 10) \tag{2-6}$$

式中，WUE 为水分利用效率，kg/m³；Y 为咖啡干豆产量，kg/hm²；ET 为生育期总耗水量，mm。

边际产量为咖啡干豆产量变化量与水氮增加量的比值。

根据多目标决策中的逼近于理想解排序方法（TOPSIS），建立咖啡产量和各种营养品质指标的综合效益评价模型（Deng et al.，2000；Bondor and Muresan，2012）。计算方法如下：

（1）独立性检验（两年均产和各营养品质指标），采用偏相关分析法剔除共线性因子。

（2）构造规范决策矩阵，向量归一化方法通过每个属性的总和来计算它的评价标准值 z_{ij}。

$$\boldsymbol{Z}=\begin{bmatrix} z_{11} & z_{12} & \cdots & z_{1m} \\ z_{21} & z_{22} & \cdots & z_{2m} \\ \vdots & \vdots & & \vdots \\ z_{n1} & z_{n2} & \cdots & z_{nm} \end{bmatrix} \tag{2-7}$$

在规范决策矩阵 $\boldsymbol{Z}$ 中，$z_{ij}=x_{ij}/\left[\sum\limits_{i=1}^{n}(x_{ij})^{2}\right]^{0.5}$，$i=1,2,\cdots,n$，$j=1,2,\cdots$，$m$，$x_{ij}$ 为各处理(灌水和氮素的处理组合)的实测值。

(3)构造加权规范矩阵。

$$\boldsymbol{Z}'=\begin{bmatrix} w_{1}z_{11} & w_{2}z_{12} & \cdots & w_{m}z_{1m} \\ w_{1}z_{21} & w_{2}z_{22} & \cdots & w_{m}z_{2m} \\ \vdots & \vdots & & \vdots \\ w_{1}z_{n1} & w_{2}z_{n2} & \cdots & w_{m}z_{nm} \end{bmatrix} \tag{2-8}$$

步骤 1：将规范决策矩阵 $\boldsymbol{Z}$ 每一行归一化。

$$z_{ij}^{*}=z_{ij}/\sum_{j=1}^{m}z_{ij},\quad i=1,2,\cdots,n;\ j=1,2,\cdots,m \tag{2-9}$$

步骤 2：将矩阵 $\boldsymbol{Z}^{*}$ 按列求和。

$$\overline{W}_{j}=\sum_{i=1}^{m}z_{ij}^{*},\quad i=1,2,\cdots,n;\ j=1,2,\cdots,m \tag{2-10}$$

步骤 3：将向量 $\overline{\boldsymbol{W}}$ 归一化。

$$W_{j}=\overline{W}_{j}/\sum_{j=1}^{m}\overline{W}_{j},\quad j=1,2,\cdots,m \tag{2-11}$$

(4)确定正理想解($\boldsymbol{Z}^{+}$)与负理想解($\boldsymbol{Z}^{-}$)。

正理想解：$z_{j}^{+}=\begin{cases} \max\limits_{1\leqslant i\leqslant n}z'_{ij} & \text{效益型属性} \\ \min\limits_{1\leqslant i\leqslant n}z'_{ij} & \text{成本型属性} \end{cases}$　　$i=1,2,\cdots,n;\ j=1,2,\cdots,m$ (2-12)

负理想解：$z_{j}^{-}=\begin{cases} \min\limits_{1\leqslant i\leqslant n}z'_{ij} & \text{效益型属性} \\ \max\limits_{1\leqslant i\leqslant n}z'_{ij} & \text{成本型属性} \end{cases}$　　$i=1,2,\cdots,n;\ j=1,2,\cdots,m$ (2-13)

(5)计算每一个评价对象与 $\boldsymbol{Z}^{+}$ 和 $\boldsymbol{Z}^{-}$ 的距离 D_{i}^{+} 和 D_{i}^{-}。

$$D_{i}^{+}=\sqrt{\sum_{i=1}^{m}(z'_{ij}-z_{j}^{+})^{2}},\quad i=1,2,\cdots,n;\ j=1,2,\cdots,m \tag{2-14}$$

$$D_{i}^{-}=\sqrt{\sum_{i=1}^{m}(z'_{ij}-z_{j}^{-})^{2}},\quad i=1,2,\cdots,n;\ j=1,2,\cdots,m \tag{2-15}$$

(6)计算各评价对象与最优方案的接近程度(C_{i})，即评价对象与最优方案的相对接近程度。

$$C_{i}=\frac{D_{i}}{D_{i}^{+}+D_{i}^{-}}\quad i=1,2,\cdots,n \tag{2-16}$$

$0\leqslant C_{i}\leqslant 1$，当 C_{i} 越接近 1，表明咖啡的产量和营养品质的综合效益越优。

(7)按 C_{i} 大小排序，给出评价结果。

用 SAS 8.2(SAS Institute，USA)统计软件的两因素方差分析和 Duncan($P=0.05$)法进行方差分析和多重比较。

2.4.2 结果与分析

1. 不同施氮水平下亏缺灌溉对小粒咖啡树生长的影响

由表 2-12 可知，灌水水平对两年小粒咖啡树高、树径和枝条长度均值的影响显著。与 FI 相比，DI_{80}、DI_{60} 和 DI_{40} 降低树高分别为 5.6%、13.7% 和 21.2%，降低枝条长度分别为 5.7%、12.4% 和 16.5%，DI_{60} 和 DI_{40} 降低树径分别为 5.1% 和 8.3%，而 DI_{80} 降低树径不明显。施氮水平对两年树高和枝条长度均值的影响显著，与 N_L 相比，N_H 和 N_M 分别增加树高 5.1% 和 7.5%，增加枝条长度 9.8% 和 9.1%。水氮交互作用对树高的影响显著，与 FIN_L 相比，FIN_H 增加树高 8.5%，FIN_M 和 FIN_M 增加树高分别为 8.5% 和 4.8%，所有的 DI_{80} 处理减少或增加树高不明显，其余处理减少树高 6.1%~25.1%。

表 2-12　不同氮素水平下亏缺灌溉对小粒咖啡两年平均生长指标的影响

灌溉水平	氮素水平	树高/mm	地径/mm	枝条长度/mm
	N_H	1798±25a	19.93±0.26ab	196.25±2.10a
FI	N_M	1737±30ab	20.40±0.42a	197.50±1.85a
	N_L	1657±38cd	19.94±0.32ab	180.50±2.09bcd
	N_H	1681±4bc	19.85±0.14ab	186.36±2.43ab
DI_{80}	N_M	1627±16cde	19.60±0.35abc	182.58±6.50bc
	N_L	1591±12def	19.18±0.51bcd	172.72±5.53cde
	N_H	1557±20ef	19.72±0.06abc	177.58±6.09bcd
DI_{60}	N_M	1535±20f	19.07±0.10bcd	167.84±2.59def
	N_L	1388±6g	18.41±0.20de	157.78±3.00fg
	N_H	1241±35h	18.08±0.17e	162.56±2.38ef
DI_{40}	N_M	1517±48f	18.81±0.20cde	169.69±6.19cdef
	N_L	1333±10g	18.37±0.30de	147.06±3.59g
显著性分析(P 值)				
灌水水平		<0.001	<0.001	<0.001
氮素水平		<0.001	0.059	<0.001
灌水水平×氮素水平		<0.001	0.154	0.4028

2. 不同施氮水平下亏缺灌溉对小粒咖啡产量的影响

除两因素的交互作用对 2014 年咖啡干豆产量影响不显著外，灌水水平和施氮水平及其交互作用对咖啡干豆产量的影响显著(表 2-13)。与 FI 相比，2014 年 DI_{80}、DI_{60} 和 DI_{40} 降低干豆产量分别为 8.7%、41.2% 和 60.8%，两年降低平均干豆产量分别为 6.4%、43.1% 和 60.2%，2013 年 DI_{60} 和 DI_{40} 分别降低 45.3% 和 59.4%，而 DI_{80} 降低不明显。随着灌水量的增加边际产量先增后减，灌水水平从 DI_{60} 提高到 DI_{80} 获得边际产量最大(图 2-10)。与 N_L 相比，2013 年 N_H 和 N_M 增加干豆产量分别为 36.9% 和 37.7%，2014 年增加分别为 29.4% 和 46.8%，两年增加平均干豆产量分别为 32.9% 和 42.6%。施氮水平从 N_L 提高到 N_M，边际产量为正；而从 N_M 提高到 N_H，边际产量为负(图 2-10)。与

FIN_L 相比，FIN_H、FIN_M、$DI_{80}N_H$ 和 $DI_{80}N_M$ 增加两年平均干豆产量分别为 30.5%、31.8%、29.5% 和 16.9%，其余处理降低 7.4%～67.7%。以 FIN_M 处理的平均干豆产量最高，为 5587.42 kg/hm², 是 FIN_L 的 1.32 倍。

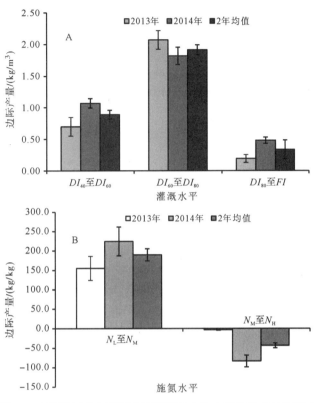

图 2-10　不同氮素水平下亏缺灌溉对小粒咖啡边际产量的影响

3. 不同施氮水平下亏缺灌溉对小粒咖啡水分利用效率的影响

灌水水平和施氮水平及其交互作用对小粒咖啡水分利用效率的影响显著（表 2-13）。与 FI 相比，2013 年 DI_{60} 和 DI_{40} 降低水分利用效率分别为 36.3% 和 48.1%，2014 年降低分别为 24.4% 和 42.4%，两年均值降低分别为 29.8% 和 45.0%，而两年 DI_{80} 增加水分利用效率不显著。与 N_L 相比，2013 年 N_H 和 N_M 增加水分利用效率分别为 37.8% 和 40.0%，2014 年增加分别为 27.6% 和 49.6%，两年增加均值分别为 32.1% 和 45.4%。两年平均水分利用效率以 $DI_{80}N_H$ 处理最高，为 0.57 kg/m³，是 FIN_L 的 1.43 倍。而 $DI_{80}N_M$、FIN_H 和 FIN_M 的两年均值之间的差异不显著，但分别比 FIN_L 增加 29.1%、30.6% 和 31.8%。

4. 不同施氮水平下亏缺灌溉对小粒咖啡品质的影响

灌水水平除对两年均值咖啡生豆中总糖含量的影响不显著外，对其余指标的影响显著，施氮水平对咖啡因、蛋白质、粗脂肪和绿原酸含量的影响显著，灌水水平和施氮水平的交互作用对粗纤维、蛋白质和绿原酸含量的影响显著（表 2-14）。与 FI 相比，DI_{80} 分别增加蛋白质、粗脂肪和绿原酸含量 9.4%、26.0% 和 12.5%。DI_{60} 分别增加咖啡因、粗纤维、蛋白质和粗脂肪含量 15.5%、6.3%、14.7% 和 14.1%。DI_{40} 分别增加咖啡因和粗纤维含量 18.3% 和 11.5%，但是降低绿原酸含量 14.5%。与 N_L 相比，N_M 增加蛋白质和绿原酸含量分别为 5.9% 和 12.6%，N_H 增加咖啡因、蛋白质和绿原酸含量分别为 9.8%、9.7% 和 7.0%，而增加施氮量不能显著增加粗脂肪含量。与 N_L 相比，增加施氮水平增加粗脂肪含量不明显。与 FIN_L 相比，除 $DI_{80}N_M$、$DI_{60}N_H$ 和 $DI_{80}N_L$ 不显著影响粗纤维含量外，其余 DI 和不同施氮水平组合处理增加粗纤维含量 5.1%~12.4%。DI_{80} 和 DI_{60} 与不同施氮水平组合处理增加蛋白质和绿原酸含量分别为 7.1%~26.2% 和 6.4% ~37.0%，其中 $DI_{80}N_H$ 增加蛋白质和绿原酸含量分别为 19.3% 和 20.0%。

表 2-13　不同氮素水平下亏缺灌溉对小粒咖啡干豆产量和水分利用效率的影响

灌溉水平	氮素水平	干豆产量/(kg/hm²)			水分利用效率/(kg/m³)		
		2013	2014	2年均值	2013	2014	2年均值
FI	N_H	5096.74±94.63ab	5974.96±187.53a	5535.85±137.82a	0.48±0.01ab	0.57±0.02a	0.52±0.01b
	N_M	5105.75±579.74ab	6069.10±168.74a	5587.42±205.79a	0.48±0.05ab	0.58±0.02a	0.53±0.02ab
	N_L	3918.76±279.97c	4562.19±364.04b	4240.48±46.14c	0.37±0.03cde	0.44±0.04b	0.40±0.00c
DI_{80}	N_H	5252.07±136.54a	5731.86±165.89a	5491.97±104.06a	0.53±0.01a	0.62±0.02a	0.57±0.01a
	N_M	4388.81±130.09bc	5522.42±276.90a	4955.61±162.69b	0.44±0.01bc	0.60±0.03a	0.52±0.02b
	N_L	3942.00±183.76c	3910.93±199.58c	3926.46±9.83c	0.40±0.02cd	0.42±0.02b	0.41±0.00c
DI_{60}	N_H	2774.30±124.96de	3387.96±87.89c	3081.13±20.69d	0.30±0.01ef	0.42±0.01b	0.36±0.00c
	N_M	2921.47±209.57d	3718.94±185.00c	3320.20±196.27d	0.32±0.02e	0.46±0.02b	0.39±0.02c
	N_L	2023.62±326.43ef	2658.20±228.91d	2340.91±277.43e	0.22±0.04g	0.33±0.03c	0.27±0.03d
DI_{40}	N_H	1920.04±189.60f	1425.96±211.34e	1673.00±42.43f	0.23±0.02fg	0.20±0.03d	0.22±0.01e
	N_M	2713.03±107.90de	3440.68±55.84c	3076.85±74.61d	0.32±0.01de	0.49±0.01b	0.40±0.01c
	N_L	1103.84±148.61g	1638.48±148.32e	1371.16±109.46f	0.13±0.02h	0.23±0.02d	0.18±0.01e
显著性分析(P 值)							
灌水水平		<0.001	<0.001	<0.001	<0.001	<0.001	<0.001
氮素水平		<0.001	<0.001	<0.001	<0.001	<0.001	<0.001
灌水水平×氮素水平		0.090	0.001	<0.001	0.048	<0.001	<0.001

表 2-14　不同氮素水平下亏缺灌溉对小粒咖啡干豆营养品质两年均值的影响

灌溉水平	氮素水平	咖啡因/(mg/g)	总糖/%	粗纤维/%	蛋白质/(g/100g)	粗脂肪/%	绿原酸/%
FI	N_H	9.13±0.11efg	10.76±0.13c	17.08±0.23d	18.70±0.20cd	14.86±0.25de	12.02±0.16b
	N_M	9.04±0.14fg	10.69±0.06c	17.18±0.19d	17.39±0.15ef	14.64±0.24de	11.96±0.47b
	N_L	9.16±0.07efg	10.52±0.26c	17.12±0.39d	16.87±0.01f	13.88±0.13e	10.44±0.79de
DI_{80}	N_H	9.59±0.24def	11.02±0.09abc	18.17±0.06bc	20.13±0.15b	18.93±0.15a	12.53±0.83b
	N_M	8.95±0.27fg	11.54±0.38ab	17.45±0.32cd	19.76±0.31b	18.49±0.28a	14.31±0.58a
	N_L	8.53±0.15g	10.73±0.22c	17.05±0.23d	18.06±0.16de	17.24±0.10b	11.88±0.45bc
DI_{60}	N_H	11.19±0.09ab	11.66±0.08a	17.96±0.17bc	21.29±0.16a	16.61±0.12b	11.78±0.05bc
	N_M	10.52±0.35bc	10.8±0.32c	17.99±0.05bc	20.54±0.15ab	16.37±0.25bc	12.03±0.27b
	N_L	9.85±0.04cde	10.68±0.16c	18.65±0.27ab	18.92±0.55c	16.53±0.33b	11.11±0.66cd

续表

灌溉水平	氮素水平	咖啡因/(mg/g)	总糖/%	粗纤维/%	蛋白质/(g/100g)	粗脂肪/%	绿原酸/%
	N_H	11.36±0.16a	10.48±0.36c	19.00±0.32a	17.38±0.12ef	14.95±0.53d	9.69±0.17ef
DI_{40}	N_M	10.92±0.35ab	10.92±0.06bc	19.04±0.09a	17.12±0.26f	15.51±0.38cd	10.15±0.07ef
	N_L	10.05±0.46cd	10.75±0.23c	19.23±0.31a	16.81±0.41f	14.78±0.56de	9.60±0.37f
显著性分析(P 值)							
灌水水平		<0.001	0.060	<0.001	<0.001	<0.001	<0.001
氮素水平		<0.001	0.104	0.702	<0.001	0.003	<0.001
灌水水平×氮素水平		0.120	0.058	0.040	0.017	0.077	0.004

5. 小粒咖啡产量和营养品质综合评价

不同水氮处理下咖啡产量和各营养品质综合效益评价结果见表 2-15。与 FI 相比，DI_{80} 增加综合效益评价指数（C_i）8.9%，而 DI_{60} 和 DI_{40} 分别减少 C_i 47.2% 和 72.7%。与 N_L 相比，N_H 和 N_M 分别增加 C_i 30.7% 和 49.1%。$DI_{80}N_H$ 的 C_i 最高，因此综合效益最优。与 FIN_L 相比，DI_{80} 和不同施氮水平组合处理增加 C_i 4.1%～44.8%，而 DI_{40} 和 DI_{60} 与不同施氮水平组合处理降低 C_i 25.4%～85.3%。

Spearman 等级相关性分析结果表明（表 2-15），指标 1、指标 2 和指标 4 分别与 C_i 显著正相关，而指标 3 和指标 5 与 C_i 关系不显著。也说明综合效益与干豆产量显著正相关，而与咖啡因和粗纤维显著负相关。

表 2-15 干豆产量和营养品质指标的 TOPSIS 分析

灌溉水平	氮素水平	X_1	X_2	X_3	X_4	X_5	D_i^+	D_i^-	C_i	排序
	N_H	0.0747	0.0542	0.0581	0.0559	0.0538	0.0159	0.0583	0.7854	3
FI	N_M	0.0754	0.0537	0.0578	0.0562	0.0530	0.0166	0.0590	0.7800	4
	N_L	0.0572	0.0544	0.0568	0.0560	0.0502	0.0268	0.0415	0.6076	6
	N_H	0.0741	0.0569	0.0595	0.0595	0.0685	0.0081	0.0597	0.8800	1
DI_{80}	N_M	0.0669	0.0531	0.0623	0.0571	0.0669	0.0091	0.0538	0.8548	2
	N_L	0.0530	0.0507	0.0580	0.0558	0.0624	0.0238	0.0409	0.6324	5
	N_H	0.0416	0.0665	0.0630	0.0588	0.0601	0.0384	0.0263	0.4062	8
DI_{60}	N_M	0.0448	0.0625	0.0584	0.0589	0.0593	0.0345	0.0286	0.4530	7
	N_L	0.0316	0.0585	0.0577	0.0610	0.0599	0.0460	0.0187	0.2891	10
	N_H	0.0226	0.0675	0.0566	0.0622	0.0541	0.0580	0.0057	0.0892	12
DI_{40}	N_M	0.0415	0.0648	0.0590	0.0623	0.0562	0.0395	0.0240	0.3783	9
	N_L	0.0185	0.0597	0.0581	0.0629	0.0535	0.0602	0.0086	0.1248	11
Z^+		0.0754	0.0507	0.0630	0.0558	0.0685				
Z^-		0.0185	0.0675	0.0566	0.0629	0.0502				
R		0.923*	−0.734*	0.420	−0.657*	0.343				

X_1、X_2、X_3、X_4 和 X_5 分别为干豆产量、咖啡因、总糖、粗纤维和粗脂肪的加权规范值。Z^+ 和 Z^- 分别代表正负理想方案。D_i^+ 和 D_i^- 分别是每个评价对象与正负理想方案之间的距离。R 表示综合评价指标与单个指标间的 Spearman 相关系数，* 表示显著相关。

2.4.3　讨　论

亏缺灌水(DI)不同程度抑制咖啡树的营养生长(树高、枝条长度和树干直径),增加灌水量能增加树高和枝条长度,这与前人的研究结果一致(Cai et al.,2007;Sakai et al.,2015;Chemura et al.,2014;Perdoná et al.,2015)。

本研究发现,当水肥超过一定量时报酬递减,适当减少水氮供给方可获得最大的边际产量。施氮量对咖啡产量的影响程度与亏缺灌溉水平密切相关,适度亏缺灌溉(DI_{80})时,增施氮肥的增产效果明显。这与施肥能提高作物对干旱的忍受能力,从而提高作物产量的结论相一致(Li et al.,2004)。而重度亏缺灌溉(DI_{40}或DI_{60})时施氮越多可能导致减产。主要由于土壤水分严重亏缺抑制了作物根系生长,使木质部液流黏滞性增大,降低作物对土壤养分的吸收和运输,同时也抑制了土壤养分的化学有效性与动力学有效性(Hu et al.,2005)。另外咖啡的开花结果期正值干热区旱季,供水不足减少了开花数和结果数(Vaast et al.,2004)。因此只有水肥适量配合才能发挥最佳耦合作用,获得较高产量。

本研究发现,水分利用效率随着灌水和施氮水平的提高先增后减,水氮供给较高反而降低水分利用效率,主要由于适量亏缺灌溉可有效地抑制营养生长而促进生殖生长(Wu et al.,2012)。同时适量施氮能促进根系发育和吸水,改善叶片的光合能力,增加同化物的含量;促进植株发育,降低叶片水势,提高植株提水能力,并增加土壤水分的有效性(Zhang et al.,1999)。本研究发现$DI_{80}N_H$处理的小粒咖啡水分利用效率最高,这与适度亏缺灌溉下增施氮肥促进咖啡生殖生长和产量提高有关,也与相关研究的结论一致(Zhong et al.,2014)。

本研究发现,灌水水平对咖啡生豆大多营养品质指标的影响显著,这与灌水影响叶片光合特性、光合产物累积以及植株体内无机物和有机物吸收、运输及转化(Xu et al.,2004)有关。适度亏缺灌溉(DI_{80})能增加咖啡生豆中蛋白质、粗脂肪和绿原酸含量,提升生豆营养品质,这与Tesfaye等(2013)、Santesteban等(2011)和Patanè等(2011)的研究结果一致。而重度亏缺灌溉(DI_{60}和DI_{40})导致植株合成有益营养组分的功能下降,从而降低生豆营养品质。不同亏缺灌溉水平对咖啡生豆营养品质的影响不同,可能是不同水分对植物生理激素代谢与合成的差异影响所致(Du and Kang,2011)。同时次生代谢产物在植物不同器官、组织和细胞内的合成受环境条件诱导作用的影响(Yang et al.,2010)。随着水分亏缺程度的增加,咖啡生豆中绿原酸含量先增后降。可能是重度亏缺灌溉时,植株的初级生产力受到较大抑制,合成次级产物的原料减少所致(Wang et al.,2006);而充分灌水对绿原酸累积产生了"稀释效应"(Xing et al.,2015)。生豆中粗纤维含量随着水分亏缺程度的增加而增加,这与Jahanzad等(2013)的研究结果一致。施氮水平对咖啡因、蛋白质、粗脂肪和绿原酸影响显著,这与氮素是咖啡生豆中含氮化合物的主要组分有关,也与相关研究的结论一致(Hao et al.,2008;Majd Salimi et al.,2012)。

要实现亏缺灌溉下小粒咖啡的综合效益最高,需统筹考虑产量和各营养品质指标。本研究发现虽然FIN_M的干豆产量最高,但生豆中蛋白质和绿原酸含量较低,导致品质降低。TOPSIS法评价结果表明,$DI_{80}N_H$处理的产量和品质的综合效益最高,该处理在获得较高的干豆产量的同时，也改善了生豆的营养品质，使生豆中蛋白质和绿原酸含量显著提高。另外，$DI_{80}N_H$ 的水分利用效率也最大。因此，适度亏缺灌溉（节约灌水量20.0%）和高氮组合能同时实现小粒咖啡优质适产和节水高效，从而获得产量和营养品质的综合效益最大。因此，中国西南干热区小粒咖啡适宜的水氮管理模式为 $DI_{80}N_H$。

2.4.4 结 论

(1)与充分灌溉（FI）相比，适度亏缺灌水 DI_{80}（灌水量为充分灌水的80%）节约灌水量的同时改善了咖啡生豆营养品质，而重度亏缺灌水 DI_{60} 和 DI_{40}（灌水量为充分灌水的60%和40%）大幅降低咖啡干豆产量和水分利用效率，也降低了咖啡生豆的营养品质。

(2)与低 N 水平（N_L，60 g N/株）相比，提高施氮量增加干豆产量、水分利用效率、生豆中蛋白质和绿原酸含量。中 N 水平（N_M，100 g N/株）的咖啡干豆产量、水分利用效率和干豆中绿原酸含量最高。

(3)在高 N 水平（120 g N/株）下适度亏缺灌水能保证咖啡不减产的同时改善咖啡豆的营养品质。$DI_{80}N_H$ 的产量和营养品质综合效益最优，同时水分利用效率最大，为中国西南干热区小粒咖啡的最佳水氮管理模式。

2.5 水肥耦合对小粒咖啡苗木生长和水分利用的影响

2.5.1 引 言

水肥是植物生长最重要的环境因子之一。在农林生产中，通常采用灌溉和施肥来满足作物或林木对水分和养分的需求，但单纯灌溉或施肥往往不能有效地改善其生长状况。研究表明，水肥耦合可以提高水肥料利用效率，减少因不合理灌溉和施肥造成的水土污染，利于生态环境良性循环。国内外对水肥耦合的研究主要集中在农作物，而对木本植物的研究较少。研究发现，采取合理的水肥管理措施，可显著改善矮化红富士（Malus）幼树的营养状况，促进新梢生长和提早开花结实。不同水肥组合对橡胶（Euphorbiaceae）产量和干胶含量影响显著，氮肥与土壤水分、磷肥及钾肥之间存在耦合效应。氮肥对洋白蜡（Oleaceae）生物量的作用在很大程度上受土壤水分的影响，不同的水肥配合的生物量积累不同。毛白杨（Salicaceae）苗木水肥耦合模式为土壤水分控制在田间持水量的73.37%，氮、磷肥的施用量分别为 4.14 g/株和 1.41 g/株。

小粒咖啡（Rubiaceae）生产经常受到季节性干旱和营养不足双重制约，产量和品质得不到保证。已往对小粒咖啡的水肥效应做了初步探索，结果表明，小粒咖啡需要高养分的投入和良好的水分管理，干季田间秸秆覆盖＋滴灌的效果较好，滴灌和秸秆覆盖的效果相近。对移栽1年后咖啡进行不同水肥处理（3种氮磷钾水平和2种灌水制度）研究其生长状况。结果表明，氮和钾对新梢生长影响显著，氮肥也影响枝条腋芽的节点数。氮、磷、钾对咖啡树的地上干物质和叶面积指数影响不明显。灌水比施肥更能促进咖啡生长。但国内外有关不同水肥组合下小粒咖啡苗木生长动态和耗水规律很少报道。

本书通过研究灌水和施肥对小粒咖啡苗木生长和水分利用的交互作用，探讨有限灌溉和施肥对小粒咖啡生长动态、生物量累积、蒸散耗水及水分利用的影响规律，以期为热带特色经济林果的节水抗旱和水肥资源高效利用提供一定的理论依据和实践参考。

2.5.2　材料与方法

试验于 2012 年 4 月～11 月在昆明理工大学现代农业工程学院智能控制日光温室内进行，温度控制在 12～35 ℃，湿度为 50%～85%，无遮阴。4 月 12 日将半年生小粒咖啡苗木移栽至上底宽 30 cm，下底宽 22.5 cm，高 30 cm 的生长盆中，盆底均匀分布着直径为 1 cm 的 5 个小孔以提供良好的通气条件。盆中装土 14 kg，装土前将其自然风干过 5 mm 筛，其装土体积质量为 1.2 g/cm³，移栽后浇水至田间持水量。土表面铺 0.5 cm 厚的蛭石阻止因灌水导致土壤板结。供试土壤为燥红壤土，其有机质含量为 13.12 g/kg、全氮 0.87 g/kg、全磷 0.68 g/kg、全钾 13.9 g/kg，田间持水量（FC）为 24.3%。

试验设 2 因素 4 水平，共 16 个处理，各处理重复 4 次。2 因素分别为灌水和施肥，4 个灌水水平分别为充分灌水（W_S）：（75%～85%）FC、高水（W_H）：（65%～75%）FC、中水（W_M）：（55%～65%）FC 和低水（W_L）：（45%～55%）FC。肥料采用全水溶性 N、P、K 复合肥（总氮含量为 10%，P_2O_5 为 30%，K_2O 为 20%）。4 个施肥水平分别为高肥（F_H）：4.5 g/kg 干土、中肥（F_M）（3 g/kg 干土）、低肥（F_L）（1.5 g/kg 干土）和无肥（F_N）（0 g/kg 干土）。5 月 26 日和 8 月 26 日等量施肥。称重法控制灌水，水量平衡方程计算总耗水量。

苗木生物量于 2012 年 11 月 11 日采取，在烘箱中 105 ℃ 杀青 30 min 后，调温至 80 ℃ 烘至恒质量，用天平测定干质量。根系冲水取样，在根系下面放置 100 目筛以防脱落的根系被水冲走。6 月 4 日起测量株高、基茎，大约每月测定 1 次，共测定 7 次。株高、基茎和叶面积分别采用毫米刻度尺、游标卡尺和直接称重换算法。蒸散量日变化采用称重法测定。根质量比为根和总生物量的比值，根冠比为根系生物量和冠层生物量的比值，比叶面积为叶面积和其干质量的比值，水分利用效率为总生物量和总灌水量的比值。

采用 Microsoft Excel 2003 软件处理数据和制图，用 SAS 9.0 统计软件的 ANOVA 和 Duncan（$P=0.05$）法对数据进行方差分析和多重比较。

2.5.3　结果与分析

1. 水肥耦合对小粒咖啡株高、基茎生长动态的影响

统计分析表明（图 2-11），灌水对株高的影响显著（$P<0.05$）。施肥相同时，和 W_L 处理相比，W_S、W_H 和 W_M 分别提高株高增量 51.67%～196.67%、58.83%～200.00% 和 43.33%～159.60%。和 $W_L F_N$ 处理（CK）相比，增加灌水和施肥可提高株高增量 30.00% ～273.27%。其中 $W_S F_M$ 的株高增量最大，为 CK 的 3.73 倍。6、7、8 月份的株高增加最快，占株高增量的 54.95%～73.94%。

对基茎增量统计表明（图 2-12），灌水对基茎的影响显著（$P<0.05$）。施肥相同时，和 W_L 处理相比，W_S、W_H 和 W_M 分别提高基茎增量 129.44%～142.11%、81.58%～137.01% 和 43.09%～85.60%。灌水相同时，和 F_N 相比，F_H、F_M 和 F_L 分别提高基茎增

量 16.39～50.97％、13.26％～38.74％和 8.73％～46.15％。和 CK 相比，增加灌水和施肥可提高基茎增量 11.97％～178.27％。其中 W_SF_H 的基茎增量最大，为 CK 的 2.78 倍。和株高生长规律相似，6、7、8 月份的基茎增加最快，占基茎增量的 44.41％～70.98％。结果表明，增加灌水和施肥有利于促进小粒咖啡的生长。

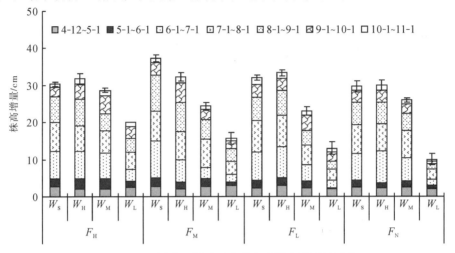

图 2-11　不同水肥供给对小粒咖啡株高增量的影响

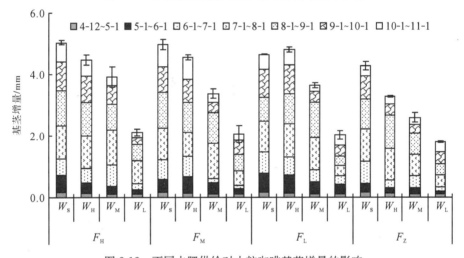

图 2-12　不同水肥供给对小粒咖啡基茎增量的影响

2. 水肥耦合对小粒咖啡植株形态特征的影响

对小粒咖啡植株形态特征统计分析表明(表 2-16)，灌水对叶面积、根冠比和根质量比的影响显著($P<0.05$)，施肥及水肥的交互作用对其影响不显著($P>0.05$)，灌水和施肥及其交互作用对比叶面积影响不显著($P>0.05$)。施肥相同时，叶面积随灌水量的增加而增加。和 W_L 相比，W_S、W_H 和 W_M 分别提高叶面积 151.69％～411.18％、142.62％～355.63％和 67.85％～154.43％。灌水相同时，和 F_N 相比，F_H、F_M 和 F_L 分别增加叶面积 9.74％～122.88％、12.68％～86.68％和 4.32％～62.57％。随灌水和施肥的增加，叶面积呈增加趋势。其中 W_SF_M 的叶面积最大，为 CK 的 5.10 倍。

根冠比和根质量比随灌水量的增加而略有减少。和 W_L 相比，W_S、W_H 和 W_M 分别最大减小根冠比 23.54％、18.24％和 13.03％，分别最大减小根质量比 21.32％、14.54％和 10.33％。水肥对比叶面积影响不显著，但比叶面积随水肥的增加呈递减趋势。

表 2-16　不同水肥供给对小粒咖啡植株形态特征的影响

施肥	灌水	叶面积/m²	根冠比/%	根质量比/%	比叶面积/(m²/kg)
F_H	W_S	0.381±0.000	25.89±0.08	20.57±0.05	11.47±0.22
	W_H	0.367±0.002	26.07±0.03	20.68±0.02	11.98±0.04
	W_M	0.254±0.002	26.62±1.02	21.01±0.63	12.42±0.28
	W_L	0.151±0.003	30.60±0.03	23.43±0.02	11.74±0.25
F_M	W_S	0.391±0.002	23.94±0.94	19.31±0.61	12.27±0.22
	W_H	0.352±0.011	27.43±0.58	21.52±0.36	11.83±0.08
	W_M	0.219±0.007	30.37±0.29	23.29±0.17	12.18±0.09
	W_L	0.127±0.007	31.31±0.99	23.84±0.58	11.43±0.07
F_L	W_S	0.362±0.003	23.51±1.03	19.02±0.67	12.25±0.15
	W_H	0.328±0.002	26.08±1.50	20.67±0.94	11.78±0.31
	W_M	0.231±0.001	31.98±0.34	24.23±0.20	11.52±0.27
	W_L	0.11±0.001	31.90±0.81	24.18±0.47	12.35±0.18
F_N	W_S	0.347±0.002	23.45±0.32	19.00±0.21	11.34±0.21
	W_H	0.309±0.004	29.55±0.06	22.81±0.03	12.16±0.43
	W_M	0.173±0.013	28.49±1.43	22.15±0.87	12.51±0.46
	W_L	0.068±0.006	28.08±0.55	21.92±0.34	13.49±0.08
显著性检验（P 值）					
施肥水平		0.513	0.318	0.362	0.661
灌水水平		<0.001	<0.001	<0.001	0.475
施肥水平×灌水水平		0.975	0.112	0.121	0.103

3. 水肥耦合对小粒咖啡生物量的影响

表 2-17 为不同水肥供给对小粒咖啡的生物量累积及分配的影响。统计分析表明，灌水能显著增加小粒咖啡的叶、茎、根及总生物量（$P < 0.05$）。施肥对茎的生物量影响显著（$P < 0.05$），水肥的交互作用对茎、根的生物量影响显著（$P < 0.05$）。灌水相同时，和 F_N 处理相比，F_H、F_M 和 F_L 分别增加总生物量 8.70％～88.83％、2.38％～68.39％和 0.34％～51.19％。施肥相同时，和 W_L 相比，W_S、W_H 和 W_M 分别提高总生物量 170.43％～369.77％、146.53％～320.49％和 59.03％～129.27％。结果表明，随灌水和施肥的增加，生物量累积呈明显增加趋势。和 CK 相比，灌水和施肥增加总生物量 41.27％～380.94％。其中 $W_S F_H$ 处理的总生物量为 CK 的 5.10 倍。不同水肥处理对各器官生物量的影响规律基本一致，茎和叶占总生物量的 75.77％～80.98％，根占 19.02％～24.23％。

表 2-17　不同水肥供给对小粒咖啡生物量积累及分配的影响

施肥	灌水	叶/g	茎/g	根/g	总生物量/g
F_H	W_S	33.21±0.66	15.10±0.26	12.51±0.28	60.82±1.20
	W_H	30.63±0.06	13.35±0.19	11.47±0.05	55.45±0.17
	W_M	20.48±0.61	7.79±0.22	7.51±0.07	35.77±0.76
	W_L	12.88±0.02	4.34±0.01	5.27±0.01	22.49±0.04
F_M	W_S	31.9±0.77	14.30±0.29	11.08±0.69	57.28±1.75
	W_H	29.75±1.09	13.40±0.84	11.83±0.18	54.97±0.06
	W_M	17.99±0.69	8.23±0.22	7.97±0.35	34.18±1.26
	W_L	11.08±0.51	4.21±0.04	4.78±0.00	20.06±0.47
F_L	W_S	29.55±0.08	11.54±0.39	9.65±0.31	50.74±0.16
	W_H	27.84±0.61	12.03±0.18	10.39±0.48	50.25±0.06
	W_M	20.11±0.56	9.12±0.06	9.35±0.06	38.58±0.56
	W_L	8.94±0.03	3.82±0.04	4.07±0.13	16.83±0.20
F_N	W_S	30.62±0.40	14.71±0.01	10.63±0.05	55.95±0.33
	W_H	25.48±0.54	13.18±0.29	11.43±0.27	50.08±1.09
	W_M	13.92±1.59	5.99±0.53	5.61±0.32	25.52±1.44
	W_L	5.04±0.46	4.26±0.03	2.62±0.19	11.91±0.67
显著性检验(P 值)					
施肥水平		0.646	0.041	0.436	0.450
灌水水平		<0.001	<0.001	<0.001	<0.001
施肥水平×灌水水平		0.825	0.001	0.038	0.177

4. 水肥耦合对蒸散耗水和水分利用的影响

图 2-13 表示不同水氮供给对小粒咖啡的日蒸散耗水的影响。其中 8：00～10：00 的蒸散量最小，占日蒸散量的 6.32%～10.07%；而 14：00～16：00 的蒸散量最大，占日蒸散量的 20.92%～38.51%。统计分析表明，灌水对日蒸散累积量影响显著($P<0.05$）。施肥相同时，和 W_L 相比，W_S、W_H 和 W_M 的日蒸散总量增加 173.82%～244.83%、138.74%～179.41% 和 84.82%～104.71%。其中 $W_S F_M$ 处理的日蒸散量最大，为 CK 的 3.92 倍。结果表明，随施肥的增加，日蒸散总量的均值先增加后略有降低；随灌水量的增加，日蒸散耗水明显增加。

不同水肥供给对小粒咖啡耗水及水分利用效率的影响如图 2-14 所示。统计分析表明，灌水量对小粒咖啡的耗水量影响显著($P<0.05$），而施肥及水肥的交互作用对其影响不显著($P>0.05$）。施肥相同时，和 W_L 相比，W_S、W_H 和 W_M 的耗水量分别增加 104.16%～111.96%、78.34%～91.18% 和 45.11%～51.67%。灌水相同时，和 F_N 处理相比，施肥可使耗水总量均略有降低，最大降幅为 9.79%。除 $F_H W_L$、$F_M W_L$ 的耗水量略低于 CK 外，其余处理的耗水量明显高于 CK。其中 $W_S F_N$ 处理的耗水量最大，为 CK 的 2.10 倍。统计表明，小粒咖啡的耗水量随施肥量的增加略有降低，而随灌水量的增加显著增加。

统计分析表明，灌水对小粒咖啡的水分利用效率影响显著($P<0.05$），而施肥和水

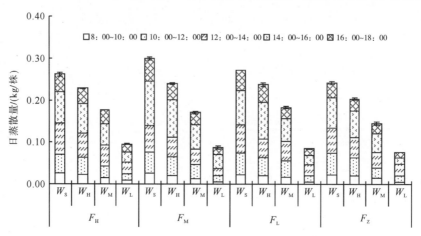

图 2-13 不同水肥供给对小粒咖啡日蒸散耗水量的影响

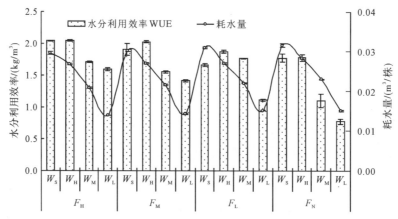

图 2-14 不同水肥供给对小粒咖啡耗水量及水分利用效率的影响

肥的交互作用对其影响不显著（$P > 0.05$）。施肥相同时，和 W_L 相比，W_S、W_H 和 W_M 的水分利用效率增加 28.23% ～128.59%、28.50% ～128.96% 和 7.39% ～58.38%。表明从 W_L 到 W_M，提高水分利用效率较小，而 W_L 到 W_H 或 W_S，可使水分利用效率大幅度提高，并且 W_H 的水分利用效率高于 W_S 的 4.66%。灌水相同时，和 F_N 处理相比，施肥可使水分利用效率明显增加，最大增幅为 105.52%。其中 $W_H F_H$ 处理的水分利用效率最大，为 CK 的 2.64 倍。统计表明，小粒咖啡的水分利用效率随灌水和施肥的增加而增加，水肥增量较小时水分利用效率增幅较大，水肥增幅较大时水分利用效率增幅较小。

2.5.4　结果与讨论

试验结果表明，灌水对小粒咖啡的生长调控、形态指标、生物量累积及水分利用的影响显著大于施肥（$P < 0.05$），增加灌水和施肥能增大小粒咖啡的株高、基茎和叶面积，但施肥的增效不及灌水，灌水是促进小粒咖啡生长最主要的因素。这是由于适宜的水分条件是保证植物的正常生命活动的前提。本研究还发现，W_S 处理的株高、基茎和叶面积小于或接近于 W_H 处理，表明过高的灌水量导致土壤水分过多，可能造成根际低氧，造成了水资源的浪费，降低了水分利用效率。

根系是植物对环境适应性的一种表现，其生长状况又影响到植物对水、肥的吸收利用。本研究结果表明，小粒咖啡的根冠比和根质量比随灌水量的增加略有减少。这是由于植物受到水肥资源限制时，调节生物量分配来适应环境变化，增加根冠比以增大对水肥的吸收。比叶面积能反映植物对不同生境的适应特征，植物受到干旱胁迫时会降低比叶面积来适应恶劣环境。试验结果表明，水肥对小粒咖啡的比叶面积影响不显著，表明小粒咖啡没有明显通过降低比叶面积或减少叶面积来适应水肥环境，对此还需要进一步验证。

研究表明，随灌水和施肥的增加，小粒咖啡的生物量累积呈明显增加趋势。说明小粒咖啡的生长要求较充分的水肥供给。W_L 处理的生物量累积最小，是由于水分严重亏缺抑制了植株根系的生长，降低了根系的吸收面积和吸收能力，木质部液流黏滞性增大，从而降低了水肥的吸收和运输。结果还表明，增加施肥也使小粒咖啡的生物量明显增加，但没有灌水的增幅大。随施肥量的增加，小粒咖啡的耗水量略有减小，而水分利用效率略有提高。这和施肥能提高土壤水分的有效性，促进植株生长相一致。本研究还表明，当水肥条件较低时，适量增加水肥供给能大幅提高生物量累积和水分利用效率，当水肥供给较为充足时，增加水肥供给会使边际效益明显降低。

本研究采用固定配比的全水溶性 N、P、K 复合肥研究对小粒咖啡生长调控和水分利用的影响，对单一营养元素和灌水的交互作用还不清楚，需要进一步细化研究，以寻求更为合理和科学的小粒咖啡苗木灌水施肥模式。

参考文献

鲍士旦. 2000. 土壤农化分析[M]. 北京：中国农业出版社.

蔡传涛，蔡志全，解继武，等. 2004. 田间不同水肥管理下小粒咖啡的生长和光合特性[J]. 应用生态学报，15(7)：120－1212.

蔡志全，蔡传涛，齐欣，等. 2004. 施肥对小粒咖啡生长、光合特性和产量的影响[J]. 应用生态学报，15(9)：1561－1564.

曹红星，孙程旭，李和帅，等. 2012. 水肥胁迫对槟榔幼苗生长及生理特性的影响[J]. 西南师范大学学报：自然科学版，37(6)：87－91.

曾勇军，石庆华，潘晓华，等. 2008. 施氮量对高产早稻氮素利用特征及产量形成的影响[J]. 作物学报，34(8)：1409－1416.

陈磊，郝明德，张少民，等. 2007. 黄土高原旱地施肥对小麦与苜蓿土壤水分养分含量的影响[J]. 草地学报，15(4)：371－375.

陈碧华，郜庆炉，杨和连，等. 2008. 日光温室膜下滴灌水肥耦合技术对番茄生长发育的影响[J]. 广东农业科学，(8)：63－65.

陈星，李亚娟，刘丽，等. 2012. 灌溉模式和供氮水平对水稻氮素利用效率的影响[J]. 植物营养与肥料学报，18(2)：283－290.

陈修斌，李翊华，许耀照，等. 2015. 河西走廊灌漠土温室黄瓜水肥优化利用模型研究[J]. 甘肃农业大学学报，50(6)：47－57.

崔晓阳. 2007. 植物对有机氮源的利用及其在自然生态系统中的意义[J]. 生态学报，27(8)：3500－3512.

丁红，张智猛，戴良香，等. 2015. 水分胁迫和氮肥对花生根系形态发育及叶片生理活性的影响[J].

应用生态学报，26(2)：450—456.

董建华，王秉忠. 1996. 土壤干旱对小粒种咖啡有关生理参数的影响[J]. 热带作物学报，17(1)：50—56.

董雯怡，赵摇燕，张志毅，等. 2010. 水肥耦合效应对毛白杨苗木生物量的影响[J]. 应用生态学报，21(9)：2194—2200.

杜军，杨培岭，李云开，等. 2011. 灌溉、施肥和浅水埋深对小麦产量和硝态氮淋溶损失的影响[J]. 农业工程学报，27(2)：57—64.

高俊凤. 2006. 植物生理学实验指导[M]. 北京：高等教育出版社.

高悦，朱永铸，杨志民，等. 2012. 干旱胁迫和复水对冰草相关抗性生理指标的影响[J]. 草地学报，20(2)：336—341.

郭二辉，胡聃，田朝阳，等. 2008. 土壤氮素与水分对植物光合生理生态的影响研究[J]. 安徽农业科学，36(26)：11211—11213.

何进宇，田军仓. 2015. 膜下滴灌旱作水稻水肥耦合模型及组合方案优化[J]. 农业工程学报，31(13)：77—82.

贺学礼，马丽，孟静静，等. 2012. 不同水肥条件下 AM 真菌对丹参幼苗生长和营养成分的影响[J]. 生态学报，32(18)：5721—5728.

华元刚，陈秋波，林钊沐，等. 2008. 水肥耦合对橡胶树产胶量的影响[J]. 应用生态学报，19(6)：1211—1216.

焦娟玉，陈珂，尹春英. 2010. 土壤含水量对麻疯树幼苗生长及其生理生化特征的影响[J]. 生态学报，30(16)：4460—4466.

巨晓棠，潘家荣，刘学军，等. 北京郊区冬小麦/夏玉米轮作体系中氮肥去向研究[J]. 植物营养与肥料学报，2003，9(3)：264—270.

孔东，晏云，段艳，等. 2008. 不同水氮处理对冬小麦生长及产量影响的田间试验[J]. 农业工程学报，24(12)：36—40.

孔艳菊，孙明高，苗海霞，等. 2006. 干旱胁迫下元宝枫生长性状及生理特性研究[J]. 西北林学院学报，2 21(5)：26—31.

李伏生，康绍忠. 2002. CO_2 浓度和氮素水平对春小麦水分利用效率的影响[J]. 作物学报，28(6)：835—840.

李建明，潘铜华，王玲慧，等. 2014. 水肥耦合对番茄光合、产量及水分利用效率的影响[J]. 农业工程学报，30(10)：82—90.

李明达，张红萍. 2016. 水分胁迫及复水对豌豆干物质积累、根冠比及产量的影响[J]. 中国沙漠，36(4)：1034—1040.

梁潘霞，廖青，邢颖，等. 2014. 干旱胁迫下 Si 对甘蔗叶片相对水含量和抗氧化物酶活性的影响[J]. 南方农业学报，45(12)：2188—2192.

林叶春，曾昭海，郭来春，等. 2012. 裸燕麦不同生育时期对干旱胁迫后复水的响应[J]. 麦类作物学报，32(2)：284—288.

刘佳，郁继华，徐秉良，等. 2012. 干旱气候条件下水分胁迫对辣椒叶片生理特性的影响[J]. 核农学报，26(8)：1197—1203.

刘小刚，郝琨，韩志慧，等. 2016. 水氮耦合对干热河谷区小粒咖啡产量和品质的影响[J]. 农业机械学报，47(2)：143—150.

刘小刚，殷欣，符娜，等. 2014. 水、氮和保水剂对小粒咖啡水氮利用的影响[J]. 排灌机械工程学报，32(6)：547—552.

刘小刚, 张富仓, 杨启良, 等. 2013. 石羊河流域武威绿洲春玉米水氮耦合效应[J]. 应用生态学报, 24(8): 2222—2228.

刘小刚, 张岩, 程金焕, 等. 2014. 水氮耦合下小粒咖啡幼树生理特性与水氮利用效率[J]. 农业机械学报, 45(8): 160—166.

卢少石, 郭振飞, 彭新湘, 等. 1997. 水稻幼苗叶绿体保护系统对干旱的反应[J]. 热带亚热带植物学报, 7(1): 47—52.

马强, 宇万太, 沈善敏, 等. 2007. 旱地农田水肥效应研究进展[J]. 应用生态学报, 18(3): 665—673.

商放泽, 杨培岭, 任树梅. 2013. 水氮量对层状包气带土壤氮素迁移累积的影响分析[J]. 农业机械学报, 44(10): 112—121.

沈玉芳, 李世清, 邵明安. 2007. 水肥空间组合对冬小麦光合特性及产量的影响[J]. 应用生态学报, 18 (10): 2256—2262.

沈玉芳, 李世清, 邵明安. 2007. 水肥空间组合对冬小麦生物学性状及生物量的影响[J]. 中国农业科学, 40(8): 1822—1829.

宋明丹, 李正鹏, 冯浩. 2016. 不同水氮水平冬小麦干物质积累特征及产量效应[J]. 农业工程学报, 32(2): 119—126.

孙卫红, 王伟青, 孟庆伟. 2005. 植物抗坏血酸过氧化物酶的作用机制、酶学及分子特性[J]. 植物生理学通讯, 41(2): 143—147.

谭娟, 郭晋川, 吴建强, 等. 2016. 不同灌溉方式下甘蔗光合特性[J]. 农业工程学报, 32(11): 150—158.

王宝山. 2004. 植物生理学[M]. 北京: 科学出版社.

王辰阳. 1992. 土壤水分胁迫对小麦形态及生理影响的研究[J]. 河南农业大学学报, 1: 89—97.

王海艺, 韩烈保, 杨永利, 等. 2006. 水肥对洋白蜡生物量的耦合效应研究[J]. 北京林业大学学报, 28(增): 64—68.

王贺正, 张均, 吴金芝, 等. 2013. 不同氮素水平对小麦旗叶生理特性和产量的影响[J]. 草业学报, 22(4): 69—75.

王军, 黄冠华, 郑建华. 2010. 西北内陆旱区不同沟灌水肥对甜瓜水分利用效率和品质的影响[J]. 中国农业科学, 43(15): 3168—3175.

王志强, 梁威威, 范雯雯, 等. 2011. 不同土壤肥力下冬小麦春季干旱的复水补偿效应[J]. 中国农业科学, 44(8): 1628—1636.

吴开贤, 安瞳昕, 范志伟, 等. 2012. 玉米与马铃薯的间作优势和种间关系对氮投入的响应[J]. 植物营养与肥料学报, 18(4): 1006—1012.

邢英英, 张富仓, 吴立峰, 等. 2015. 基于番茄产量品质水肥利用效率确定适宜滴灌灌水施肥量[J]. 农业工程学报, 31(增刊 1): 110—121.

邢英英, 张富仓, 张燕, 等. 2014. 膜下滴灌水肥耦合促进番茄养分吸收及生长[J]. 农业工程学报, 30(21): 70—80.

许振柱, 周广胜. 2004. 植物氮代谢及其环境调节研究进展[J]. 应用生态学报, 15(3): 511—516.

杨华庚, 颜速亮, 陈慧娟, 等. 2014. 干旱胁迫对中粒种咖啡幼苗膜脂过氧化、抗氧化酶活性和渗透调节物质含量的影响[J]. 热带作物学报, 35(5): 944—949.

叶优良, 黄玉芳, 刘春生, 等. 2011. 氮素实时管理对夏玉米产量和氮素利用的影响[J]. 作物学报, 37(1): 152—157.

叶优良，李隆. 2009. 水氮量对小麦/玉米间作土壤硝态氮累积和水氮利用效率的影响[J]. 农业工程学报，25(1)：33—39.

尹丽，胡庭兴，刘永安，等. 2011. 施氮量对麻疯树幼苗生长及叶片光合特性的影响[J]. 生态学报，31(17)：4977—4984.

尹丽，刘永安，谢财永，等. 2012. 干旱胁迫与施氮对麻疯树幼苗渗透调节物质积累的影响[J]. 应用生态学报，23(3)：632—638.

于亚军，李军，贾志宽，等. 2006. 不同水肥条件对宁南旱地谷子产量、WUE 及光合特性的影响[J]. 水土保持研究，13(2)：87—90.

战秀梅，李亭亭，韩晓日，等. 2011. 不同施肥对春玉米产量，效益及氮素吸收和利用的影响[J]. 植物营养与肥料学报，17(4)：861—868.

张凤翔，周明耀，周春林，等. 2006. 水肥耦合对水稻根系形态与活力的影响[J]. 农业工程学报，22(5)：197—200.

张睿，刘党校. 2007. 氮磷与有机肥配施对小麦光合作用及产量和品质的影响[J]. 作物营养与肥料学报，13(4)：543—547.

张喜英，由懋正，王新元. 1999. 不同时期水分调亏及不同调亏程度对冬小麦产量的影响[J]. 华北农学报，14(2)：1—5.

张学军，赵营，陈晓群，等. 2007. 滴灌施肥中施氮量对两年蔬菜产量，氮素平衡及土壤硝态氮累积的影响[J]. 中国农业科学，40(11)：2535—2545.

张岩，刘小刚，万梦丹，等. 2015. 小粒咖啡光合特性和抗氧化物酶对有限灌溉和氮素的响应[J]. 排灌机械工程学报，33(11)：991—1000.

张永峰，殷波. 2009. 混合盐碱胁迫对苗期紫花苜蓿抗氧化酶活性及丙二醛含量的影响[J]. 草业学报，1(18)：46—50.

张珍贤，王华，蔡传涛，等. 2015. 施肥对干旱胁迫下幼龄期小粒咖啡光合特性及生长的影响[J]. 中国生态农业学报，23(7)：832—840.

赵丽英，邓西平，山仑. 2004. 水分亏缺下作物补偿效应类型及机制研究概述[J]. 应用生态学报，15(3)：523—526.

赵平，孙谷畴，彭少麟. 1998. 植物氮素营养的生理生态学研究[J]. 生态科学，17(2)：37—42.

钟原，刘小刚，耿宏焯，等. 2014. 干旱胁迫与氮营养对小粒咖啡苗木生长及水分利用的影响[J]. 干旱地区农业研究，32(1)：89—93.

周磊，甘毅，欧晓彬，等. 2011. 作物缺水补偿节水的分子生理机制研究进展[J]. 中国生态农业学报，19(1)：217—225.

周明耀，赵瑞龙，顾玉芬，等. 2006. 水肥耦合对水稻地上部分生长与生理性状的影响[J]. 农业工程学报，22(8)：38—43.

周欣，郭亚芬，魏永霞，等. 2007. 水分处理对大豆叶片净光合速率、蒸腾速率及水分利用效率的影响[J]. 农业现代化研究，28(3)：374—376.

朱德兰，王文娥，楚杰. 2004. 黄土高原丘陵区红富士苹果水肥耦合效应研究[J]. 干旱地区农业研究，22(1)：152—155.

Allen R G, Pereira L S, Raes D, et al. 1998. Crop evaporation-guidelines for computing crop water requirements-FAO irrigation and drainage paper 56[M]. Rome：Food and Agriculture Organization of the United Nations.

Amy Veronica C, Neal B, Bryan N, et al. 2006. Ecophysiological responses of schizachyrium scoparium to water and nitrogen manipulation[J]. Great Plains Research，16(1)：29—36.

Arantes K，Faria M，Rezende F．2009．Recovery of coffee tree (*Coffea arabica* L.) after pruning under different irrigation depths[J]．Acta Scientiarum Agronomy，31(2)：313—319．

Belder P，Spiertz J H J，Bouman B A M，et al．2005．Nitrogen economy and water productivity of lowland rice under water saving irrigation[J]．Field Crops Research，93：169—185．

Bondor C I，Muresan A．2012．Correlated criteria in decision models：recurrent application of TOPSIS method[J]．Applied Medical Informatics，30(1)：55—63．

Bruno I P，Unkovich M J，Bortolotto R P，et al．2011．Fertilizer nitrogen in fertigated coffee crop：absorption changes in plant compartments over time[J]．Field Crops Research，124(3)：369—377．

Cabello M J，Castellanos M T，Romojaro F，et al．2009．Yield and quality of melon grown under different irrigation and nitrogen rates[J]．Agricultural Water Management，96：866—874．

Cai C T，Cai Z Q，Yao T Q，et al．2007．Vegetative growth and photosynthesis in coffee plants under different watering and fertilization managements in Yunnan，SW China[J]．Photosynthetica，45(3)：455—461．

Cai Z，Chen Y，Cao K，et al．2005．Responses of two field-grown coffee species to drought and rehydration[J]．Photosynthetica，43(2)：187—193．

Chemura A．2014．The growth response of coffee (*Coffea arabica* L.) plants to organic manure，inorganic fertilizers and integrated soil fertility management under different irrigation water supply levels[J]．International Journal of Recycling of Organic Waste in Agriculture，3(2)：1—9．

DaMatta F M，Loos R A，Silva E A，et al．2002．Effects of soil water deficit and nitrogen nutrition on water relations and photosynthesis of pot-grown Coffea canephora Pierre[J]．Trees，16(8)：555—558．

Deng J，Ran J，Wang Z，et al．2012．Models and tests of optimal density and maximal yield for crop plants[J]．Proceedings of the National Academy of Sciences，109(39)：15823—15828．

Deng H，Yeh C H，Willis R J．2000．Inter-company comparison using modified TOPSIS with objective weights[J]．Computers & Operations Research，27(10)：963—973．

Du T，Kang S．2011．Efficient water-saving irrigation theory based on the response of water and fruit quality for improving quality of economic crops[J]．Journal of Hydraulic Engineering，42(2)：245—252．

Faci J M，Medina E T，Martínez-Cob A，et al．2014．Fruit yield and quality response of a late season peach orchard to different irrigation regimes in a semi-arid environment[J]．Agricultural Water Management，143：102—112．

Hillel D．1998．Environmental soil physics [M]．London：Academics Press．

Jahanzad E，Jorat M，Moghadam H，et al．2013．Response of a new and a commonly grown forage sorghum cultivar to limited irrigation and planting density[J]．Agricultural water management，117：62—69．

Läderach P，Oberthür T，Cook S，et al．2011．Systematic agronomic farm management for improved coffee quality[J]．Field Crops Research，120(3)：321—329．

Li Z，Li W．2004．Dry-period irrigation and fertilizer application affect water use and yield of spring wheat in semi-arid regions[J]．Agricultural Water Management，65(2)：133—143．

Liu X，Li F，Zhang Y，et al．2016．Effects of deficit irrigation on yield and nutritional quality of Arabica coffee (*Coffea arabica* L.) under different N rates in dry and hot region of southwest China[J]．Agricultural Water Management，172：1—8．

Massoudifar O，Darvish Kodjouri F，Noor Mohammadi G，et al. 2014. Effect of nitrogen fertilizer levels and irrigation on quality characteristics in bread wheat（*Triticum aestivum* L. ）[J]. Archives of Agronomy and Soil Science，60(7)：925—934.

Nazareno R B，Oliveira C A S，Sanzonowicz C，et al. 2003. Initial growth of Rubi coffee plant in response to nitrogen，phosphorus and potassium and water regimes[J]. Pesquisa Agropecuaria Brasileira，38(8)：903—910.

Nesme T，Brisson N，Lescourret F，et al. 2006. Epistics：a dynamic model to generate nitrogen fertilization and irrigation schedules in apple orchards，with special attention to qualitative evaluation of the model[J]. Agricultural Systems，90：202—225.

Patanè C，Tringali S，Sortino O. 2011. Effects of deficit irrigation on biomass，yield，water productivity and fruit quality of processing tomato under semi-arid Mediterranean climate conditions[J]. Scientia Horticulturae，129(4)：590—596.

Perdoná M J，Soratto R P. 2015. Irrigation and intercropping with macadamia increase initial Arabica coffee yield and profitability[J]. Agronomy Journal，107(2)：615—626.

Rajput T B S，Patel N. 2006. Water and nitrate movement in drip-irrigated onion under fertigation and irrigation treatments[J]. Agricultural Water Management，79(3)：293—311.

Sakai E，Barbosa E A A，Carvalho Silveira J M，et al. 2015. Coffee productivity and root systems in cultivation schemes with different population arrangements and with and without drip irrigation[J]. Agricultural Water Management，148：16—23.

Samperio A，Prieto M H，Blanco-Cipollone F，et al. 2015. Effects of post-harvest deficit irrigation in 'Red Beaut' Japanese plum：Tree water status，vegetative growth，fruit yield，quality and economic return[J]. Agricultural Water Management，150：92—102.

Sandhu K S，Arora V K，Chand R，et al. 2000. Optimizing time distribution of water supply and fertilizer nitrogen rates in relation to targeted wheat yields[J]. Experimental Agriculture，36：115—125.

Santesteban L G，Miranda C，Royo J B. 2011. Regulated deficit irrigation effects on growth，yield，grape quality and individual anthocyanin composition in *Vitis vinifera* L. cv. 'Tempranillo' [J]. Agricultural Water Management，98(7)：1171—1179.

Schulze K，Spreer W，Keil A，et al. 2013. Mango (*Mangifera indica* L. cv. Nam Dokmai) production in Northern Thailand—Costs and returns under extreme weather conditions and different irrigation treatments[J]. Agricultural water management，126：46—55.

Shimber G T，Ismail M R，Kausar H，et al. 2013. Plant water relations，crop yield and quality in coffee (*Coffea arabica* L.) as influenced by partial root zone drying and deficit irrigation[J]. Australian Journal of Crop Science，7(9)：1361—1368.

Tatiele A B，Klaus R，Osny O S，et al. 2007. The ^{15}N isotope to evaluate fertilizer nitrogen absorption efficiency by the coffee plant[J]. Annals of the Brazilian Academy of Sciences，79(4)：767—776.

Tesfaye S G，Ismail M R，Kausar H.，et al. 2013. Plant water relations，crop yield and quality of Arabica coffee (*Coffea arabica*) as affected by supplemental deficit irrigation[J]. International Journal of Agriculture and Biology，15(4)：665—672.

Vaast P，Kanten R，Siles P，et al. 2004. Shade：a key factor for coffee sustainability and quality[C]. Bangalore：20th International Conference on Coffee Science，11—15.

Wang F，Kang S，Du T，et al. 2011. Determination of comprehensive quality index for tomato and its response to different irrigation treatments[J]. Agricultural Water Management，98(8)：1228－1238.

Wang J，Zhou L，Ke Y. 2006. Effect of soil moisture on the content of nitrate and chlorogenic acid in honeysuckle[J]. Journal of Anhui Agricultural Sciences，34(4)：721－721.

Winston E C，Littlemore J，Scudamore-Smith P，et al. 1992. Effect of nitrogen and potassium on growth and yield of coffee (*Coffea arabica* L.) in tropical Queensland[J]. Animal Production Science，32(2)：217－224.

Xing Y，Zhang F，Zhang Y，et al. 2015. Effect of irrigation and fertilizer coupling on greenhouse tomato yield，quality，water and nitrogen utilization under fertigation[J]. Scientia Agricultura Sinica，48(4)：713－726.

Xiong D H，Yan D C，Long Y，et al. 2010. Simulation of morphological development of soil cracks in Yuanmou Dry-hot Valley region，Southwest China[J]. Chinese Geographical Science，20(2)：112－122.

Xu Z，Yu Z，Wang D，et al. 2004. Effects of irrigation amount on absorbability and translocation of nitrogen in winter wheat[J]. Acta Agronomica Sinica，30(10)：1002－1007.

Yang L，Han Z，Yang L，et al. 2010. Effects of water stress on photosynthesis，biomass，and medicinal material quality of Tribulus terrestri[J]. Chinese Journal of Applied Ecology，21(10)：2523－2528.

Zhang R，Li X，Hu H. 1999. The mechanism of fertilization in increasing water use efficiency[J]. Plant Nutrition and Fertilizer Science，5(3)：221－226.

Zhong Y，Liu X，Geng H，et al. 2014. Effect of deficit irrigation and nitrogen fertilizer on growth and water consumption of coffee Arabica seedling[J]. Agricultural Research in the Arid Areas，32(1)：89－93.

（刘小刚、钟原、徐航、张岩、郝琨、李伏生、程金焕、杨启良、王心乐、何红艳）

第3章　灌水和保水剂对小粒咖啡苗木的节水调控效应

3.1　灌水和保水剂对咖啡生长的影响

3.1.1　引　言

云南是中国咖啡的主产区,在云南地区栽培的小粒咖啡经常受土壤季节性干旱的制约,产量和品质得不到保证。水分亏缺会导致咖啡的生理和生长产生明显的变化。轻度水分胁迫降低咖啡光合速率、蒸腾速率、可溶性蛋白质、叶绿素、类胡萝卜素、气孔开张率和水势,而增加过氧化物酶活性、脯氨酸、丙二醛含量以及细胞透性。有关灌水对咖啡的开花数、结果数和生育期进程的影响已有较多报道。而对于不同保水剂施用量和灌水量组合下咖啡的生长、生理、水分利用方面很少系统研究。

保水剂是近年来迅速发展起来的新型材料,基本特点是可吸收自身重量几百倍的水分,储存在土壤中,然后在土壤缺水时,根据植物需要,缓慢释放;且能反复吸放水分,可持续使用多年。将保水剂施于土壤后,可以改善土壤物理特性和增加持水能力,提高种子发芽和出苗率,降低干旱胁迫,延缓作物枯萎,促进作物生长和增加产量,降低作物灌溉用水需求。使用保水剂还能够稳定土壤结构,增加水分入渗、减少水土流失。研究表明,保水剂只有与适宜的灌水定额配合使用,才能充分发挥其保水增产效应。因此,制定科学的灌溉和保水剂管理措施具有重要的现实意义。但对于热带特色作物小粒咖啡,以指导节水灌溉和提高水分利用为目的,开展保水剂与灌水的耦合效应及农业节水集成模式研究报道较少。

本书研究3种保水剂水平和3种灌水水平对小粒咖啡苗木的生理、生长、干物质累积及水分利用效率的影响,以期为小粒咖啡的最佳节水模式和水分高效利用提供理论依据。

3.1.2　材料与方法

试验于2012年4月～12月在昆明理工大学现代农业工程学院智能控制温室内进行(北纬24°9′N,东经102°79′E,海拔1978.9 m)。供试土壤为燥红壤土,田间持水量(FC)为24.3%。土壤粒径小于0.02 mm的质量分数占7.8%,0.02～0.10 mm占32.4%,0.10～0.25 mm占45.4%,0.25～1.00 mm占13.4%。土壤有机质质量比为13.12 g/kg,全氮质量比为0.87 g/kg,全磷质量比为0.68 g/kg,全钾质量比为13.9 g/kg。保水剂为白色颗粒状干粉,属于聚丙烯酸类(北京希涛技术开发有限公司),装土时均匀拌入土中。供试作物为1年生小粒咖啡(卡蒂姆P7963)苗木。

试验设 3 种保水剂和 3 种灌水水平，完全方案设计，共 9 个处理，每个处理重复 4 次。保水剂分别为高保（S_H，1.5 kg/m^3）、低保（S_L，1 kg/m^3）和无保（S_Z，0 kg/m^3）。灌水分别为高水（W_H），土壤含水率为（65%~80%）FC；中水（W_M），（55%~70%）FC；低水（W_L），（45%~60%）FC。试验为完全组合共 9 个处理，即 $S_H W_H$（T_1）、$S_H W_M$（T_2）、$S_H W_L$（T_3）、$S_L W_H$（T_4）、$S_L W_M$（T_5）、$S_L W_L$（T_6）、$S_Z W_H$（T_7）、$S_Z W_M$（T_8）和 $S_Z W_L$（T_9，CK），各处理重复 4 次。采用全水溶性 N、P、K 复合肥（总氮质量分数为 10%，P_2O_5 质量分数为 30%，K_2O 质量分数为 20%）。施肥水平为 3 g/kg，分 2 次等量将肥料溶液施入生长盆中，施肥时间为 5 月 26 日和 8 月 26 日。

试验于 4 月 12 日将小粒咖啡苗木移栽至生长盆（上底宽 30 cm，下底宽 22.5 cm，高 30 cm）中，每盆只栽 1 株，移栽后浇水至田间持水量。盆底均匀分布着直径为 0.5 cm 的 5 个小孔以提供良好的通气条件。盆内装土 14 kg，装土前将风干土过 5 mm 筛后装土，土壤容积密度为 1.2 g/cm^3。土表面铺 0.5 cm 厚的蛭石阻止因灌水导致土壤板结。经过 54 d 缓苗后，6 月 4 日从每个处理 8 株中挑选 4 株长势均一的苗木开始灌水处理。在进行水分处理前各处理土壤含水率为（65%~80%）FC。称量法控制灌水。试验于 12 月 9 日即水分处理后 189 d 结束。

各生理指标在 10 月 20 日（旺长期灌水前 1 d）测定。叶片相对含水率、叶绿素和类胡萝卜素含量、脯氨酸含量、丙二醛含量、可溶性糖含量及根系活力测定分别采用称量法、乙醇提取比色法、酸性茚三酮法、硫代巴比妥酸比色法、蒽酮比色法和 TTC 还原法。

形态指标和干物质均于 2012 年 12 月 9 日测定。株高和枝条长度采用毫米刻度尺测定、基茎和叶面积分别用游标卡尺和称量换算法测定。干物质测定时，将不同器官分开，105 ℃杀青 30 min 后 80 ℃加热干燥至恒质量。根冠比为根系和冠层干物质质量的比值，比叶面积为叶面积与其干质量的比值，水分利用效率为总干物质质量与总耗水量的比值。

采用 SAS 统计软件对数据进行方差分析（ANOVA）和多重比较，多重比较采用 Duncan 法进行。

3.1.3　结果与分析

1. 小粒咖啡生理特性

保水剂除对叶片相对含水率影响不显著外，对其余各生理指标影响显著。灌水对各生理指标影响显著。灌水和保水剂的交互作用对根系活力影响显著。由表 3-1 可知，与 S_Z 相比，S_L 分别提高叶绿素、类胡萝卜素和根系活力 11.8%、13.4% 和 52.2%，而分别降低可溶性糖、丙二醛和脯氨酸 24.9%、24.3% 和 55.8%；S_H 分别提高叶片可溶性糖和脯氨酸 3.7% 和 75.1%，而分别降低叶绿素、类胡萝卜素、丙二醛和根系活力 3.1%、2.4%、13.5% 和 6.3%。与 W_L 相比，W_M 分别提高叶片相对含水率、叶绿素、类胡萝卜素和根系活力 11.9%、8.4%、8.7% 和 25.2%，而分别降低可溶性糖、丙二醛和脯氨酸 31.7%、23.3% 和 40.8%；W_H 分别提高叶片相对含水量、叶绿素、类胡萝卜素和根系活力 14.5%、18.7%、19.5% 和 42.5%，而分别降低可溶性糖、丙二醛和脯氨酸 39.5%、30.9% 和 69.5%。T_1、T_2、T_3、T_4、T_5、T_6、T_7 和 T_8 的根系活力分别为 CK 的 1.68 倍、1.29 倍、1.17 倍、2.23 倍、2.50 倍、1.98 倍、2.00 倍和 1.41 倍。与 CK

相比，除 T_3 外，其余各处理能不同程度提高叶片相对含水率、叶绿素、类胡萝卜素和根系活力，并使主要渗透调节物质（可溶性糖、丙二醛和脯氨酸）累积较少。

表 3-1　保水剂和灌水对小粒咖啡生理生化指标的影响

保水剂水平	灌水水平	叶片相对含水率/%	叶绿素质量比/(mg/g)	类胡萝卜素质量比/(mg/g)	可溶性糖质量分数/%	丙二醛摩尔质量浓度/(nmol/g)	脯氨酸质量比/(μg/g)	根系活力/[μg/(g·h)]
S_H	W_H	94.1	3.680	0.488	2.113	28.608	12.895	91.628
	W_M	93.9	3.488	0.457	2.415	30.207	27.65	70.258
	W_L	80.6	3.031	0.415	4.704	44.833	59.177	63.674
S_L	W_H	97.2	4.218	0.567	1.951	24.621	5.782	121.755
	W_M	95.5	3.945	0.525	2.268	29.527	7.869	136.318
	W_L	93.7	3.600	0.487	2.472	36.574	11.506	108.152
S_Z	W_H	96.3	3.893	0.523	2.504	35.152	10.576	109.187
	W_M	91.5	3.329	0.452	2.724	38.294	21.235	76.882
	W_L	76.8	3.300	0.418	3.676	46.402	25.137	54.557
显著性检验(P 值)								
保水剂		0.0380	0.0044	0.0239	0.0014	0.0001	0.0138	0.0004
灌水水平		0.0351	0.0041	0.0273	0.0062	0.0004	0.1099	0.0064
保水剂×灌水水平		0.1094	0.4751	0.8592	0.1936	0.9000	0.4528	0.0245

注：数据为平均值（$n=4$），同列数据后标不同小写字母者表示差异（$P<0.05$）显著。下同。

2. 小粒咖啡生长及形态指标

保水剂和灌水分别对小粒咖啡的株高、基茎、叶面积、根冠比及根重比影响显著，而对枝条长度和比叶面积影响不显著，其交互作用对小粒咖啡各形态指标影响不显著。由表 3-2 可知，与 S_Z 相比，S_L 分别提高小粒咖啡株高、基茎、叶面积、根冠比和根重比 10.5%、11.6%、25.9%、51.3% 和 35.1%，S_H 分别提高根冠比和根重比 42.8% 和 25.6%，对株高提高不明显，而分别降低基茎和叶面积 7.1% 和 17.4%。表明 S_L 能促进生长，协调根冠比，而 S_H 抑制冠层生长。与 W_L 相比，W_M 分别提高株高、基茎和叶面积 18.4%、16.8% 和 79.7%，而降低根冠比和根重比不明显。W_H 分别提高株高、基茎和叶面积 37.8%、32.1% 和 179.9%，同时分别降低根冠比和根重比 35.6% 和 26.1%。

表 3-2　保水剂和灌水对小粒咖啡生长及形态特征的影响

保水剂水平	灌水水平	株高/cm	基茎/mm	叶面/m²	枝条长/cm	根冠比	根重比	比叶面积/(m²/kg)
S_H	W_H	42.783	6.660	0.248	149.150	0.273	0.214	10.562
	W_M	41.117	5.940	0.159	102.127	0.413	0.291	11.082
	W_L	34.717	4.887	0.097	72.400	0.727	0.420	10.744
S_L	W_H	51.433	7.833	0.373	206.633	0.456	0.313	10.815
	W_M	41.250	6.980	0.248	148.183	0.580	0.365	12.714
	W_L	37.233	6.187	0.148	93.733	0.462	0.316	11.020
S_Z	W_H	47.433	7.207	0.321	167.167	0.255	0.203	10.956
	W_M	39.333	6.263	0.198	132.38	0.397	0.281	10.458
	W_L	30.850	5.353	0.092	66.933	0.338	0.252	11.435
显著性检验(P 值)								

保水剂水平	灌水水平	株高/cm	基茎/mm	叶面/m²	枝条长/cm	根冠比	根重比	比叶面积/(m²/kg)
保水剂		0.0049	0.0022	0.0075	0.0019	0.0073	0.0061	0.3083
灌水水平		<0.0001	<0.0001	<0.0001	<0.0001	0.0897	0.0901	0.5592
保水剂×灌水水平		0.3204	0.8941	0.9879	0.3729	0.7101	0.6366	0.1468

3. 小粒咖啡干物质累积及水分利用效率

保水剂和灌水对小粒咖啡根系干物质、冠层干物质及总干物质的影响显著，其交互作用对干物质影响不显著。由表 3-3 可知，与 S_Z 相比，S_L 分别提高根系、冠层和总干物质 81.6%、15.1% 和 31.0%，而 S_H 分别降低根系、冠层和总干物质 9.9%、24.8% 和 21.3%。表明 S_L 能促进植株生长，利于干物质合成与累积。与 W_L 相比，W_M 分别提高根系、冠层和总干物质的 88.7%、90.3% 和 89.8%。W_H 分别提高根系、冠层和总干物质的 114.1%、200.5% 和 172.8%。T_1、T_2、T_3、T_4、T_5、T_6、T_7 和 T_8 的总干物质分别为 CK 的 2.38 倍、1.67 倍、0.78 倍、3.86 倍、2.59 倍、1.60 倍、2.99 倍和 2.16 倍。

保水剂和灌水及交互作用对小粒咖啡的耗水量影响显著。与 S_Z 相比，S_L 减少耗水量不明显，而 S_H 减少耗水量 27.1%。主要由于 S_L 的植株生长旺盛，蒸散耗水较多；而 S_H 的干物质累积受到抑制，蒸散耗水减少。与 W_L 相比，W_M 和 W_H 分别增加耗水量的 44.5% 和 104.8%。和 CK 相比，T_1、T_2、T_4、T_5、T_6、T_7 和 T_8 分别增加耗水量 39.9%、20.5%、117.1%、21.7%、6.5%、96.1% 和 48.1%，而 T_3 减少耗水量 36.4%。

表 3-3　保水剂和灌水对小粒咖啡干物质累积及水分利用的影响

保水剂水平	灌水水平	根系干物质量/(g/株)	冠层干物质量/(g/株)	总干物质量/(g/株)	耗水量/(L/株)	水分利用效率/(kg/m³)
	W_H	9.180	33.555	42.735	19.967	2.140
S_H	W_M	8.735	21.290	30.025	17.205	1.745
	W_L	5.840	8.205	14.045	9.083	1.546
	W_H	21.675	47.545	69.220	30.999	2.233
S_L	W_M	17.150	29.300	46.450	17.369	2.674
	W_L	9.060	19.650	28.710	15.204	1.888
	W_H	10.875	42.720	53.595	27.997	1.914
S_Z	W_M	10.905	27.800	38.705	21.146	1.830
	W_L	4.595	13.345	17.940	14.276	1.257
显著性检验(P 值)						
保水剂		0.0024	0.0248	0.0020	0.7828	0.0113
灌水水平		0.0040	0.0009	<0.0001	<0.0001	0.0385
保水剂×灌水水平		0.2041	0.5729	0.3271	0.0114	0.6825

水分利用效率综合反映物质累积和水分利用状况。保水剂和灌水对小粒咖啡的水分利用效率影响显著，而两者的交互作用对其影响不显著。和 S_Z 相比，S_L 和 S_H 分别提高水分利用效率 35.9% 和 8.6%，表明 S_H 提高水分利用效率不明显。与 W_L 相比，W_M 和 W_H 分别提高水分利用效率 33.2% 和 34.0%。也说明 W_L 不但抑制了干物质累积，同时降

低了水分利用效率，没有达到节水的效果。T_1、T_2、T_3、T_4、T_5、T_6、T_7 和 T_8 的水分利用效率分别为 CK 的 1.70 倍、1.39 倍、1.23 倍、1.78 倍、2.13 倍、1.50 倍、1.52 倍和 1.46 倍。

3.1.4　讨　论

统计表明，保水剂施用量和灌水量对小粒咖啡大多生长指标（生理、形态及干物质）和水分利用效率影响显著。这与改变土壤的持水、透水和通气状况有关，不同的根土界面水分环境会对植物的生命活动产生显著的影响。也表明可以通过优化保水剂及灌水组合来调控植株生长，实现农业高效节水的目标。

体内部分生理生化物质的变化，可以反映植物的受伤害程度。在水分胁迫条件下，苗木通过渗透调节，提高体内可溶性糖、丙二醛和游离脯氨酸含量，以缓解土壤水分不足造成的伤害。本研究发现，S_L 能提高小粒咖啡的叶绿素、类胡萝卜素和根系活力，而降低渗透调节物质（可溶性糖、丙二醛和脯氨酸），同时提高总干物质和水分利用效率；而 S_H 提高可溶性糖和脯氨酸，同时降低根系活力和总干物质。表明 S_L 能为小粒咖啡生长提供较好的生理代谢水分环境，没有造成水分胁迫伤害。主要由于适量保水剂能改善根土界面环境，蓄水保墒，缓解水分胁迫，可提供良好的根系生态环境；而 S_H 不利于植株生长和根系活力的提高。这与柑橘和木薯的研究结论一致。柑橘叶片的光合速率随保水剂用量的增加先增加后减少，保水剂施用量为 160 g/株时光合速率最大。保水剂的施用量为 30 kg/hm² 时，木薯的产量及经济效益最高，而施用量为 60 kg/hm² 时，产量及经济效益降低。研究还发现保水剂用量过大，可导致土壤过湿危害，不利于根系发育，并且抑制根的伸长和降低根的生理机能，影响种子萌发和生长，降低移栽成活率和出苗率。也有研究表明，保水剂对橡胶苗叶绿素荧光参数影响显著，对干旱胁迫的缓解作用随施用量的增大而增大。本试验结果表明，保水剂施用量为 1 kg/m³ 时能促进小粒咖啡生长，水分利用效率最高；而保水剂施用量为 1.5 kg/m³ 时不利于干物质累积，水分利用效率也没有明显提高。这是由于保水剂的最佳用量受土壤和作物种类等诸多因素的影响。

保水剂的节水效应与土壤水分密切相关。充足灌水配施保水剂降低棉花产量，保水剂只有与适宜的灌水定额配合，才能发挥其保水增产效应。适量保水剂（30 g/m²）时灌水量减至对照的 50%，百慕大草生长旺盛；但灌水量减至对照的 25% 时，保水剂会抑制生长。在供水压力为 3 kPa 时，保水剂使玉米冠层干物质、根系干物质和水分利用效率分别下降 12.4%、7.3% 和 12.6%；在供水压力为 6 kPa 和 9 kPa 时，保水剂使玉米冠层干物质分别增加 40.4% 和 104.6%，根系干物质分别增加 35.3% 和 83.8%，水分利用效率分别提高 26.9% 和 65.7%。本试验发现，在相同保水剂条件下，W_L 处理同时降低干物质累积和水分利用效率。可能是由于 W_L 处理的土壤含水率偏低，而保水剂的吸水能力较强，形成了保水剂和植株的"争水"现象，限制了水分利用效率的提高。T_1 的水分利用效率低于 T_4 和 T_5，可能是由于 S_H 处理增加了土壤的毛管孔隙度，降低了土壤中充满空气的孔隙度。也说明在土壤水分较高时，保水剂的节水效果难以显现。和 CK 相比，T_4、T_5 和 T_6 分别增加耗水量 117.1%、21.7% 和 6.5%，同时分别增加水分利用效率 77.7%、112.7% 和 50.2%。表明 T_5 的耗水量较小，水分利用效率的增幅最大。这是由于 T_5 能改善根际环境，增强根系的吸收和合成能力，提高土壤有效水含量，从而促进植株生长和提高水分利用效率。从高效节水的角度考虑，T_5 为最佳的试验组合。

3.1.5　结　论

（1）与无保相比，低保分别提高叶绿素、类胡萝卜素和根系活力 11.8%、13.4% 和 52.2%，分别降低可溶性糖、丙二醛和脯氨酸 24.9%、24.3% 和 55.8%，同时提高总干物质和水分利用效率 31.0% 和 35.9%；高保分别降低叶绿素、类胡萝卜素、丙二醛和根系活力 3.1%、2.4%、13.5% 和 6.3%，提高叶片可溶性糖和脯氨酸 3.7% 和 75.1%，降低总干物质 21.3%，提高水分利用效率 8.6%。

（2）与低水相比，中水分别提高总干物质、耗水量和水分利用效率 89.8%、44.5% 和 33.2%，高水分别提高总干物质、耗水量和水分利用效率 172.8%、104.8% 和 34.0%。

（3）和无保低水相比，低保中水的水分利用效率增幅最大为 112.7%，同时提高总干物质 158.9%。并分别提高叶片相对含水率、叶绿素、类胡萝卜素和根系活力 24.4%、19.5%、25.8% 和 149.9%，分别降低可溶性糖、丙二醛和脯氨酸 38.3%、36.4% 和 68.7%。从高效节水的角度考虑，低保中水为最适宜的搭配方式。

3.2　滴灌模式和保水剂对小粒咖啡苗木生长及水分利用的影响

3.2.1　引　言

咖啡原产于非洲热带地区，当前栽培较多的咖啡品种是小粒种，种植面积和产量均占世界的 80% 以上。云南是中国咖啡主产区，主要栽培小粒咖啡（*Rubiaceae*），在云南地区小粒咖啡生产经常受到季节性干旱和土壤养分不足的双重制约，其产量和品质得不到保证（Cai et al.，2007）。

根区局部灌溉（PRI），包括分根区交替灌溉（APRI）和部分根区固定灌溉（FPRI）或部分根区干燥（PRD），作为一种节水灌溉技术已经引起高度的重视（Loveys et al.，2000；Kang et al.，2002）。APRI 技术是将一半根系暴露在干燥土壤中，而另一半根系正常灌水，根系两侧的湿润和干燥以一定的频率反复交替（Kang et al.，2002；Li et al.，2007；Yang et al.，2011）。该技术通过改变和调节作物根区的湿润方式，使其产生水分胁迫的信号传递至叶片气孔，减小奢侈的蒸腾耗水。同时可以改善根系的吸收功能，达到不牺牲光合产物而大幅度提高水肥利用效率的目的。研究表明，APRI 保持较高的光合速率，明显减少蒸腾速率，从而使水分利用效率（WUE）明显提高（Kang et al.，2002；Kang et al.，2004），同时减小作物奢侈生长（Graterol et al.，1993）。到目前为止，APRI 技术已在玉米（Hu et al.，2009；Li et al.，2010）、棉花（Du et al.，2008a；Tang et al.，2005）、番茄（Kirda et al.，2004；Zegbe et al.，2004）、烤烟（Liu et al.，2009）、百合（*Lilium* spp.）（Zhou et al.，2007）、葡萄（Dry and Loveys，1999；Du et al.，2008b）、苹果(Leib et al.，2006)和油橄榄(Centritto et al.，2005)进行了试验和应用研究。APRI
除大量节约灌溉用水的同时，还能保持或者增加作物产量，改善品质(Kang et al.，
2002；Tang et al.，2005)。Du 等(2008a，b)对棉花和葡萄研究表明，ADI 能节约灌水
量，提高水分利用效率，改善品质，而不降低产量。Yang 等(2011)研究发现，ADI 的苹
果幼树蒸腾速率明显降低，而光合速率和根系水分传导下降不明显，因此 ADI 会提高水
分利用效率和调控植物体内水分平衡的能力。然而 ADI 对热带林果生长调控及水分利用
等方面的研究还很少报道。

　　保水剂(super absorbent polymers，SAP)是近年来迅速发展起来的新型材料，基本
特点是可吸收自身重量几百倍的水分，储存在土壤中，然后在土壤缺水时，根据植物需
要，缓慢释放；且能反复吸放水分，可持续使用多年(Akhter et al.，2004；Hüttermann
et al.，2009；Orikiriza et al.，2009)。将保水剂施于土壤后，可以改善土壤物理特性和
增加持水能力(El-Amir et al.，1993；Karimi et al.，2009)，提高种子发芽和出苗率
(Azzam，1983)，降低干旱胁迫，延缓作物枯萎(Islam et al.，2009；Yazdani et al.，
2007)，促进作物生长和增加产量(Yazdani et al.，2007)，降低作物灌溉用水需求(Flan-
nery et al.，1982；Taylor and Halfacre，1986)。保水剂使用还能够稳定土壤结构，增加
水分入渗、减少水土流失(Lentz et al.，1998；Trout et al.，1995)。对棉花等作物的研
究表明，保水剂只有与适宜的灌水定额配合使用，才能充分发挥其保水增产效应(Zhang
et al.，2012；Bai et al.，2010)。

　　水分胁迫会导致咖啡生理和生长发生变化。干旱降低咖啡叶片气孔导度和光合速率，
其中气孔导度降幅最大，而对叶绿素荧光参数的影响不明显(Sidney et al.，2006)，而轻
度水分胁迫降低咖啡光合速率、蒸腾速率、可溶性蛋白质、叶绿素、类胡萝卜素、气孔
开张率和水势，而增加过氧化物酶活性、脯氨酸、丙二醛含量以及细胞透性(Lima et
al.，2002；Dong et al.，1996；Pinheiro et al.，2004)。高温旱季灌水能提高咖啡光合
速率(Dong et al.，1996)、咖啡开花数、结果数和提前花期(Masarirambi et al.，2009)，
而频繁灌水会抑制花蕾开放(Crisosto et al.，1992)，但是，亏水后复水能刺激咖啡花蕾
同步开放，并能缩短收获期(Crisosto et al.，1992)。此外，咖啡在生长期耗水量较大
(Carr，2001；Dhaeze et al.，2005)，而有关咖啡节水灌溉研究报道较少。

　　PRI 和保水剂作为 2 种农业节水新技术，将其结合是否能调控土壤水分，促进植株
生长，提高灌水效率，值得进一步研究。为此，本书研究了 3 种灌水模式(常规滴灌、交
替滴灌和固定滴灌)和 2 个保水剂水平(添加和不加)对小粒咖啡苗木生理、生长、干物质
积累及水分利用的影响，以期为小粒咖啡的最佳灌水模式提供依据。

3.2.2　材料与方法

　　试验于 2012 年 4～12 月在昆明理工大学现代农业工程学院智能控制温室内进行($24°9'$N，
$102°79'$E，海拔 1978.9m)。供试土壤为燥红土，田间持水量(FC)为 24.3%。其颗粒直径
<0.02 mm 含量占 7.8%，0.02～0.01 mm 占 32.4%，0.01～0.25 mm 占 45.4%，0.25
～1.00 mm 占 13.4%。其有机质含量为 13.12 g/kg、全氮 0.87 g/kg、全磷 0.68 g/kg、
全钾 13.9 g/kg。供试作物为 1 年生小粒咖啡(卡蒂姆 P7963)苗木。

试验设 3 种滴灌模式和 2 种保水剂水平，完全方案设计，共 6 个处理（表 3-4），每个处理重复 4 次。滴灌模式包括常规滴灌（CDI，对根系两侧同时灌水）；交替滴灌（ADI，对根系两侧进行交替灌水）和固定滴灌（FDI，对根系一侧进行固定灌水，另一侧保持干燥）。采用树木专用吊瓶装置模拟滴灌灌水，其滴水速度为 0.6 L/h，灌水时将滴头插入土壤 1 cm 后灌水。由于滴头流速较小，侧渗量较小。2 个保水剂水平为添加保水剂（SAP）1 kg/m³（Huang et al.，2002）和不加保水剂（NSAP），所用保水剂为聚丙烯酸类保水剂（希涛，北京），白色颗粒状干粉，在装土时均匀拌入土中。所用肥料为全水溶性 NPK 复合肥（N 含量为 10%，P_2O_5 含量为 30%，K_2O 为 20%），施肥水平为 3 g/kg 土，分 2 次等量将肥料溶液施入生长盆中，施肥时间为 2012 年 5 月 26 日和 8 月 26 日。

试验于 4 月 12 日将小粒咖啡苗木移栽生长盆（上底宽 30 cm，下底宽 22.5 cm，高 30 cm）中，每盆只栽 1 株，移栽后浇水至田间持水量。盆底均匀分布直径为 0.5 cm 的 5 个小孔以提供良好的通气条件。盆中装土 14 kg，装土前将风干土过 5 mm 筛，其装土体积质量为 1.2 g/cm³，土表面铺 0.5 cm 厚蛭石以防止土壤因灌水导致板结。经过 54 d 缓苗后，6 月 4 日挑选 24 株长势均一的苗木开始不同滴灌模式处理，处理前土壤含水量控制在（75%～85%）FC。处理后 CDI 的土壤水分控制在（75%～85%）FC，ADI 或 FDI 的灌水量为 CDI 的 2/3（Li et al.，2007）。称重法控制灌水。为减少环境造成的系统误差，每 10 d 调换植株位置。试验于 12 月 9 日即水分处理后 189 d 结束。

生理指标在 10 月 20 日（旺长期灌水前 1 天）测定（Kong et al.，2006）。叶片水分采用称重法，叶绿素含量用乙醇提取比色法测定，脯氨酸含量用酸性茚三酮法测定，丙二醛含量用硫代巴比妥酸（TBA）比色法测定，可溶性糖含量用蒽酮比色法测定和根系活力用 TTC 还原法测定（Gao et al.，2006）。

小粒咖啡植株形态指标和各器官生物量于 12 月 9 日测定。株高和枝条长度用毫米刻度尺测定，基茎和叶面积分别用游标卡尺和称重换算法测定。干物质测定时，将不同器官分开，105 ℃杀青 30 min 后 80 ℃烘至恒质量。根冠比为根系和冠层生物量的比值，比叶面积为叶面积和其干重的比值。总耗水量由水量平衡方程计算，水分利用效率为总干物质和总耗水量的比值。

采用 SAS 统计软件对数据进行方差分析（ANOVA）和多重比较，多重比较采用 Duncan 法进行。

3.2.3　结果与分析

1. 滴灌模式和保水剂对小粒咖啡生理特性的影响

表 3-4 表明，滴灌模式对小粒咖啡叶片水分、叶绿素、脯氨酸、丙二醛和可溶性糖含量及根系活力的影响均显著，除保水剂对叶片水分含量的影响不显著外，对其余生理指标的影响均显著。其中滴灌模式和保水剂的交互作用对丙二醛含量的影响显著。与 CDI 相比，ADI 和 FDI 降低叶片水分含量不明显，ADI 分别提高叶绿素、脯氨酸、丙二醛和可溶性糖含量和根系活力为 27.1%、69.6%、13.3%、88.0% 和 95.5%；FDI 分别提高叶绿素、脯氨酸、丙二醛、可溶性糖含量为 21.1%、204.6%、74.6% 和 164.2%，但是降低根系活力 27.9%。与 NSAP 相比，SAP 分别提高叶绿素含量和根系活力 9.0%

和 39.8%，而分别降低脯氨酸、丙二醛和可溶性糖含量 46.0%、29.4% 和 45.7%。

表 3-4　滴灌模式和保水剂对小粒咖啡生理指标的影响

滴灌模式	保水剂水平	叶片含水量 /%	叶绿素 /(mg/g)	脯氨酸 /(µg/g)	丙二醛 /(nmol/g)	可溶性糖/%	根系活力 /[µg/(g·h)]
ADI	SAP	75.72±1.14	3.84±0.11	9.46±1.58	19.86±1.76	1.54±0.23	188.51±25.25
	NSAP	71.38±0.91	3.45±0.01	18.30±2.82	26.21±0.67	3.35±0.73	141.49±12.87
FDI	SAP	72.86±1.27	3.62±0.14	17.33±0.95	26.75±0.59	2.33±0.14	76.29±5.32
	NSAP	67.68±0.84	3.32±0.07	32.53±2.53	44.20±0.63	4.53±0.15	45.54±10.34
CDI	SAP	75.75±3.35	2.95±0.07	6.17±0.91	18.65±0.92	1.18±0.02	96.99±4.73
	NSAP	75.95±2.40	2.78±0.02	10.20±0.90	21.99±3.43	1.42±0.09	71.86±15.67
显著性检验(P 值)							
滴灌模式		0.0240	0.0003	0.0127	<0.0001	0.0009	<0.0001
保水剂水平		0.0574	0.0454	0.0308	0.0004	0.0150	0.0022
滴灌模式×保水剂水平		0.2755	0.3387	0.4943	0.0180	0.0821	0.5634

与常规滴灌不加保水剂(CK)相比，常规滴灌添加保水剂(T_5)和交替滴灌添加保水剂(T_1)分别降低丙二醛含量 15.2% 和 9.7%，而其余处理增加 19.2%～101.0%；T_1 分别提高叶绿素、根系活力和可溶性糖含量 38.0%、162.4% 和 8.5%，但是降低脯氨酸含量 7.2%。表明 T_1 的主要渗透调节物质累积较少，可为植株生长提供良好的水分环境。

2. 滴灌模式和保水剂对小粒咖啡生长和干物质积累的影响

滴灌模式和保水剂对小粒咖啡株高、基茎、叶面积及枝条长度的影响显著，保水剂对根冠比的影响显著，二者交互作用对枝条长度的影响显著(表 3-5)。与 CDI 相比，ADI 分别降低株高、基茎、叶面积及枝条长度为 15.7%、10.9%、23.0% 和 16.1%；FDI 分别降低 16.0%、20.1%、31.1% 及 22.1%，表明 ADI 和 FDI 不同程度地抑制了小粒咖啡生长。

表 3-5　滴灌模式和保水剂对小粒咖啡苗木生长的影响

滴灌模式	保水剂水平	株高 /cm	地径 /mm	叶面积 /m²	枝条长度 /cm	根冠比	比叶面积 /(m²/kg)
ADI	SAP	53.07±0.97	8.93±0.06	0.41±0.02	231.72±4.30	0.61±0.05	11.94±0.37
	NSAP	49.53±0.29	8.66±0.07	0.36±0.01	202.70±1.85	0.47±0.11	12.28±0.53
FDI	SAP	53.03±1.29	7.96±0.02	0.35±0.01	205.88±10.65	0.48±0.10	12.31±0.57
	NSAP	49.18±1.71	7.81±0.06	0.33±0.02	197.26±3.19	0.45±0.10	12.71±0.46
CDI	SAP	62.82±1.58	10.12±0.04	0.55±0.03	280.79±4.58	0.48±0.02	12.60±0.46
	NSAP	58.85±3.43	9.61±0.24	0.44±0.01	236.86±4.37	0.38±0.05	13.26±0.19
显著性检验(P 值)							
滴灌模式		0.0002	<0.0001	<0.0001	<0.0001	0.0662	0.0621
保水剂水平		0.0169	0.0089	0.0011	0.0001	0.0259	0.0867
滴灌模式×保水剂水平		0.9905	0.3169	0.0583	0.0293	0.4275	0.8621

与 NSAP 相比，SAP 有利于小粒咖啡的生长发育，分别提高株高、基茎、叶面积及枝条长度 7.2%、3.5%、15.7% 和 12.8%。SAP 还增加根冠比 20.3%，这有利于土壤

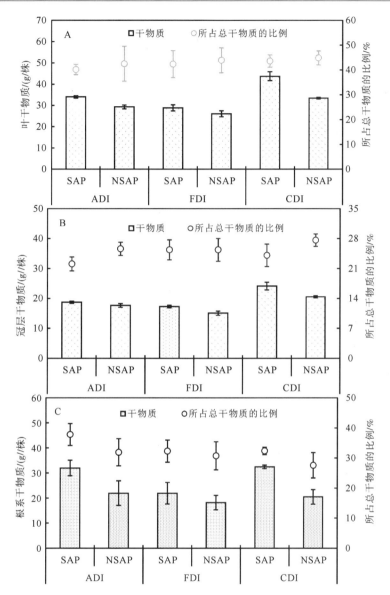

图 3-1 滴灌模式和保水剂对小粒咖啡苗木干物质累积及分配的影响

水肥的吸收。交替滴灌添加保水剂(T_1)、交替滴灌不加保水剂(T_2)、固定滴灌添加保水剂(T_3)、固定滴灌不加保水剂(T_4)和常规滴灌加保水剂(T_5)的枝条长度分别为 CK 的 0.98 倍、0.86 倍、0.87 倍、0.83 倍和 1.19 倍。

滴灌模式和保水剂对叶片、枝杆、根系和总干物质的影响均显著,二者交互作用对叶片和总干物质的影响显著。由图 3-1 和图 3-2 可知,与 CDI 相比,ADI 分别降低叶、枝杆和总干物质 18.0%、18.7% 和 12.2%,而增加根系干物质不明显;FDI 分别降低叶片、枝杆、根系及总干物质的 28.8%、27.7%、24.2% 和 27.1%。与 NSAP 相比,SAP 分别提高叶、枝杆、根系及总干物质 20.1%、12.9%、42.4% 和 24.9%。与常规滴灌不加保水剂(CK)相比,T_5 提高叶片干物质 31.0%,T_1 提高叶片干物质量不明显,而其余处理降低 12.3%~21.9%;T_5 和 T_1 分别提高总干物质 34.8% 和 13.8%,而其余处理降低 7.5%～20.3%。

保水剂对小粒咖啡枝杆和根系占总干物质比例影响显著。图 3-1B 和图 3-1C 表明，与 NSAP 相比，SAP 减少枝杆占总干物质比例 9.0%，而增加根系占总干物质比例 14.2%，表明 SAP 能促进根系发育，协调根冠比。

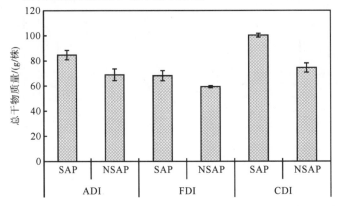

图 3-2　滴灌模式和保水剂对小粒咖啡苗木干物质累积总量的影响

3. 滴灌模式和保水剂对小粒咖啡耗水量和水分利用效率的影响

滴灌模式和保水剂分别对小粒咖啡耗水量的影响显著。图 3-3A 表明，与 CDI 相比，ADI 和 FDI 分别减少耗水量 32.1% 和 30.8%。与 NSAP 处理相比，SAP 减少耗水仅为 6.0%，这是由于 SAP 处理植株生长旺盛，蒸散耗水较多所致。与 CK 相比，T_1 节约灌水 34.4%。

滴灌模式和保水剂以及它们之间的交互作用对小粒咖啡水分利用效率的影响均显著。图 3-3B 表明，与 CDI 相比，ADI 和 FDI 分别提高水分利用效率 29.9% 和 6.4%。与 NSAP 相比，SAP 可以提高水分利用效率 33.0%。与 CK 相比，T_1、T_2、T_3、T_4 和 T_5 分别提高水分利用效率为 73.4%、31.1%、42.3%、7.3% 和 34.5%。表明 T_1 能大幅提高水分利用效率，节水潜力较大。

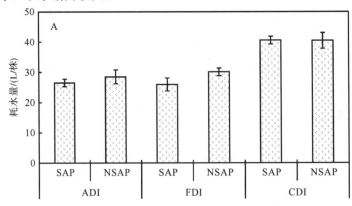

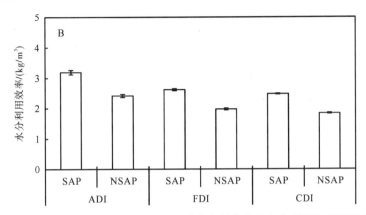

图 3-3　滴灌模式和保水剂对小粒咖啡苗木耗水量和水分利用效率的影响

3.2.4　讨　论

　　体内部分生理生化物质含量的变化，可以反映植物受伤害的程度（Foyer and Noctor，2000；Wang et al.，2012；Boardman et al.，1977）。研究表明，干旱胁迫会抑制叶绿素的生物合成，提高叶绿素酶活性并加速叶绿素分解，导致叶绿素含量显著下降（Jiao et al.，2010）。本研究发现，PRI 处理的小粒咖啡叶绿素含量较高，可能与水分胁迫程度有关（Ceyda et al.，2013），也说明 PRI 能提高小粒咖啡光能利用率。NSAP 或 FDI 处理叶片可溶性糖、丙二醛和游离脯氨酸含量均高于 T_5，与以往研究结果一致（Zhang et al.，2009）。这是由于 NSAP 或 FDI 处理的土壤水分含量相对较低，为保证组织水势下降时细胞膨压得以尽量维持和生理代谢活动的正常进行，作物积累大量的渗透调节物质，防止细胞和组织脱水并提高水分利用率（Akcay et al.，2010）。和 CK 相比，T_1 的叶绿素、根系活力较大，而渗透调节物质含量较小。表明 T_1 可为小粒咖啡提供良好的水分生理代谢环境，基本没有造成水分胁迫伤害，并且根系的新陈代谢比较旺盛，利于水肥吸收。这可能是因为保水剂能有效改善土壤水分和通气状况（Flannery et al.，1982；Bai et al.，2010），弥补了交替灌溉造成的部分干旱胁迫；并且交替灌溉使不同区域的根系经受一定程度的水分胁迫锻炼，刺激了根系吸收补偿功能（Kang et al.，2002；Du et al.，2008a，b）。

　　本研究表明，PRI 和 NSAP 的株高、基茎、叶面积及枝条长度较低，其中 FDI 处理的植株生长受到明显的抑制，这是由于 FDI 的干燥侧土壤过度干旱，导致根系生长较弱，也抑制了冠层生长（Turner and Begg，1981；An et al.，2011）。在不同滴灌模式下，保水剂对小粒咖啡生长具有明显的促进作用，这是由于保水剂能改善根土界面环境，蓄水保墒，可缓解 PRI 造成的水分胁迫，能提供良好的根系生态环境（El-Amir et al.，1993；Karimi et al.，2009；Han et al.，2006）。与 CDI 相比，ADI 增加根冠比 25.4%，而 FDI 增加根冠比不明显，这与以往研究结果相似（Mingo et al.，2004；Shao et al.，2008）。SAP 也增加根冠比 20.3%，这也与以往研究结果相似（Karimi et al.，2009；Eneji et al.，2013）。因此，ADI 和 SAP 能刺激根系生长，有利于提高水分利用效率（Jiao et al.，2010）。此外，小粒咖啡没有明显通过降低比叶面积或减少叶面积来适应根区水土环境，对此还需实验研究证实。

本研究表明，和 CDI 相比，虽然 ADI 的干物质积累减少 12.2%，但减少耗水量 32.1%，提高水分利用效率 29.9%。这与其他研究成果相似(Kang et al.，2002；Loveys et al.，2000)，表明 ADI 在小粒咖啡生产中具有较大的应用潜力。和 CDI 相比，FDI 的干物质积累减少 27.1%，而水分利用效率没有明显提高。这是由于 FDI 处理大约有一半的根系长时间暴露在干燥土壤中，会明显影响根系和冠层的生长(Kang et al.，2002)。SAP 可使小粒咖啡的干物质积累和水分利用效率分别增加 24.9% 和 33.0%，这与相关研究结果基本一致(Yang et al.，2011；Zhuang et al.，2007)。SAP 能显著改变小粒咖啡的枝杆和根系干物质分配比例，这可能与保水剂调节基质的松紧度、改善根际环境、协调根冠比有关(Karimi et al.，2009；Eneji et al.，2013)。与 CK 相比，T_1 增加小粒咖啡干物质积累 13.8%，提高水分利用效率 73.4%。这估计是由于交替灌溉配施保水剂能改善根际环境，增强根系的吸收和合成能力，促进小粒咖啡的生长和提高水分利用效率。

因此，添加保水剂能缓解交替滴灌造成的水分胁迫，可使叶绿素、根系活力提高的同时，使渗透调节物质(脯氨酸、可溶性糖和丙二醛)积累较少，并能促进小粒咖啡的生长和干物质累积，提高水分利用效率，说明交替滴灌和保水剂表现出较好的节水协同效应。

3.2.5　结　论

(1)与 CDI 相比，ADI 和 FDI 抑制小粒咖啡株高、基茎、叶面积及枝条长度 15.7%~16.0%、10.9%~20.1%、23.0%~31.1% 和 16.1%~22.1%。ADI 可使小粒咖啡水分利用效率提高 29.9%，耗水减少 32.1%。

(2)与 NSAP 处理相比，SAP 分别增加根冠比，总干物质和水分利用效率 20.3%、24.9% 和 33.0%。

(3)与 CK 相比，T_1 增加小粒咖啡总干物质 13.8%，节水 34.4%，从而提高水分利用效率 73.4%，且根系活力、叶片叶绿素和可溶性糖含量分别提高 162.4%、38.0% 和 8.5%，而脯氨酸和丙二醛分别减少 7.2% 和 9.7%。因此，ADI 和 SAP 配合能促进小粒咖啡苗木生长并提高水分利用效率。

3.3　保水剂和氮肥对小粒咖啡生长及水分利用的互作效应

3.3.1　引　言

中国是亚洲地区咖啡的主产国之一，主产区在云南。云南生产的小粒咖啡以"浓而不苦，香而不烈，略带果酸味"闻名于世。云南小粒咖啡的生产区水热矛盾突出，季节性干旱频发，土壤退化且蓄水保肥差，产量和品质得不到保证。研究小粒咖啡水肥资源高效利用具有重要的现实意义。

保水剂作为一种化学调控节水措施，在节水农业和生态环境恢复中得到了广泛应用。研究表明，保水剂在吸水膨胀的同时还可以吸持肥料，防止养分流失，起到保水保肥的作用；并且施用保水剂会明显地改变土壤的水肥条件，对作物生长、发育及水肥吸收利用产生明显影响。保水剂作为节水农业有效的技术措施，已广泛应用于果树、花卉和主要粮食作物上，而保水剂对小粒咖啡的节水效应等方面研究较少。氮素是小粒咖啡最主要的营养元素之一。蔡志全等研究表明，氮的缺乏对小粒咖啡生长、光合特性和产量的影响最大，其次为钾，而磷的影响相对较小。国外学者利用^{15}N 标记的方法研究咖啡植株各部分对氮的吸收利用，从而评估氮肥农学利用效率。但这种方法由于取样手段、检测水平的限制，研究结果存在较大误差。前人研究表明，保水剂和氮肥合理结合施用可以提高不同阶段马铃薯叶片的光合速率，增加花期生物积累量，延长茎叶生育期，提高马铃薯块茎的产量，同时显著提高小麦的千粒重、产量及水分生产效率。保水剂和氮肥的耦合效应研究集中在大田作物上，对林果研究较少。

本书通过研究不同保水剂和氮肥水平对小粒咖啡生长动态、干物质累积、氮素累积和水分利用效率的交互效应，以期为小粒咖啡苗木的节水抗旱和水氮资源高效利用提供实践参考。

3.3.2　材料与方法

试验于 2012 年 4 月～11 月在昆明理工大学现代农业工程学院智能温室内完成，温度为 12～35 ℃，湿度为 50%～85%，无遮阴。4 月 12 日将小粒咖啡苗木移栽至上底直径 30 cm，下底直径 22.5 cm，高 30 cm 的生长盆中，盆底均匀分布着直径为 1 cm 的 5 个小孔以提供良好的通气条件。供试土壤为燥红壤土，田间持水量(FC)为 24.3%，有机质质量分数为 13.12 g/kg、全氮 0.87 g/kg、全磷 0.68 g/kg、全钾 13.9 g/kg。每盆只栽 1株，桶中装土 14 kg，装土前将其自然风干过 5 mm 筛，其装土体积质量为 1.2 g/cm³，移栽后浇水至田间持水量。土表面铺 0.5 cm 厚的蛭石阻止因灌水导致土壤板结。保水剂为北京希涛技术开发有限公司提供，主要成分为丙烯酰胺。

试验设保水剂和氮肥 2 因素，3 个保水剂水平分别为 0 kg/m³(无保)、1 kg/m³(低保)和 2 kg/m³(高保)。3 个施氮水平分别为 0 g N/kg 风干土(无氮)、0.2 g N/kg 风干土(低氮)和 0.40 g N/kg 风干土(高氮)，氮肥形式为尿素(分析纯)。共 9 个处理，每个处理 3 次重复。保水剂、基肥(60%的氮肥)和磷酸二氢钾(分析纯，0.5 g/kg 风干土)装土时均匀拌入，追肥(40%的氮肥)在 5 月 26 日溶入水中灌入。所有处理土壤含水率控制在(75%～90%)FC，当含水量降至或接近该处理水分下限即进行灌水，灌水至水分控制上限。称重法控制土壤水分含量。

植株各器官生物量均于 2012 年 11 月 11 日获取，保持 105 ℃杀青 30 min 后调温至 80 ℃在烘箱中烘至恒质量，用天平测定干物质质量。6 月 4 日开始测量株高、茎粗，大约 1 个月测定一次，共测定 5 次。株高、茎粗和叶面积分别采用毫米刻度尺、游标卡尺和直接称重换算法。蒸散量日变化采用称重法测定。水量平衡方程计算总耗水量。水分利用效率为总干物质质量和总耗水量的比值。植株样品经烘干、粉碎过筛后，用浓 H_2SO_4 法消煮，用凯氏法测定氮素含量。氮素累积总量为植株各器官氮素含量与其干物质量的乘积之和。

采用 Microsoft Excel 2003 软件处理数据和制图，用 SAS 统计软件的 ANOVA 和 Duncan 法($P=0.05$)对数据进行方差分析和多重比较。

3.3.3　结果与分析

1. 保水剂和氮肥对小粒咖啡苗木生长的交互作用

图 3-4、图 3-5、图 3-6 和图 3-7 分别表示不同氮肥和保水剂对小粒咖啡株高、茎粗、叶面积和根冠比的影响。各指标仅对最后一次取样统计分析。结果表明，保水剂、施氮量对株高、茎粗和叶面积影响显著，保水剂和施氮量的交互作用对株高的影响显著，保水剂对根冠比影响显著（$P < 0.05$）（表 3-6）。

和无氮处理相比，低氮增加叶面积 19.18%（图 3-6），而对增加株高（图 3-4）和茎粗（图 3-5）不明显。而高氮降低株高、茎粗和叶面积分别为 9.18%、5.01% 和 7.54%。和无保处理相比，低保增加株高、茎粗和叶面积分别为 8.75%、7.69% 和 19.32%，高保降低株高、茎粗和叶面积分别为 7.62%、6.65% 和 12.48%。和无氮无保处理（CK）相比，低氮高保、高氮无保和高氮高保分别抑制株高 9.67%、8.77% 和 15.19%。其中低氮低保处理的株高最大，为对照（CK）处理的 1.15 倍。结果表明：氮肥和保水剂水平较低时促进小粒咖啡生长，而施氮量或保水剂过多，反而对生长有明显的抑制作用。低氮低保组合能获得较大的株高、茎粗和叶面积。

统计分析表明（表 3-6），保水剂对根冠比影响显著（$P < 0.05$）。和无保处理相比，低保处理增加根冠比 7.63%，而高保处理则降低根冠比不明显。其中低氮低保处理的根冠比最大，是其余处理的 1.07～1.69 倍。表明低保处理显著增加根冠比，有利于土壤水肥的吸收，这和低保处理的生长较旺和干物质累积最大相一致。

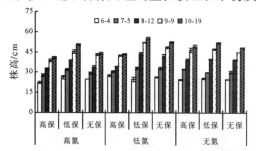

图 3-4　保水剂和氮肥对小粒咖啡株高的影响

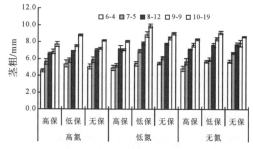

图 3-5　保水剂和氮肥对小粒咖啡茎粗的影响

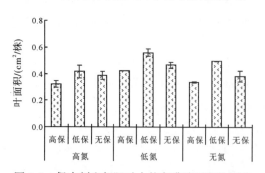

图 3-6　保水剂和氮肥对小粒咖啡叶面积的影响

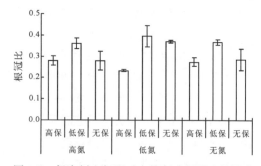

图 3-7　保水剂和氮肥对小粒咖啡根冠比的影响

表 3-6　保水剂和氮肥对小粒咖啡苗木生长和水分利用的影响方差分析（**P** 值）

因素	株高 /cm	茎粗 /mm	叶面积 /(cm²/株)	根冠比	日蒸散量 /(kg/株)	总干物质量 /(g/株)	水分利用效率	氮素累积 /(g/株)
氮肥	<0.0001	0.0105	0.0051	0.7411	0.0002	0.0005	0.0006	<0.0001
保水剂	<0.0001	0.0001	0.0018	0.420	0.0002	0.0147	0.0258	0.1035
氮肥×保水剂	0.0013	0.4398	0.6480	0.6042	0.0546	0.4308	0.0610	0.8572

2. 保水剂和氮肥对小粒咖啡苗木蒸散耗水的交互作用

不同处理的小粒咖啡蒸散量日变化如图 3-8 所示。其中 8：00～10：00 点的蒸散量最小，占日蒸散量的 10.11%～13.73%；而 14：00～16：00 的蒸散量最大，占日蒸散量的 25.82%～30.82%。统计表明（表 3-6），保水剂和施氮量对日蒸散量影响显著（$P<0.05$），而其交互作用对其影响不显著（$P>0.05$）。和无氮处理相比，低氮和高氮减小日蒸散量 15.47% 和 23.43%；和无保处理相比，低保和高保处理减小日蒸散量 13.23% 和 23.75%。其中 CK 处理的日蒸散量最大，分别为低氮高保和高氮高保的 1.57 倍和 1.59 倍。结果也说明，施氮能够减少日蒸散量，达到了以肥调水，提高水分利用的效果；随着保水剂的增加，日蒸散量显著减少。可能主要有 2 个方面的原因：保水剂能促进团粒结构形成，降低土壤容重，提高持水率和水分利用效率，可明显抑制土壤表面的水分蒸发；高保处理明显抑制了小粒咖啡的生长，从而降低了生长耗水。低保处理不但能促进小粒咖啡的生长，也降低了蒸散耗水，有利于提高水分利用效率。

3. 保水剂和氮肥对小粒咖啡苗木干物质累积和水分利用效率的交互作用

保水剂和施氮量对小粒咖啡总干物质量影响显著（$P<0.05$）（表 3-6）。和无氮处理相比，低氮可提高总干物质量 24.10%，高氮则减小总干物质量 11.95%（图 3-9）。和无保处理相比，低保提高总干物质量 11.53%，而高保抑制总干物质量 8.65%。和 CK 相比，除高氮高保、高氮无保和无氮高保处理的总干物质量有所减小外，其余处理的总干物质量都有不同程度的增加。其中低氮低保处理的总干物质量最大，分别是高氮高保、无氮高保处理的 1.66 倍和 1.48 倍。这表明高保处理不利于小粒咖啡的生长和干物质累积。

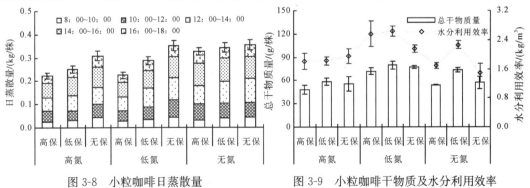

图 3-8　小粒咖啡日蒸散量　　　　　图 3-9　小粒咖啡干物质及水分利用效率

保水剂、施氮量及其交互作用对水分利用效率影响显著（$P<0.05$）（表 3-6）。和无氮处理相比，低氮、高氮分别提高水分利用效率 35.37% 和 2.72%（图 3-9）；和无保相比，低保、高保分别提高水分利用效率 20.24% 和 8.48%。和 CK 相比，其余处理的水分利

用效率都有不同程度的提高，增幅为 13.61%～77.54%，其中低氮低保处理的水分利用效率最高，为 CK 处理的 1.78 倍。结果表明：氮肥和保水剂都不同程度地提高了水分利用效率。

4. 保水剂和氮肥对小粒咖啡苗木氮素累积的交互作用

施氮量对植株氮素累积影响显著（$P<0.05$）（表 3-6）。和无氮处理相比，低氮、高氮分别提高氮素累积量的 1.27 倍和 0.58 倍（图 3-10）。与 CK 相比，高氮高保、高氮低保、高氮无保、低氮高保、低氮低保、低氮无保、无氮高保和无氮低保分别增加氮素累积 69.66%、89.09%、80.90%、152.71%、176.24%、146.92%、5.65% 和 35.41%。表明低氮低保处理不但能提高干物质累积，同时提高氮素累积。这说明低氮低保处理可能有利于提高氮素利用效率。

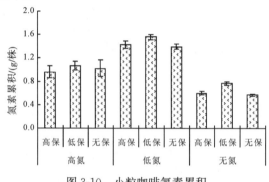

图 3-10　小粒咖啡氮素累积

3.3.4　讨　论

本研究结果表明，低保处理的小粒咖啡的生长量、干物质累积量及根冠比达到峰值。综合研究结果来看，低保处理能促进小粒咖啡的生长、干物质累积和根冠比，而高保处理可能会对植株生长产生不利的影响。前人在粮食作物上的多数研究也发现适宜的用量才能增产，但也有玉米生物量与产量随保水剂用量增大而增加的报道。这可能与保水剂类型与施用量、作物种类等有关。

高保处理对小粒咖啡生长和干物质积累起到明显的抑制作用。这可能是由于保水剂增加了土壤的毛管孔隙度，降低了燥红壤土中充满空气的孔隙度，导致通气状况不良，根区呼吸和有机质分解减慢。而植株生长要求土壤有较好的通气条件。有研究表明，保水剂含量增加会明显提高喷播基质的总孔隙度和毛管孔隙度及其持水与供水能力。但随着保水剂含量增加，基质的非毛管孔隙度呈现下降趋势，尤其当保水剂含量超过 0.3% 以后会明显减小，从而会降低基质的透水和通气性能。因此，基质中保水剂的含量控制在 0.3% 以下为宜。本研究发现，当基质中的保水剂含量为 2 kg/m³ 时，保水剂对小粒咖啡的生长产生明显抑制作用。保水剂的适宜用量估计还与基质及作物的生理特性有关。

研究表明，保水剂在大量吸水的同时，对肥料分子或者离子也有吸持作用。保水剂作为养分载体和调节器，在保持植物苗壮生长的同时，还能减少肥料损失。本研究表明，适量单施氮肥或保水剂可以促进小粒咖啡的生长和水分利用效率的提高，而适量氮肥和保水剂配施更能促进生长和水分利用效率，氮肥和保水剂表现出较好的协同和叠加效应，这与黄占斌和孟晓瑜等的研究结果基本一致。本试验结果表明,低氮低保处理不但能够促进小粒咖啡的生长、干物质累积和植株氮素累积,还能够获得最大的水分利用效率。而高氮高保处理中,氮肥和保水剂表现出拮抗作用。

3.3.5　结　论

低氮、低保处理能使小粒咖啡苗木的生长量达到最大。低氮和低保分别提高总干物质量 24.10% 和 11.53%,而高氮和高保分别降低总干物质量 11.95% 和 8.65%。氮肥和保水剂能不同程度提高水分利用效率。施用保水剂提高水分利用效率 8.48%~20.24%。植株氮素累积量随着施氮量先增后减。从促进小粒咖啡生长和水氮资源高效利用的角度考虑,低氮低保处理为最优试验组合。

3.4　水、氮和保水剂对小粒咖啡干物质生产和水氮利用效率的影响

3.4.1　引　言

云南小粒咖啡以山坡地种植为主,其生长和产量受长达半年的季节性干旱和土壤营养不足的双重制约。小粒咖啡种植区 90% 的降水集中在 6 月~10 月,而在开花结果期(3 月~5 月)土壤水分极度亏缺。水分和肥料是影响旱地农业生产的主要胁迫因子,也是联因互补、不可分割的协同作用体;综合控制水、肥两个因子是减轻干旱胁迫和农业面源污染的根本方法之一。目前,国内外对水肥耦合的研究主要集中在农作物,而对于木本植物尤其是热带特色林果的研究较少。前人对小粒咖啡生长的水肥耦合效应做了初步探索。研究表明,小粒咖啡的水肥需求量较大,旱季采用秸秆覆盖结合滴灌能显著促进植株生长,同时提高水分利用效率。研究不同水肥处理(3 种氮磷钾水平和 2 种灌水制度)对移栽 1 年后咖啡生长的影响。结果表明,氮肥和钾肥对小粒咖啡新梢生长影响显著,同时氮肥影响枝条的腋芽数,而氮、磷、钾对地上干物质量和叶面积指数影响不明显。灌水促进小粒咖啡生长发育的效果大于施肥。灌水量为 1.2 倍蒸散量时小粒咖啡的产量最高,分次施肥提高产量不明显。氮肥对小粒咖啡生长、光合特性和产量的影响最大,钾肥次之,磷肥影响最小。而关于水氮耦合对小粒咖啡生长及水氮利用方面的研究还鲜见报道。

云南小粒咖啡种植区热量充足,旱季持续时间长,蒸发强烈,土壤水分亏缺严重,土壤退化且蓄水保肥差。保水剂作为一种新型高效吸水材料,能根据植物需要缓慢释放水分;并能反复吸放水分,可供多年使用。保水剂可以改善土壤物理特性,增强水分入渗和持水能力,同时缓解植物干旱胁迫和凋萎,促进生长和增加产量,降低灌溉需水量,大幅提高水肥利用效率。以热带特色作物小粒咖啡的水肥高效利用为目的,有关保水剂与水肥的耦合效应方面的研究报道较少。本书通过研究保水剂、氮肥和灌水对小粒咖啡幼树根区土壤水氮迁移、干物质生产和水分利用效率及氮素吸收的影响,以期为小粒咖啡幼树的水氮协调和高效利用提供一定的理论依据和实践参考。

3.4.2　材料与方法

试验设在昆明理工大学智能控制温室内完成，温度为 12～35 ℃，湿度为 50%～85%，无遮阴。2012 年 4 月 12 日移栽龄期为 1 年的小粒咖啡幼树(卡蒂姆 P7963，云南潞江坝)到生长盆(上底宽 30 cm，下底宽 22.5 cm，高 30 cm)中，盆底均匀分布 5 个直径为 0.5 cm 的小孔保证根区通气良好。装土容重为 1.2 g/cm³，每盆装土 14 kg。供试土壤为燥红壤土，田间持水量(FC)为 24.3%，土壤颗粒直径＜0.02 mm 占 7.8%，0.02～0.10 mm 占 32.4%，0.10～0.25 mm 占 45.4%，0.25～1.00 mm 占 13.4%。土壤有机质含量为 5.05 g/kg，全氮为 0.87 g/kg，全磷为 0.68 g/kg，全钾为 13.9 g/kg。保水剂为 0.8～1.0 mm 的白色颗粒，其化学成分为脱钠处理的聚丙烯酸钠高吸水树脂(北京，吸涛)。肥料采用尿素(含氮量 46%)和磷酸二氢钾(分析纯)。

试验设 3 因素：灌水、氮肥和保水剂。由于保水剂在土壤水分过高时节水效果不明显，本试验采用 2 个灌水水平，即中水(W_M，65%～80%FC)和低水(W_L，50%～65%FC)。3 个氮肥水平：高氮(N_H，0.40 g N/kg 风干土)、低氮(N_H，0.20 g N/kg 风干土)和无氮(N_Z，0 g N/kg 风干土)。2 个保水剂水平：有保(S_H，1 kg/m³)和无保(S_Z，0 kg/m³)。各处理磷肥和钾肥均为 0.5 g KH_2PO_4/kg 风干土。装土时保水剂、氮肥和磷酸二氢钾一次性均匀拌土施入。各处理重复 4 次。经过 50 d 缓苗后，2012 年 6 月 1 日开始水分处理。称重法控制土壤水分，在进行水分处理前各处理土壤含水量控制在 65%～80%FC。试验于水分处理后 192 d 结束。为减少环境造成的系统误差，每 7 d 调换植株位置 1 次。

分别在不同时期(7.9、9.26 和 12.5)测定根区土壤水分和硝态氮含量。距基茎 5 cm 处每隔 9 cm 取土测样，土壤水分含量用烘干法测定，硝态氮含量采用 1 mol/L KCl(土液比 1∶5)浸提，紫外可见分光光度计测定。

试验结束时将植株鲜样按不同器官分开，105 ℃杀青 30 min 后 80 ℃烘至恒质量，用天平测定其干质量。植株样品经烘干、粉碎过筛后，用浓 H_2SO_4 法消煮，用凯氏法测定氮素含量。总耗水量由水量平衡方程计算，水分利用效率(WUE)为总干物质量与总耗水量的比值。氮素吸收总量(TNU)为植株各器官氮素含量与其干物质量的乘积之和。氮素干物质生产效率(NDMPE)为总干物质量与植株氮素吸收总量的比值。

采用 Microsoft Excel 2003 软件处理数据和制图，用 SAS 统计软件的 ANOVA 和 Duncan(P=0.05)法对数据进行方差分析和多重比较。

3.4.3　结果与分析

1. 灌水、氮素和保水剂对小粒咖啡根区水氮累积的影响

灌水对 3 次土壤水分含量影响显著，施氮对第 2 次土壤水分含量影响显著，保水剂对第 2、3 次土壤水分含量影响显著(表 3-7)。和 W_L 相比，W_M 提高土壤水分含量 12.5%～14.3%。和 N_Z 相比，N_H 提高第 2 次土壤水分含量 7.2%，而 N_L 提高不明显。和 S_Z 相比，S_H 提高第 2 次和第 3 次土壤水分含量分别为 17.7% 和 11.2%。

灌水对第 2、3 次土壤硝态氮含量影响显著，施氮和保水剂对 3 次土壤硝态氮含量影

响显著，灌水、施氮和保水剂的交互作用对第 1、3 次土壤硝态氮含量影响显著（表 3-7）。和 W_L 相比，W_M 分别降低第 2、3 次土壤硝态氮含量 47.4% 和 32.9%。和 N_Z 相比，N_L、N_H 分别提高土壤硝态氮含量 1.85～3.14 倍和 5.52～7.84 倍。和 S_Z 相比，S_H 提高土壤硝态氮含量 21.9%～43.0%。和 $W_L N_Z S_Z$ 相比，除 $W_M N_Z S_Z$ 外，其余各处理增加第 1 次硝态氮含量 1.33～12.50 倍；除 $W_M N_Z S_Z$、$W_M N_Z S_H$ 外，其余各处理增加第 3 次硝态氮含量 0.61～9.86 倍。

表 3-7　灌水、氮素和保水剂对小粒咖啡土壤水分和硝态氮含量的交互影响

灌水水平	施氮水平	保水剂水平	土壤水分含量/%			土壤硝态氮含量/(mg/kg)		
			第 1 次	第 2 次	第 3 次	第 1 次	第 2 次	第 3 次
W_M	N_H	S_H	23.8±1.2	28.9±0.5	26.9±0.7	252.90±5.93	166.17±22.46	117.80±5.54
		S_Z	21.9±1.2	24.0±1.7	23.6±0.5	235.21±12.18	151.97±9.94	94.49±4.78
	N_L	S_H	22.9±1.3	27.3±0.7	26.8±0.7	173.02±14.93	49.06±7.79	31.48±1.78
		S_Z	22.6±1.4	22.4±1.4	24.6±0.4	144.13±4.58	24.79±1.32	21.14±7.09
	N_Z	S_H	22.2±1.5	26.1±1.3	25.6±0.6	62.85±6.27	20.73±1.29	13.15±1.15
		S_Z	21.2±1.7	23.1±1.4	24.1±0.4	19.78±7.01	11.91±1.47	6.32±1.91
W_L	N_H	S_H	21.2±0.9	24.9±1.8	23.8±1.0	265.73±1.20	250.23±16.72	133.64±5.01
		S_Z	19.1±2.0	21.2±1.2	21.5±0.7	213.58±5.05	227.16±19.50	110.02±1.31
	N_L	S_H	21.0±0.8	23.4±1.1	23.5±0.9	216.97±12.52	127.96±18.93	105.87±5.62
		S_Z	20.5±1.5	20.3±0.3	21.1±0.3	79.10±15.61	103.08±19.50	61.73±3.20
	N_Z	S_H	19.5±1.1	23.3±1.3	23.5±1.1	45.94±9.14	49.61±5.50	19.81±1.95
		S_Z	18.3±0.4	19.8±0.9	20.1±0.4	19.69±5.21	24.84±5.43	12.30±2.15

2. 灌水、氮素和保水剂对小粒咖啡干物质生产的影响

灌水和保水剂分别对根系、冠层及总干物质量影响显著，施氮对冠层和总干物质量影响显著，灌水和施氮、施氮和保水剂及 3 因素（保水剂、灌水和氮素）的交互作用对总干物质量影响显著（图 3-11）。和 W_L 相比，W_M 增加根系、冠层及干物质生产总量分别为 52.6%、95.7% 和 86.0%。和 N_Z 相比，N_L 增加冠层和总干物质量分别为 37.2% 和 29.0%，N_H 增加冠层和总干物质量分别为 29.0% 和 21.8%。和 S_Z 相比，S_H 增加根系、冠层及总干物质量分别为 123.4% 和 69.0% 及 78.3%。和 W_L 相比，W_M 条件下 N_Z、N_L 和 N_H 增加总干物质量分别为 93.8%、90.6% 和 75.3%。和 S_Z 相比，S_H 条件下 N_Z、N_L 和 N_H 增加总干物质量分别为 154.8%、65.7% 和 46.9%。和 $W_L N_Z S_Z$ 相比，各处理增加总干物质 1.60～6.95 倍。其中 $W_M N_L S_H$ 的总干物质量最大，是 $W_L N_Z S_Z$ 的 7.95 倍。结果表明，增加灌水和配施保水剂能显著增加总干物质量，增加施氮量使总干物质量先增加后略有降低。

3. 灌水、氮素和保水剂对小粒咖啡水分利用的影响

水分利用效率综合反映物质生产和水分利用状况。灌水、施氮和保水剂分别对水分利用效率影响显著（图 3-12）。灌水和保水剂、施氮和保水剂的交互作用分别对水分利用效率影响显著。试验结果表明，与 W_L 相比，W_M 提高水分利用效率 36.4%。表明 W_L 不但抑制了小粒咖啡的干物质生产，也降低了水分利用效率，没有达到节水的效果。和 N_Z 相比，N_H 和 N_L 提高水分利用效率分别为 31.6% 和 29.2%，表明 N_H 和 N_L 的节水效果基

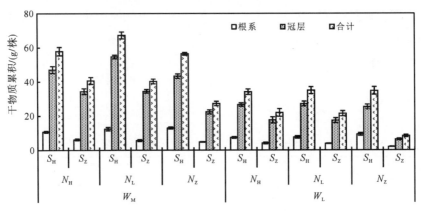

图 3-11　灌水、氮素和保水剂对小粒咖啡干物质生产的交互影响

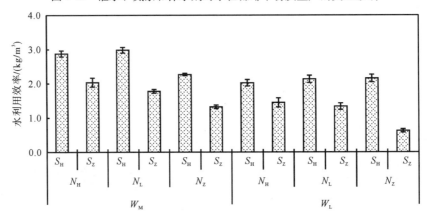

图 3-12　灌水、氮素和保水剂对小粒咖啡水分利用效率的交互影响

本相同。和 S_Z 相比，S_H 提高水分利用效率 68.9%。和 $W_L S_Z$ 相比，$W_M S_H$、$W_M S_Z$ 和 $W_L S_H$ 增加水分利用效率分别为 138.1%、50.5% 和 84.8%。保水剂和氮肥表现出明显的节水协同效应，和 $N_Z S_Z$ 相比，$N_L S_H$、$N_H S_H$、$N_Z S_H$、$N_H S_Z$ 和 $N_L S_Z$ 增加水分利用效率分别为 162.5%、151.5%、127.0%、78.8% 和 60.0%。和 $W_L N_Z S_Z$ 相比，各处理增加水分利用效率 1.12～3.78 倍，其中 $W_M N_L S_H$ 的水分利用效率最大。

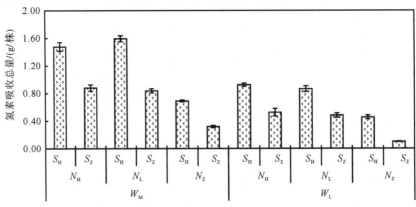

图 3-13　灌水、氮素和保水剂对小粒咖啡氮素吸收的交互影响

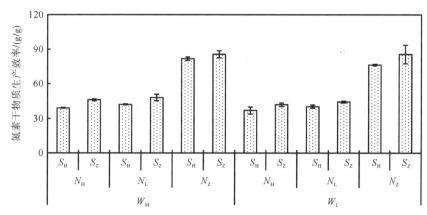

图 3-14　灌水、氮素和保水剂对小粒咖啡氮素干物质生产效率的交互影响

4. 灌水、氮素和保水剂对小粒咖啡氮素吸收的影响

灌水、施氮和保水剂及其交互作用分别对氮素吸收总量影响显著（图 3-13）。与 W_L 相比，W_M 提高氮素吸收总量为 73.1%。和 N_Z 相比，N_H 和 N_L 提高氮素吸收总量分别为 1.44 和 1.42 倍。表明 N_H 和 N_L 对氮素吸收总量的影响基本相同。和 S_Z 相比，S_H 提高氮素吸收总量 91.2%。与 $W_L N_Z S_Z$ 相比，其余各处理增加氮素吸收总量 2.22~15.09 倍。

灌水、施氮和保水剂分别对氮素干物质生产效率影响显著（图 3-14）。与 W_L 相比，W_M 提高氮素干物质生产效率 5.3%。和 N_Z 相比，N_H 和 N_L 降低氮素干物质生产效率分别为 50.2% 和 46.9%。和 S_Z 相比，S_H 降低氮素干物质生产效率 10.0%。这与增加灌水降低植株氮素含量，而施氮和保水剂增加氮素含量有关。与 $W_L N_Z S_Z$ 相比，除 $W_M N_Z S_Z$ 和 $W_M N_Z S_H$ 增加氮素干物质生产效率不明显外，其余处理减少氮素干物质生产效率 10.7%~56.8%。

3.4.4　讨　论

增施氮肥提高土壤硝态氮含量 1.85~7.84 倍；而增加灌水降低土壤硝态氮含量 32.9%~47.4%。这与土壤硝态氮含量受施肥量和灌水量影响显著，并随施氮量的增加而增加的研究结果相一致。总干物质量随着施氮量的增加先增加后略有降低，可能是由于高氮处理的土壤氮浓度过高，土壤水势降低导致植株生长受到抑制。也表明高氮处理的氮素供过于求，会造成氮素利用效率降低。高氮和低氮的水分利用效率基本相同，主要由于适量施氮能促进作物对土壤水分的吸收利用，而过量施氮导致硝态氮在土壤中大量累积，不利于根系生长及土壤水分利用。

保水剂明显提高土壤水分含量和硝态氮含量，是由于保水剂将水肥蓄持在根区土壤并缓慢释放，利于促进水肥的有效利用。保水剂在增加干物质生产的同时，显著提高根冠比，这与对丹参和白蜡的研究结果一致。主要由于保水剂能调节基质松紧度，有效改善土壤水肥和通气状况，形成水肥耦合微域，增强根系活力并促进根系生长。保水剂的节水效应与灌水水平密切相关，对棉花、百慕大草和玉米研究也表明，灌水水平过高或者过低都会抑制保水剂的节水效果。本研究表明，$W_M S_H$ 的水利用效率均值最大，是 $W_L S_Z$ 的 2.38 倍；低水处理可能导致保水剂和作物的争水现象，加剧了土壤水分亏缺胁迫，降低了干物质生产和水分利用效率，抑制了节水效果。

保水剂和氮肥表现出明显的节水协同效应，是由于保水剂对水肥的保蓄和缓释效应，同时氮肥能促进根系发育，扩大摄取水分和养分的土壤空间和能力。这与氮肥和保水剂在提高小麦产量和水分生产效率上具有叠加效应相一致，本研究中 N_L 和 S_H 组合的协同效应最明显。保水剂通过改善土壤水肥环境来促进作物生长，从而提高产量和水分利用效率。同时保水剂能提高氮肥配施后的肥效，促进氮素吸收累积。这与本研究结果基本一致。灌水、氮素和保水剂的交互作用对总干物质量影响显著，表明保水剂对干物质生产的促进作用受土壤水肥条件的制约，可以通过优化保水剂及水肥配比来调控小粒咖啡干物质生产。和 $W_L N_Z S_Z$ 相比，$W_M N_L S_H$ 增加总干物质量、水分利用效率和氮素吸收总量最大，为最优试验组合。这是由于在一定的土壤水分条件下，保水剂对土壤水肥的调控作用，改善了作物干旱胁迫时的水肥条件，增强了根系活力和光合能力，从而促进植株生长。同时，保水剂对肥料的保持、控制转化和缓慢释放，使土壤中水分和养分的供需更加同步，使水肥利用效率得到显著提高。本研究还表明，保水剂对土壤水氮的调控效应与水氮供给水平密切相关。W_L 和 N_H 时保水剂的节水节氮效果受到抑制；而 W_M 和 N_L 时保水剂能明显提高植株水氮利用效率。

3.4.5　结　论

中等供水水平能显著提高小粒咖啡总干物质量、水分利用效率、氮素吸收总量和氮素干物质生产效率。

低氮和高氮处理提高水分利用效率和氮素吸收总量的幅度基本相同。和无氮处理相比，低氮和高氮处理分别提高水分利用效率 29.2% 和 31.6%，分别提高氮素吸收总量 1.42 倍和 1.44 倍。

保水剂通过土壤水肥保蓄和供需同步，提高水氮吸收利用。和无保处理相比，有保处理提高水利用效率和氮素吸收总量分别为 68.9% 和 91.2%。

保水剂对土壤水氮的调控效应与水氮供给水平密切相关。低水和高氮处理抑制保水剂的节水节氮效果，而中水低氮有保处理能同时促进干物质生产和水氮利用，实现了小粒咖啡幼树的水氮优化管理。和低水无氮无保处理相比，中水低氮有保处理提高总干物质量、水分利用效率及氮素吸收总量分别为 6.95 倍、3.78 倍和 15.09 倍。

参考文献

白文波，王春艳，李茂松，等. 2010. 不同灌溉条件下保水剂对新疆棉花生长及产量的影响[J]. 农业工程学报，26(10)：69—76.

蔡传涛，蔡志全，解继武，等. 2004. 田间不同水肥管理下小粒咖啡的生长和光合特性[J]. 应用生态学报，15(7)：1207—1212.

蔡志全，蔡传涛，齐欣，等. 2004. 施肥对小粒咖啡生长、光合特性和产量的影响[J]. 应用生态学报，15(9)：1561—1564.

曾勇军，石庆华，潘晓华，等. 2008. 施氮量对高产早稻氮素利用特征及产量形成的影响[J]. 作物学报，34(8)：1409—1416.

董建华，王秉忠. 1996. 土壤干旱对小粒种咖啡有关生理参数的影响[J]. 热带作物学报，17(1)：

50—56.

　　杜太生，康绍忠，魏华. 2000. 保水剂在节水农业中的应用研究现状与展望[J]. 农业现代化研究，21(5)：317—320.

　　苟春林，王新爱，李永胜，等. 2011. 保水剂与氮肥的相互影响及节水保肥效果[J]. 中国农业科学，44(19)：4015—4021.

　　韩玉国，范云涛，赵鲁，等. 2012. 施入保水剂土壤吸水膨胀试验[J]. 农业机械学报，43(11)：74—79.

　　韩玉国，杨培岭，任树梅，等. 2006. 保水剂对苹果节水及灌溉制度的影响研究[J]. 农业工程学报，22(9)：70—73.

　　华元刚，陈秋波，林钊沐，等. 2008. 水肥耦合对橡胶树产胶量的影响[J]. 应用生态学报，19(6)：1211—1216.

　　黄占斌，孙在金. 2013. 环境材料在农业生产及其环境治理中的应用[J]. 中国生态农业学报，21(1)：88—95.

　　黄占斌，吴雪萍，方峰，等. 2002. 干湿变化和保水剂对植物生长和水分利用效率的影响[J]. 应用与环境生物学报，8(6)：1600—1604.

　　黄占斌，张国桢，李秧秧，等. 2002. 保水剂特性测定及其在农业中的应用[J]. 农业工程学报，18(1)：22—26.

　　黄占斌. 2005. 农用保水剂应用原理与技术[M]. 北京：中国农业科学技术出版社.

　　孔艳菊，孙明高，苗海霞，等. 2006. 干旱胁迫下元宝枫生长性状及生理特性研究[J]. 西北林学院学报，21(5)：26—31.

　　寇太记，张雅莉，马继红，等. 2011. 保水剂施用对丹参物质形成与养分利用的影响[J]. 水土保持学报，25(6)：64—67.

　　李海燕，张芮，王福霞. 2011. 保水剂对注水播种玉米土壤水分运移及水分生产效率的影响[J]. 农业工程学报，27(3)：37—42.

　　梁艳萍，许迪，李益农，等. 2009. 冬小麦不同畦灌施肥模式水氮分布田间试验[J]. 农业工程学报，25(3)：22—27.

　　廖人宽，杨培岭，任树梅. 2012. 高吸水树脂保水剂提高肥效及减少农业面源污染[J]. 农业工程学报，28(17)：1—10.

　　刘方春，马海林，马丙尧，等. 2011. 容器基质育苗中保水剂对白蜡生长及养分和干物质积累的影响[J]. 林业科学，47(9)：62—68.

　　刘世亮，寇太记，介晓磊，等. 2005. 保水剂对玉米生长和土壤养分转化供应的影响研究[J]. 河南农业大学学报，39(2)：140—145.

　　芦海宁，韩烈保，苏德荣. 2005. 保水剂在草坪中的应用研究进展[J]. 节水灌溉，1：14—18.

　　马强，宇万太，沈善敏，等. 2007. 旱地农田水肥效应研究进展[J]. 应用生态学报，18(3)：665—673.

　　毛思帅，Robiul Islam M，薛绪掌，等. 2011. 保水剂和负压供水对玉米生理生长及水分利用效率的影响[J]. 农业工程学报，27(7)：82—88.

　　孟晓瑜，王朝辉，李富翠，等. 2012. 底墒和施氮量对渭北旱塬冬小麦产量与水分利用的影响[J]. 应用生态学报，23(2)：369—375.

　　莫凡，罗兴录，周红英，等. 2010. 保水剂不同用量对土壤理化性状和木薯产量的影响[J]. 广西农业科学，41(5)：459—462.

　　沈玉芳，李世清，邵明安. 2007. 水肥空间组合对冬小麦光合特性及产量的影响[J]. 应用生态学报，18(10)：2256－2262.

宋海星，李生秀. 2004. 水、氮供应和土壤空间所引起的根系生理特性变化[J]. 植物营养与肥料学报，10(1)：6－11.

汪勇，汪星，汪有科，等. 2009. 滴灌条件下不同保水剂在枣林坡地的应用效果研究[J]. 干旱地区农业研究，27(3)：78－83.

王东清，李国旗，王磊. 2012. 干旱胁迫下红麻和大麻状罗布麻水分生理及光合作用特征研究[J]. 西北植物学报，32(6)：1198－1205.

王丽，张金池，张小庆，等. 2010. 土壤保水剂含量对喷播基质物理性质及抗冲性能的影响[J]. 水土保持学报，24(2)：79－82.

韦兰英，袁维圆，焦继飞，等. 2009. 紫花苜蓿和菊苣比叶面积和光合特性对不同用量保水剂的响应[J]. 生态学报，29(12)：6772－6778.

吴娜，赵宝平，曾昭海，等. 2009. 两种灌溉方式下保水剂用量对裸燕麦产量和品质的影响[J]. 作物学报，35(8)：1552－1557.

杨培岭，廖人宽，任树梅，等. 2013. 化学调控技术在旱地水肥利用中的应用进展[J]. 农业机械学报，44(6)：100－109.

杨义伶，高洁，徐回林，等. 2010. 保水剂对南丰蜜橘叶绿素含量与光合速率的影响[J]. 江西农业学报，22(2)：46－48.

杨永辉，吴普特，武继承，等. 2011. 冬小麦光合特征及叶绿素含量对保水剂和氮肥的响应[J]. 应用生态学报，22(1)：79－85.

杨永辉，吴普特，武继承，等. 2011. 复水前后冬小麦光合生理特征对保水剂用量的响应[J]. 农业机械学报，42(7)：116－123.

姚庆群，谢贵水，陈海坚. 2006. 干旱下保水剂对橡胶苗叶绿素荧光参数的影响[J]. 热带作物学报，27(1)：6－11.

叶优良，李隆. 2009. 水氮量对小麦/玉米间作土壤硝态氮累积和水氮利用效率的影响[J]. 农业工程学报，25(1)：33－39.

俞满源，黄占斌，方锋，等. 2003. 保水剂、氮肥及其交互作用对马铃薯生长和产量的效应[J]. 干旱地区农业研究，21(3)：15－19.

张永峰，殷波. 2009. 混合盐碱胁迫对苗期紫花苜蓿抗氧化酶活性及丙二醛含量的影响[J]. 草业学报，1(18)：46－50.

周明耀，赵瑞龙，顾玉芬，等. 2006. 水肥耦合对水稻地上部分生长与生理性状的影响[J]. 农业工程学报，22(8)：38－43.

Akcay U, Ercan O, Kavas M, et al. 2010. Drought-induced oxidative damage and antioxidant responses in peanut (*Arachis hypogaea* L.) seedlings[J]. Plant Growth Regulation, 61：21－28.

Akhter J, Mahmood K, Malik K, et al. 2004. Effects of hydrogel amendment on water storage of sandy loam and loam soils and seedling growth of barley, wheat and chickpea[J]. Plant, Soil and Environment, 46(10)：3－9.

An Y, Liang Z, Han R. 2011. Water use characteristics and drought adaptation of three native shrubs in the Loess Plateau[J]. Scientia silvae sinicae, 10(47)：8－15.

Arantes K, Faria M, Rezende F. 2009. Recovery of coffee tree (*Coffea arabica* L.) after pruning under different irrigation depths[J]. Acta Scientiarum Agronomy, 31(2)：313－319.

Belder P, Spiertz J, Bouman B, et al. 2005. Nitrogen economy and water productivity of lowland rice under water saving irrigation[J]. Field Crops Research, 93：169－185.

Boardman N. 1977. Comparative photosynthesis of sunand shade plants[J]. Annual Review of Plant Physiology, 28: 355—377.

Cai C, Cai Z, Yao T, et al. 2007. Vegetative growth and photosynthesis in coffee plants under different watering and fertilization managements in Yunnan, SW China[J]. Photosynthetica, 45(3): 455—461.

Centritto M, Wahbi S, Serraj R, et al. 2005. Effects of partial root zone drying (PRD) on adult olive tree (*Oleo europaea*) in field conditions under acid climate, II. Photosynthetic responses[J]. Agriculture Ecosystems & Environment, 106 (2—3): 303—311.

Ceyda O, Ismail T, Askim H, et al. 2013. Time course analysis of ABA and non-ionic osmotic stress-induced changes in water status, chlorophyll fluorescence and osmotic adjustment in Arabidopsis thaliana wild-type (*Columbia*) and ABA-deficient mutant[J]. Environmental and Experimental Botany, 86: 44—51.

Crisosto C, Grantz D, Meinzer F. 1992. Effects of water deficit on flower opening in coffee (*Coffea arabica* L.)[J]. Tree physiology, 10(2): 127—139.

Dhaeze D, Raes D, Deckers J, et al. 2005. Groundwater extraction for irrigation of Coffea canephora in Ea Tul watershed, Vietnam-a risk evaluation[J]. Agricultural Water Management, 73: 1—19.

Dry P, Loveys B. 1999. Grapevine shoot growth and stomatal conductance are reduced when part of the root system is dried[J]. Vitis, 38: 151—156.

Du T, Kang S, Zhang J, et al. 2008. Water use and yield responses of cotton to alternate partial root-zone drip irrigation in the arid area of north-west China[J]. Irrigation science, 26: 147—159.

Du T, Kang S, Zhang J, et al. 2008. Water use efficiency and fruit quality of table grape under alternate partial root-zone drip irrigation[J]. Agricultural Water Management, 95 (6): 659—668.

El-Hady O A, Wanas S A. 2006. Water and fertilizer use efficiency by cucumber grown under stress on sandy soil treated with acrylamide hydrogels[J]. Journal of Applied Sciences Research, 2(12): 1293—1297.

Eneji A E, Islam R, An P, et al. 2013. Nitrate retention and physiological adjustment of maize to soil amendment with superabsorbent polymers[J]. Journal of Cleaner Production, 52: 474—480.

Flannery R, Busscher J. 1982. Use of a synthetic polymer in potting soils to improve water holding capacity[J]. Communications in Soil Science and Plant Analysis, 13(2): 103—111.

Foyer C, Noctor G. 2000. Oxygen processing in photosynthesis, regulation and signalling[J]. New Phytologist, 146: 359—388.

Graterol Y, Eisenhauer D, Elmore R. 1993. Alternate-furrow irrigation for soybean production[J]. Agricultural Water Management, 24 (2): 133—145.

Hu T, Kang S, Li F, et al. 2009. Effects of partial root-zone irrigation on the nitrogen absorption and utilization of maize[J]. Agricultural Water Management, 96: 208—214.

Hüttermann A, Orikiriza L, Agaba H. 2009. Application of superabsorbent polymers for improving the ecological chemistry of degraded or polluted lands[J]. Clean, 37: 517—526.

Islam M, Eneji A, Hu Y, et al. 2009. Evaluation of a water-saving superabsorbent polymer for forage oat (*Avena sativa* L.) production in an arid sandy soil[C]. Proceedings of InterDrought-III conference: Shanghai, 91—92.

Islam MR, Mao S S, Xue X Z, et al. 2011. A lysimeter study of nitrate leaching, optimum fertilization rate and growth responses of corn (*Zea mays* L.) following soil amendment with water-saving super-absorbent polymer[J]. Journal of the Science of Food and Agriculture, 91(11): 1990—1997.

Jafarzadeh S, Eghbal M, Jalalian A. 2005. Biological and mechanical stabilization of sand dunes u-sing super-absorbent polymers and clay mulch in Ardestan area (Isfahan) [C]. Proceedings of International Conference on Human Impacts on Soil Quality Attributes, Isfahan, I. R.. Iran: (9): 12—16. ·

Kirda C, Cetin M, Dasgan Y, et al. 2004. Yield response of greenhouse grown tomato to partial root drying and conventional deficit irrigation[J]. Agricultural Water Management, 69, 191—201.

Leib B, Caspari H, Redulla C, et al. 2006. Partial rootzone drying and deficit irrigation of 'Fuji' apples in a semi-arid climate[J]. Irrigation science, 24, 85—99.

Lentz R, Sojka R, Robbins C. 1998. Reducing phosphorus losses from surface-irrigated fields, e-merging polyacrylamide technology[J]. Journal of Environmental Quality, 27(2): 305—312.

Li F, Liang J, Kang S, et al. 2007. Benefits of alternate partial root-zone irrigation on growth, water and nitrogen use efficiencies modified by fertilization and soil water status in maize[J]. Plant and Soil, 295: 279—291.

Li F, Wei C, Zhang F, et al. 2010. Water-use efficiency and physiological responses of maize under partial root-zone irrigation[J]. Agricultural Water Management, 97: 1156—1164.

Lima A, DaMatta F, Pinheiro H, et al. 2002. Photochemical responses and oxidative stress in two clones of Coffea canephora under water deficit conditions[J]. Environmental and Experimental Botany, 47: 239—247.

Loveys B, Dry P, Stoll M. 2000. Using plant physiology to improve the water use efficiency of hor-ticultural crops[J]. Acta Horticulturae, 537, 187—197.

Masarirambi M, Chingwara V, Shongwe V. 2009. The effect of irrigation on synchronization of coffee (Coffea arabica L.) flowering and berry ripening at Chipinge, Zimbabwe[J]. Physics and Chemis-try of the earth, 34(16): 786—789.

Mingo D, Theobald J, Bacon M, et al. 2004. Biomass allocation in tomato (Lycopersicon esculen-tum) plants grown under partial rootzone drying, enhancement of root growth[J]. Functional Plant Biolo-gy, 31: 971—978.

Nazareno R, Oliveira C, Sanzonowicz C, et al. 2003. Initial growth of Rubi coffee plant in response to nitrogen, phosphorus and potassium and water regimes[J]. Pesquisa Agropecuaria Brasileira, 38(8): 903—910.

Orikiriza L, Agaba H, Tweheyo M, et al. 2009. Amending soils with hydrogels increases the bio-mass of nine tree species under non-water stress conditions[J]. Clean, 37: 615—620.

Pinheiro H, Damatta F, Chaves A, et al. 2004. Drought tolerance in relation to protection against oxidative stress in clones of Coffea canephora subjected to long-term drought[J]. Plant Science, 167: 1307—1314.

Shao G, Zhang Z, Liu N, et al. 2008. Comparative effects of deficit irrigation (DI) and partial ro-otzone drying (PRD) on soil water distribution, water use, growth and yield in greenhouse grown hot pepper[J]. Scientia Horticulture, 119: 11—16.

Sidney C, Fabio M, Marcelo E. 2006. Effects of long-term soil drought on photosynthesis and car-bohydrate metabolism in mature robusta coffee (Coffea canephora Pierre var. kouillou) leaves[J]. Envi-ronmental and Experimental Botany, (56): 263—273.

Tang L, Li Y, Zhang J. 2005. Physiological and yield responses of cotton under partial rootzone irrigation[J]. Field Crops Research. 94，214－222.

Tatiele A，Klaus R，Osny O，et al. 2007. The ^{15}N isotope to evaluate fertilizer nitrogen absorption efficiency by the coffee plant[J]. Annals of the Brazilian Academy of Sciences，79(4)：767－776.

Taylor K，Halfacre R. 1986. The effect of hydrophilic polymer on media water retention and nutrient availability to *Ligustrum lucidum*[J]. HortScience，21(5)：1159－1161.

Trout T，Sojka R，Lentz R. 1995. Polyacrylamide effect on furrows erosion and infiltration[J]. Translation of the American Society of Agricultural Engineers，38(3)：761－766.

Turner N，Begg J. 1981. Plant-water relations and adaptation to stress[J]. Plant and Soil，58：97－131.

Yang Q，Zhang F，Li F，2011. Effect of different drip irrigation methods and fertilization on growth，physiology and water use of young apple tree[J]. Scientia Horticulturae，129(1)：119－126.

Yazdani F，Allahdadi I，Akbari G. 2007. Impact of superabsorbent polymer on yield and growth analysis of Soybean (*Glycine max* L.) under drought stress condition[J]. Pakistan Journal of Biological Sciences，10(23)：4190－4196.

Zegbe J，Behboudian M，Clothier B. 2004. Partial rootzone drying is a feasible option for irrigating processing tomatoes[J]. Agricultural Water Management，68：195－206.

（刘小刚、殷欣、耿宏焯、杨启良、王心乐、何红艳）

第4章 小粒咖啡水光高效利用及提质高产模式

4.1 不同遮阴下亏缺灌溉对小粒咖啡生长和水光利用的影响

4.1.1 引 言

小粒咖啡是我国栽培的主要咖啡品种，经常受到季节性干旱和土壤水分亏缺的影响。亏缺灌溉是针对水资源紧缺和用水效率不高提出的一种节水灌溉新技术。土壤水分亏缺显著降低咖啡根系活力、水分利用效率、开花数和结果数，而增加叶片中叶绿素、类胡萝卜素、过氧化物酶活性、脯氨酸、丙二醛含量以及细胞透性。水分亏缺降低咖啡叶片气孔导度和光合速率，气孔导度降幅大于光合速率，同时抑制咖啡生长（降低树高，冠幅、树干直径和根系密度）。而不同水分亏缺程度下小粒咖啡的耗水规律和水分利用效率尚需进一步探讨。

咖啡具有荫蔽栽培的生长习性，合理遮阴可为咖啡提供适宜的生长发育环境。荫蔽栽培不显著降低叶片光合速率和蒸腾速率，而增加气孔导度和叶水势。增大荫蔽度会使咖啡的光合速率日变化曲线由不对称的双峰曲线变为单峰曲线，气孔导度对净光合速率的抑制逐渐降低，而光合有效辐射中的光通量密度对净光合速率影响不明显。也有研究表明，荫蔽栽培对咖啡叶片光合特性影响不明显。遮阴处理对咖啡幼树的营养和生殖生长影响不明显，而对成龄树的节点数、叶面积和产量影响显著。咖啡进入盛产期后遮阴处理能提高叶面积而降低节点数，遮阴对多年的均产影响不明显。另有研究发现，咖啡叶面积随遮阴度的增加而增加，而产量及鲜果数量随遮阴度的增加而降低。遮阴处理减少咖啡的叶面积和叶片厚度，而增加枝条长度。

灌溉或遮阴单一因素对咖啡生理生态的影响研究较多，而水光耦合对咖啡生长调控、耗水规律、水分和光能利用效率的综合影响尚不清楚。遮阴改变咖啡生长的微气候环境，从而改变叶片光合生理特性和耗水规律。本节在不同遮阴水平下，研究亏缺灌水对小粒咖啡生长、干物质累积、水分和光能利用效率的影响，并建立亏缺灌溉和遮阴交互作用下的水光利用回归模型，以期找到小粒咖啡适宜的水光供应模式，为小粒咖啡节水灌溉和荫蔽栽培提供科学依据。

4.1.2 材料与方法

试验于 2014 年 4 月～2015 年 12 月在昆明理工大学农业工程学院温室内（$102°45'$ E、$24°42'$ N）进行。2014 年 4 月 10 日移栽龄期为 1 年且生长均匀的小粒咖啡幼树（卡蒂姆 P796）到生长盆（上底直径 30 cm、下底直径 22.5 cm、高 30 cm）中，盆底均匀分布 5 个直径为 0.5 cm 小孔保证根区通气良好。供试土壤为老冲积母质发育的红褐土，田间持水量 (FC) 为 24.3%，土壤粒径 0~0.02 mm 的颗粒占 7.9%，0.02~0.10 mm 的颗粒占 32.3%，0.10~0.25 mm 的颗粒占 45.3%，0.25~1.00 mm 的颗粒占 13.5%。土壤有机质、全氮、全磷和全钾含量(质量比)分别为 5.05 g/kg、0.87 g/kg、0.68 g/kg、13.9 g/kg。每盆装土 14 kg，装土容重 1.20 g/cm³。磷肥和钾肥施入水平为 0.5 g KH_2PO_4/kg。

试验设灌水和遮阴 2 个因素。3 个灌水水平分别为轻度亏缺灌溉(DI_L，65%~75% FC)、中度亏缺灌溉(DI_M，55%~65%FC)和重度亏缺灌溉(DI_H，45%~55%FC)。3 个遮阴水平分别为不遮阴(S_0，自然光照)、轻度遮阴(S_L，50%自然光照)和重度遮阴 (S_S，30%自然光照)。完全组合设计，共 9 个处理，3 次重复。通过不同密度的黑色遮阴网实现遮阴，遮阴网与小粒咖啡树冠始终保持 1m 距离，便于通风和取样观测。称重法控制灌水量，灌水处理前各处理保持较好的土壤水分(75%~85%FC)，缓苗后 60 d 开始灌水和遮阴处理，灌水周期为 7 d。光照强度采用光照测定系统(Li-1400)测定，用脚手架和不同透光能力的黑色遮阴网搭建可拆卸式遮阴棚，各苗木间保持一定的株行距，确保彼此互不遮阴影响。

2015 年 7 月 12 日(旺长期灌水前 1 d)用便携式光合仪(Li-6400)测定树顶靠下功能叶的光合特性(净光合速率、蒸腾速率、气孔导度)，测定时间为 08：00~18：00，每隔 2 h 测定 1 次。每个处理 3 个重复，每个重复测定 3 次，取日均值进行分析。叶片瞬时水分利用效率为净光合速率与蒸腾速率的比值，光能利用效率为净光合速率与光合有效辐射的比值。

2015 年 12 月 9 日测定小粒咖啡的生长指标和干物质累积量。株高和枝条长度采用毫米刻度尺测定、基茎和叶面积分别用游标卡尺和直接称量换算法测定。根系取样时，将栽植容器放在尼龙网筛上用水冲去泥土，获得整体根系，再用流水缓缓冲洗干净，冲洗时在根系下面放置 100 目筛以防止脱落的根系被水冲走，同时用滤纸和吸水纸擦干根系上的水分测其鲜质量。鲜样 105 ℃杀青 30 min 后 60 ℃干燥至质量恒重，用天平称其干质量。根冠比为根系和冠层干物质的比值；总耗水量由水量平衡方程计算，灌溉水利用效率为总干物质和总耗水量的比值。

用 SAS 8.2(SAS Institute，USA)统计软件的两因素方差分析和 Duncan($P=0.05$) 法进行方差分析和多重比较，回归分析采用 IBM SPSS Statistics 21 进行。

4.1.3　结果与分析

1. 不同遮阴水平下亏缺灌溉对小粒咖啡叶片光合日均特性的影响

灌水水平对小粒咖啡叶片净光合速率、气孔导度和光能利用效率日均值影响显著，遮阴水平对净光合速率、水分利用效率和光能利用效率日均值影响显著，二者交互作用对蒸腾速率、气孔导度和光能利用效率日均值影响显著(表 4-1)。与 DI_L 处理相比，DI_M 处理改变净光合速率、气孔导度和光能利用效率不明显，而 DI_S 处理降低净光合速率、气孔导度和光能利用效率分别为 17.61%、22.99%和 27.43%。这表明轻度和中度亏缺灌溉对光合特性的影响基本相同，而重度亏缺灌溉明显抑制叶片光合性能。与 S_0 处理相比，S_L 处理分别增加净光合速率、叶片水分利用效率和叶片光能利用效率分别为

23.35%、24.32%和201.18%，S_S处理分别增加8.38%、16.03%和392.25%。可知随着遮阴水平的提高，净光合速率和叶片水分利用效率先增后减，而光能利用效率持续增加。与$DI_L S_0$处理相比，其余各处理都不同程度降低了蒸腾速率，$DI_S S_0$处理降低蒸腾速率最大为20.27%；除$DI_S S_0$处理和$DI_S S_L$处理分别降低气孔导度15.43%和8.15%外，其余处理增加气孔导度13.98%～59.97%；$DI_M S_0$处理和$DI_S S_0$处理分别降低光能利用效率7.72%和33.02%，而其余处理增加144.23%～402.54%。这与自然光照（S_0）条件下光合有效辐射较大而小粒咖啡适应光辐射较低的环境密切相关。

表 4-1　不同遮阴水平下亏缺灌溉对小粒咖啡叶片日均光合特性的影响

灌水水平	遮阴水平	净光合速率/[μmol/(m²·s)]	蒸腾速率/[mmol/(m²·s)]	气孔导度/[mmol/(m²·s)]	叶片水分利用效率/(mmol/mol)	叶片光能利用效率/[mmol/μmol]
DI_L	S_0	2.61±0.31ab	2.36±0.28a	17.65±2.56ab	1.11±0.06ab	6.07±0.05f
	S_L	3.11±0.40a	2.20±0.17ab	28.23±5.86a	1.43±0.17a	16.96±0.01cd
	S_S	2.72±0.18ab	2.14±0.32ab	20.67±3.84ab	1.44±0.26a	28.49±0.09b
DI_M	S_0	2.62±0.38ab	2.22±0.25a	24.81±3.65ab	1.18±0.13ab	5.60±0.13fg
	S_L	2.94±0.30ab	2.21±0.30ab	21.90±6.47ab	1.40±0.13ab	15.63±0.07de
	S_S	2.97±0.32ab	2.10±0.17ab	23.04±4.66ab	1.43±0.14a	30.52±0.92g
DI_S	S_0	1.99±0.26b	1.88±0.21b	14.92±2.33b	1.06±0.09ab	4.07±0.08a
	S_L	2.84±0.23ab	2.25±0.27a	16.21±4.02b	1.33±0.15ab	14.83±0.36e
	S_S	2.13±0.28ab	2.15±0.25ab	20.12±4.22ab	1.01±0.11b	18.49±0.12c
显著性检验（P值）						
灌水水平		<0.001	0.2179	0.0069	0.0880	<0.001
遮阴水平		<0.001	0.4678	0.3025	0.0310	<0.001
灌水水平×遮阴水平		0.076	0.0438	0.0397	0.4768	<0.001

注：数据为平均值±标准差（$n=3$），同列数值后标不同小写字母表示差异显著（$P<0.05$），下同。

2. 不同遮阴水平下亏缺灌溉对小粒咖啡生长特性的影响

灌水水平对小粒咖啡株高、茎粗、枝条数和叶片数影响显著，遮阴水平对叶片数影响显著，二者交互作用对茎粗和叶片数影响显著（表4-2）。这表明灌水水平对生长指标的影响大于遮阴水平。与DI_L处理相比，DI_M处理增加株高、枝条数和叶片数不明显，减少茎粗不明显；DI_S处理降低株高、茎粗、枝条数和叶片数分别为7.31%、15.85%、8.46%和17.52%。与S_0处理相比，S_L处理增加叶片数不明显，而S_S处理减少叶片数9.02%。与$DI_L S_0$处理相比，$DI_L S_S$处理、$DI_M S_0$处理、$DI_M S_L$处理、$DI_S S_0$处理、$DI_S S_L$处理和$DI_S S_S$处理分别减小茎粗15.54%、8.79%、15.88%、26.20%、18.43%和18.00%，而$DI_L S_L$处理和$DI_M S_S$处理减小茎粗不明显；$DI_L S_S$处理、$DI_M S_0$处理、$DI_S S_0$处理、$DI_S S_L$处理和$DI_S S_S$处理分别减小叶片数25.26%、11.53%、21.24%、19.56%和34.20%，而$DI_L S_L$处理、$DI_M S_L$处理和$DI_M S_S$处理减小叶片数不明显。

表 4-2　不同遮阴水平下亏缺灌溉对小粒咖啡生长的影响

灌水水平	遮阴水平	树高/cm	茎粗/mm	冠幅/cm	枝条数	叶片数	新稍长度/cm
DI_L	S_0	74.5±1.2ab	11.8±0.3a	66.7±3.4a	23±2abc	386±7a	16.0±0.7a
	S_L	67.8±1.8abc	11.5±0.3a	73.4±5.9a	24±1ab	379±19a	18.2±0.5a
	S_S	69.2±2.9abc	9.9±0.2bc	71.0±0.5a	19±2d	289±11c	17.1±0.1a
DI_M	S_0	75.3±2.7a	10.7±0.1ab	70.3±0.3a	24±4ab	342±17b	15.3±1.0a
	S_L	71.3±0.8abc	9.9±0.8bc	70.1±5.4a	24±2ab	378±8a	18.5±2.8a
	S_S	74.9±1.2a	11.6±0.0a	72.2±2.2a	26±1a	396±11a	18.1±0.1a
DI_S	S_0	65.6±5.5bc	8.7±0.2c	64.1±2.5a	20±2cd	304±4c	15.7±0.0a
	S_L	65.8±2.8bc	9.6±0.6bc	63.9±2.6a	21±3bcd	311±4bc	16.6±1.0a
	S_S	64.7±0.7c	9.7±0.5bc	65.6±1.0a	20±1cd	254±4d	16.3±0.4a
显著性检验（P 值）							
灌水水平		0.0126	0.0009	0.1058	0.0021	<0.0001	0.5303
遮阴水平		0.2995	0.9733	0.6008	0.2706	0.0035	0.1480
灌水水平×遮阴水平		0.7055	0.0092	0.8393	0.0837	0.0012	0.8444

3. 不同遮阴水平下亏缺灌溉对小粒咖啡干物质量累积的影响

表 4-3 统计表明，除灌水水平对叶片干物质量、遮阴水平对茎干物质量和根冠比、二者交互作用对根干物质量的影响不显著外，灌水水平、遮阴水平及交互作用对其余各器官干物质量及根冠比影响显著。与 DI_L 处理相比，DI_M 处理增加叶、杆干物质量和根冠比以及减少总干物质量不明显，而减少茎干物质量 6.36%。DI_S 处理减少根、茎、杆、总干物质量和根冠比分别为 17.9%、33.83%、30.03%、13.13% 和 6.29%。与 S_0 处理相比，S_L 处理增加根、叶、杆和总干物质量分别为 12.33%、10.79%、16.42% 和 11.14%。S_S 处理减少根和杆干物质量 5.75% 和 7.99%，而增加叶和减少总干物质量不明显。与 $DI_L S_0$ 处理相比，除 $DI_L S_L$ 处理增加和 $DI_M S_0$ 处理减少茎干物质量不明显外，其余处理减少茎干物质量 12.78%～45.30%。$DI_S S_L$ 处理增加叶片干物质量 8.12%，而 $DI_L S_L$ 处理和 $DI_M S_L$ 处理增加叶片干物质量不明显。其余处理降低叶片干物质量 4.38%～13.34%。除 $DI_M S_0$ 处理减少杆干物质量不明显外，$DI_L S_L$ 处理增加 5.42%，而其余处理减少 6.27%～47.40%。$DI_L S_L$ 处理增加总干物质量 5.66%，而 $DI_M S_L$ 处理增加总干物质量不明显，其余处理减少 4.7%～21.14%。除 $DI_S S_L$ 处理减少根冠比 5.32% 和 $DI_S S_S$ 处理减少根冠比不明显外，其余处理的根冠比均有不同程度的增加，其中 $DI_M S_L$ 处理的根冠比最大，比 $DI_L S_0$ 处理增加 18.94%。这表明适度水分亏缺能促进根系生长，利于提高土壤水分的利用效率，而重度水分亏缺抑制根系生长。

表 4-3　不同遮阴水平下亏缺灌溉对小粒咖啡干物质量累积的影响

灌水水平	遮阴水平	根/(g/株)	茎/(g/株)	叶/(g/株)	杆/(g/株)	总干物质量/(g/株)	根冠比/%
DI_L	S_0	43.35±2.55bc	22.14±0.52a	102.03±1.35ab	40.99±0.31ab	208.51±3.69bc	26.25±1.36bc
	S_L	50.79±1.00a	23.23±0.35a	103.09±1.49ab	43.21±2.10a	220.32±1.96a	29.96±0.42a
	S_S	40.72±0.39cd	18.18±0.41b	91.52±1.04bc	28.41±0.14e	178.83±1.20e	29.48±0.62ab

续表

灌水水平	遮阴水平	根/(g/株)	茎/(g/株)	叶/(g/株)	杆/(g/株)	总干物质量/(g/株)	根冠比/%
DI_M	S_0	45.38±0.83b	21.61±1.31a	94.77±0.32bc	36.94±0.65c	198.70±0.81cd	29.60±0.86ab
	S_L	50.53±0.10a	19.31±0.30b	102.59±4.54ab	40.07±1.81abc	212.50±3.13ab	31.20±0.52a
	S_S	41.15±0.52cd	18.59±1.06b	97.85±1.85bc	38.42±0.80bc	196.01±0.51d	26.57±0.34bc
DI_S	S_0	36.08±0.06e	12.11±0.16d	88.42±4.80c	21.56±0.82f	158.17±5.84f	29.55±1.35ab
	S_L	38.88±0.53de	13.81±0.33d	110.31±7.31a	32.55±0.78d	195.55±6.73d	24.82±0.64c
	S_S	35.76±1.35e	16.13±0.22c	97.56±0.99bc	24.71±0.89f	174.16±1.67e	25.84±0.92c
显著性检验(P 值)							
灌水水平		<0.0001	<0.0001	0.09800	<0.0001	<0.0001	0.0132
遮阴水平		<0.0001	0.1190	0.0052	<0.0001	<0.0001	0.1574
灌水水平×遮阴水平		0.0875	0.0009	0.0392	0.0005	0.0008	0.0024

4. 不同遮阴水平下亏缺灌溉对小粒咖啡耗水量和灌溉水利用效率的影响

灌水水平、遮阴水平及二者的交互作用对小粒咖啡耗水量及灌溉水利用效率的影响显著(图 4-1)。与 DI_L 处理相比，DI_M 处理和 DI_S 处理分别减少耗水量 9.61% 和 17.49%，而增加灌溉水利用效率 10.45% 和 4.82%。与 S_0 处理相比，S_L 处理和 S_S 处理分别减少耗水量 13.94% 和 23.83%，而增加灌溉水利用效率 29.13% 和 27.76%。这与遮阴降低冠层和土壤表层温度以及叶片蒸腾有关。与 $DI_L S_0$ 处理相比，其余处理减少耗水量 13.32%~33.95%，除 $DI_S S_0$ 处理增加灌溉水利用效率不明显外，其余处理增加灌溉水利用效率 9.89%~42.26%。因此适量亏缺灌溉和适度遮阴是提高小粒咖啡水分利用效率的 2 种有效途径。

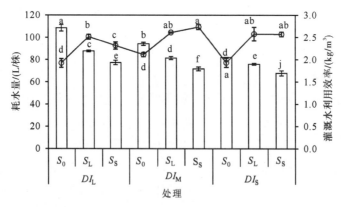

图 4-1　不同遮阴水平下亏缺灌溉对小粒咖啡耗水量及灌溉水利用效率的影响

5. 水分和光能利用模型

遮阴条件相同时，DI_M 和 DI_S 条件下灌溉水利用效率与耗水量呈显著的 2 次多项式关系；灌水水平相同时，S_L 条件下的灌溉水利用效率与耗水量也呈显著的 2 次多项式关系。相同遮阴或灌水条件下，叶片光能利用效率与光合有效辐射均呈显著的指数关系(表 4-4)。

表 4-4　不同亏缺灌溉和遮阴水平下小粒咖啡的水光利用回归模型

处理	耗水量(X)与灌溉水利用效率(Y)的回归模型	决定系数 R^2	P 值	光合有效辐射(x)与叶片光能利用效率(y)的回归模型	决定系数 R^2	P 值
DI_L	$Y = -0.0004X^2 + 0.0518X + 0.6354$	0.842	0.760	$y = 0.042e^{-0.005x}$	0.994	<0.001
DI_M	$Y = -0.001X^2 + 0.1455X - 2.3189$	0.987	0.001	$y = 0.042e^{-0.004x}$	0.972	0.001
DI_S	$Y = -0.0062X^2 + 0.8767X - 28.449$	0.919	0.023	$y = 0.031e^{-0.004x}$	0.990	<0.001
S_0	$Y = -0.0011X^2 + 0.2046X - 7.6216$	0.809	0.085	$y = 0.090e^{-0.006x}$	0.783	0.020
S_L	$Y = -0.0033X^2 + 0.5429X - 19.71$	0.868	0.047	$y = 0.192e^{-0.013x}$	0.771	0.021
S_S	$Y = -0.0058X^2 + 0.8065X - 25.537$	0.765	0.114	$y = 0.259e^{-0.023x}$	0.903	0.004

4.1.4　讨　论

　　光照是植物进行光合作用的最重要的能量来源，而水分则是植物生长和物质运输的基础和载体。遮阴必然引起叶片光合作用、蒸腾作用、气孔导度及源－库关系的改变，进而影响作物对水分和光照的吸收和利用。本研究发现，灌水和遮阴水平的交互作用对小粒咖啡叶片的蒸腾速率和气孔导度的日均值影响显著。主要是由于遮阴影响了冠层微气候环境，降低冠层气温并改变叶片气孔导度和蒸腾速率，因此也改变了耗水规律。亏缺灌溉下遮阴处理均不同程度降低蒸腾速率，降低程度与亏缺灌溉和遮阴水平相关。同时在光合速率不降低或者降幅不大的情况下，叶片水分利用效率就能得到提高，可见亏缺灌溉下适度遮阴是小粒咖啡节水的有效途径。90％的植物干物质来自光合作用，光能利用效率是决定植物生产力的重要因素。遮阴处理能显著提高叶片光能利用效率，表明小粒咖啡对弱光胁迫具有一定的调节和适应能力，主要通过降低光补偿点来适应光辐射强度低的环境。DI_S处理显著降低叶片光能利用效率，可能是土壤水分严重胁迫导致作物对光合有效辐射的吸收及转换能力降低所致。因此，只有在土壤水分适宜的条件下适度遮阴才能获得较高的叶片水分和光能利用效率。

　　适宜的水分条件是保证植物正常生命活动的前提。本研究发现灌水对小粒咖啡生长指标的影响显著大于遮阴(表 4-2 和表 4-3)。DI_S显著降低各器官干物质累积，可能由于水分严重亏缺严重影响叶细胞膨胀，从而降低光能截获面积，最终影响光合产物积累总量。S_L能增加干物质累积总量，这与小粒咖啡的耐阴能力较强，适度遮阴时的生理活性增强，光合特性得以优化，相对生长率也得到提高有关。灌水和遮阴的交互作用对小粒咖啡干物质累积的交互作用显著，亏缺灌溉对干物质累积的影响与遮阴程度密切相关。轻度亏缺灌溉和轻度遮阴组合(DI_LS_L)的干物质累积量最大，同时能获得较大的灌溉水利用效率。因此，本研究中土壤水分(65％～75％)FC 耦合 50％自然光照能实现"以光调水"和节水增效的目的。主要由于适宜的水光组合能使小粒咖啡维持较高的光合作用水平和正常的生长发育的同时，减少了叶片的奢侈蒸腾量，从而保持了较高的水分利用效率。

随着遮阴水平的提高，不同亏缺灌溉水平下的耗水量逐渐减少。其中 DI_M 和 DI_S 的灌溉水利用效率与耗水量呈显著的 2 次曲线关系，这与遮阴改善小粒咖啡生长的微气候环境（影响光合碳循环中光调节酶活性和植物生理生化过程）、减少耗水量且提高灌溉水利用效率密切相关。S_L 条件下灌溉水利用效率与耗水量也呈 2 次曲线关系，这和前人研究结果一致。叶片的光能利用效率与光合有效辐射呈显著的指数关系。表明光能利用效率随着光合有效辐射的增加而先迅速减少后缓慢减少；也表明当光合有效辐射增加到一定程度时，光能利用效率基本维持在同一个水平。也就是光合有效辐射超过阈值时，对提高光能利用效率意义不大。

本研究采用遮阴网实现不同光照环境，而生产中往往通过荫蔽栽培（或者间作）的方式来实现遮阴。荫蔽栽培会改变小粒咖啡冠层微气候环境和根区土壤的水肥条件，情况比人工遮阴复杂。本研究探明小粒咖啡适宜的水光组合为 $DI_L S_L$，可为小粒咖啡的大田灌溉和遮阴管理提供理论参考。但由于本研究只设置了 3 个亏缺灌溉和 3 个遮阴水平，要得到精准的小粒咖啡水光耦合模式，还需进一步细化试验设计。另外本试验只对小粒咖啡生长、干物质量和水光能利用进行了研究，尚未涉及产量及品质风味等综合指标，尚需系统深入探讨。

4.1.5　结　论

与轻度亏缺灌溉处理（DI_L）相比，重度亏缺灌溉处理（DI_S）显著降低叶片净光合速率、气孔导度和光能利用效率，从而抑制小粒咖啡生长，减少干物质累积。

随着遮阴水平的增加，小粒咖啡叶片光能利用效率也增加，而净光合速率和水分利用效率先增后降。与 S_0 处理相比，S_L 处理显著增加小粒咖啡的干物质累积量，而 S_S 处理不利于干物质累积。

与轻度亏缺灌溉不遮阴处理（$DI_L S_0$）相比，遮阴条件下亏缺灌溉（DI）不同程度降低叶片蒸腾速率而增加叶片光能利用效率。轻度亏缺灌溉和轻度遮阴处理（$DI_L S_L$）在获得最大的干物质累积量的同时，有较大的灌溉水利用效率。

小粒咖啡的叶片光能利用效率与光合有效辐射呈显著的指数关系。随着亏水和遮阴程度的增加，灌溉水利用效率先增后减。基于节水增效方面考虑，小粒咖啡的水光耦合模式为 $DI_L S_L$ 组合。

4.2　不同灌水和光强条件下小粒咖啡叶片光响应及光合生理特征

4.2.1　引　言

咖啡是世界上排名第 2 的原料型产品，其消费量为可可的 3 倍、茶叶的 4 倍。咖啡栽培较多的是小粒种、中粒种和大粒种，其中小粒咖啡的种植面积和产量占世界的 80%

以上。

小粒咖啡生长经常受到土壤水分亏缺的制约，从而影响光合特性及水分利用效率。水分亏缺降低咖啡叶片气孔导度和光合速率，其中气孔导度降幅最大，而对叶绿素荧光参数的影响不明显；轻度水分胁迫降低咖啡光合速率、蒸腾速率，可溶性蛋白质、叶绿素、类胡萝卜素含量，气孔开张率和水势，而增加过氧化物酶活性、脯氨酸和丙二醛含量以及细胞透性。高温旱季灌水能提高咖啡的光合速率、增加开花数和结果数，同时提前花期，而频繁灌水抑制花蕾开放。持续亏水后复水能刺激花蕾同步开放，并能缩短收获期。也有研究表明，花蕾吐白阶段轻度水分亏缺（$-0.5 \sim -0.3$ MPa）会促进咖啡开花，同时仅在此阶段花蕾表现出次生木质部的性质。而不同灌水水平对咖啡的光合蒸腾、叶片光响应的调控效应研究还比较欠缺。

小粒咖啡在系统发育过程中，形成荫蔽或半荫蔽湿润环境的习性。荫蔽栽培会影响光照强度，从而对咖啡的光合特性产生明显的影响。荫蔽栽培不同程度降低叶片光合速率、蒸腾速率、气孔密度和干湿比，而增加气孔导度和叶水势。无荫蔽和荫蔽度较小时咖啡光合速率的日变化呈不对称的双峰曲线，而荫蔽度较大时的光合速率日变化呈单峰曲线。也有研究表明，不同荫蔽下咖啡叶片的光合特性基本相同；与叶片生理特征相比，叶片形态解剖的可塑性较高。研究发现，咖啡的光合速率较低，一般小于 $2.5\ \mu\mathrm{mol}/(\mathrm{m}^2 \cdot \mathrm{s})$。荫蔽栽培能增加叶绿素含量，表观量子效率，降低抗坏血酸累积和叶片的表型可塑性，而对主要抗氧化物酶及丙二醛的影响不明显。研究还表明，随着荫蔽度的增加，气孔导度对净光合速率的抑制逐渐降低，光量子通量密度对净光合速率影响不明显。水分或荫蔽栽培单一因素对咖啡的生理生态影响研究较多，而水光耦合效应研究还缺乏系统深入。

水分和光照是咖啡生长必备的 2 大环境因素，合理的水光管理能促进咖啡生长，改善光合生理特性，提高水光利用效率。因此，通过设置不同灌溉和遮阴水平，研究小粒咖啡叶绿素、光响应曲线、光合特性及水分利用效率对水分和光强的响应。以期为小粒咖啡的水光管理提供实践参考和理论依据。

4.2.2　材料与方法

试验于 2014 年 4 月～2015 年 7 月在昆明理工大学农业工程学院塑料大棚内（$102°45'$E，$24°42'$N）进行。2014 年 4 月 10 日移栽龄期为 1 年且生长均匀的小粒咖啡幼树（卡蒂姆 P796，保山潞江坝）到生长盆（上底直径 30 cm，下底直径 22.5 cm，高 30 cm）中，盆底均匀分布 5 个直径为 0.5 cm 小孔保证根区通气良好。供试土壤为老冲积母质发育的红褐土，田间持水量（FC）为 24.3%，土壤粒径 $0\sim0.02$ cm 的颗粒占 7.9%，$0.02\sim0.10$ mm 的占 32.3%，$0.10\sim0.25$ mm 的占 45.3%，$0.25\sim1.00$ mm 的占 13.5%。土壤有机质、全氮、全磷和全钾含量分别为 5.05 g/kg、0.87 g/kg、0.68 g/kg 和 13.9 g/kg。每盆装土 14 kg，装土容重 1.20 g/cm³。

试验设灌水和遮阴 2 因素。3 个灌水水平分别为高水（W_H，65%～75%FC）、中水（W_M，55%～65%FC）和低水（W_L，45%～55%FC）。3 个遮阴水平分别为不遮阴（S_0，自然光照）；轻度遮阴（S_1，50%自然光照）；重度遮阴（S_2，18%自然光照）。完全组合设计，共 9 个处理，3 次重复。称重法控制灌水，灌水处理前各处理土壤含水率控制在田间持水量75%～85%，缓苗后60d开始灌水和遮阴处理，灌水周期为7d。光照强度采用光照测定系统(Li-1400)测定，用脚手架和不同透光能力的黑色遮阴网搭建可拆卸式遮阴棚，遮阴网与小粒咖啡树冠始终保持1m的距离，便于通风和取样观测。各苗木间保持一定的株行距，确保彼此互不遮阴影响。

光照强度、温度和相对湿度用空气温湿度光照速测仪QSH-18测定。光响应曲线用Li-6400便携式光合测定仪测定(2015年7月3日)，光诱导后，设置为0 $\mu mol/(m^2 \cdot s)$、25 $\mu mol/(m^2 \cdot s)$、50 $\mu mol/(m^2 \cdot s)$、100 $\mu mol/(m^2 \cdot s)$、200 $\mu mol/(m^2 \cdot s)$、300 $\mu mol/(m^2 \cdot s)$、400 $\mu mol/(m^2 \cdot s)$、600 $\mu mol/(m^2 \cdot s)$、800 $\mu mol/(m^2 \cdot s)$、1000 $\mu mol/(m^2 \cdot s)$、1200 $\mu mol/(m^2 \cdot s)$、1400 $\mu mol/(m^2 \cdot s)$，每个光强下至少停留200s，每个处理测定枝条中部3个成熟叶片，取其平均值。以光合光量子通量密度(PPFD)为横轴，净光合速率 P_n 为纵轴，绘制光合作用光响应曲线(P_n-PPFD曲线)，用SPSS13.0分析软件拟合出最大净光合速率(P_{max})、表观量子效率(AQY)和光补偿点(LCP)。叶片的瞬时光能利用效率(LUE)用公式计算，即 $LUE=P_n/PPFD$。

测定光响应曲线后，将测定的小粒咖啡的叶片取下，按照Lichtenthaler的方法，采用96%乙醇浸提，至叶片变白为止，用分光光度计测定包括叶绿素a(Chla)、叶绿素b(Chl b)和类胡萝卜素(Car)的吸光度值，计算叶绿素含量。

光合特性采用便携式光合仪器(Li-6400)测定。选择典型晴朗、无云天气，测定时选择自顶部向下数第4片无病害的功能叶，测定时间为8：00～18：00，每隔2h测定1次(2015年7月5日，7月12日，7月30日)，每个处理3个重复，每个重复测定3次，以平均值作为最终的观测结果。主要观测项目包括：叶片净光合速率[P_n, $\mu mol/(m^2 \cdot s)$]、蒸腾速率[T_r, $mmol/(m^2 \cdot s)$]、气孔导度[G_s, $mmol/(m^2 \cdot s)$]。叶片水分利用效率(WUE, $\mu mol/mmol$)为净光合速率与蒸腾速率的比值。

采用SAS统计软件对数据进行方差分析(ANOVA)和多重比较，多重比较采用Duncan法进行。

4.2.3　结果与分析

1. 微气候环境日变化

由表4-5可以看出，不同遮阴条件下的温度和光照强度日变化规律均为单峰曲线，空气温度为20.90～39.05℃，与光照强度显著相关($R=0.553$)，而与空气湿度极显著负相关($R=-0.946$)。8：00空气湿度达到最大值，而14：00达到最小值。光照强度下午14：00达到最高值，变化范围比较大为1.44～73.60 Klux。空气湿度随着遮阴度的增加而增加，而温度和光照强度随着遮阴度的增加而降低。

表4-5　不同遮阴水平下咖啡冠层微气候环境的日变化

时间	空气温度/℃			空气湿度/%			光照强度/lx		
	不遮阴	轻度遮阴	重度遮阴	不遮阴	轻度遮阴	重度遮阴	不遮阴	轻度遮阴	重度遮阴
8：00	22.00	21.95	20.90	48.40	49.30	50.55	10.82	10.17	1.44
10：00	24.75	24.65	24.00	43.30	48.20	48.65	28.88	10.29	6.80
12：00	33.45	33.40	33.10	44.95	45.05	45.05	53.50	26.65	9.62

时间	空气温度/℃			空气湿度/%			光照强度/lx		
	不遮阴	轻度遮阴	重度遮阴	不遮阴	轻度遮阴	重度遮阴	不遮阴	轻度遮阴	重度遮阴
14：00	39.05	37.00	36.05	32.80	33.65	33.10	73.60	27.80	10.17
16：00	33.90	31.95	30.95	39.00	39.00	39.20	20.22	6.92	3.55
18：00	30.80	30.85	29.85	42.75	42.70	42.80	18.53	5.53	2.70

2. 不同水分和遮阴对小粒咖啡叶绿素的影响

灌水和遮阴以及两者交互作用对叶绿素总量和类胡萝卜素影响显著(表 4-6)。S_0 和 S_1 处理时，与 W_L 相比，增加灌水量使叶绿素 a、叶绿素 b 以及叶绿素总量分别增加 13.30%～110.65%、92.11%～148.36% 以及 39.85%～124.30%，而 S_2 处理下，增加灌水量使叶绿素 b 减少 12.49%～14.51%，类胡萝卜素增加 193.98%～240.96%。相同灌水条件下，与 S_0 相比，增加遮阴度使叶绿素总量和叶绿素 b 分别增加 13.53%～260.21% 和 31.10%～412.91%，而类胡萝卜素呈现出先增后减的趋势。S_1W_H 的叶绿素和类胡萝卜素含量均较大，表明对光的利用能力较强。

表 4-6　不同灌水和遮阴水平对小粒咖啡叶绿素含量的影响

灌水水平	遮阴水平	叶绿素 a /(mg/g)	叶绿素 b /(mg/g)	叶绿素 a/b	叶绿素总量 /(mg/g)	类胡萝卜素 (mg/g)
W_H	S_0	11.64±0.62e	9.93±0.10de	1.18	21.57±0.53e	2.30±0.58bc
	S_1	20.92±0.19b	27.02±1.26a	0.79	47.94±1.07a	2.97±0.19ab
	S_2	20.22±0.03f	21.12±1.91bc	0.59	41.34±1.88c	0.83±0.01d
W_M	S_0	15.82±0.51c	10.58±0.01d	1.61	26.40±0.50cd	2.35±0.21bc
	S_1	16.10±0.18c	13.87±0.67de	1.16	29.97±0.85de	3.69±0.15a
	S_2	22.93±0.48a	18.68±0.75c	1.47	41.61±1.24b	2.44±0.27bc
W_L	S_0	7.51±0.29g	4.26±0.27f	1.71	11.77±0.02f	1.62±0.23cd
	S_1	14.21±0.36d	7.22±0.33e	1.90	21.43±0.69e	2.92±0.12ab
	S_2	19.33±0.01b	21.85±0.46b	0.85	41.18±0.46b	0.83±0.16d

3. 不同水分和遮阴条件下小粒咖啡光响应曲线变化特征

光响应曲线是净光合速率随着光照强度而改变的系列反应曲线，主要用于判断植物的光合能力。小粒咖啡叶片的净光合速率(P_n)均随着光照强度的增加而增加，当光量子通量密度(PPFD)小于 100 $\mu mol/(m^2 \cdot s)$ 时，P_n 随着 PPFD 的增加而迅速增加；当 PPFD 大于 600 $\mu mol/(m^2 \cdot s)$ 时 P_n 随 PPFD 增加缓慢(图 4-2)。W_M 和 W_L 处理下，与 S_0 相比，P_n 随着遮阴度的增加而增加。而 W_H 处理下，与 S_0 相比，P_n 随着遮阴度的增加先增加后减小，S_1W_H 的 P_n 最大。S_1 和 S_0 条件下，与 W_L 相比，P_n 随着灌水量的增加而增加。S_2 条件下，与 W_L 相比，随着灌水量的增加先增后减，S_2W_M 的 P_n 最大。

最大光合速率(P_{max})指植物最大光合能力。由表 2 可知，S_0 和 S_1 处理下，与 W_L 相比，增加灌水量提高 P_{max} 26.61%～185.27%，而 S_2 处理下，与 W_L 相比，增加灌水量使 P_{max} 先增后减。W_M 和 W_L 处理下，与 S_0 相比，增加遮阴度使 P_{max} 增加 10.73%～103.73%。其中 S_1W_H 处理的 P_{max} 最大，表明适度遮阴下增加灌水量能提高小粒咖啡叶片光合的能力。

表观量子效率（AQE）表示每吸收单个光量子引起 CO_2 净同化的数目。遮阴对叶片 AQE 的影响与灌水水平有关。S_2 和 S_1 遮阴处理下，小粒咖啡叶片 AQE 随着灌水量的增加而增加，而 S_0 处理下 AQE 随着灌水量的增加先增后减（表 4-7）。表明遮阴处理后，增加灌水量能增加咖啡叶片利用弱光的能力。

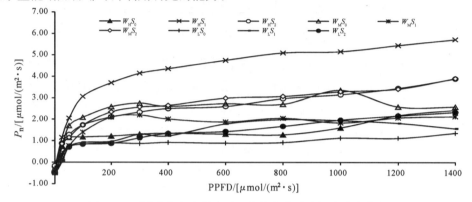

图 4-2　不同灌水和遮阴水平下小粒咖啡叶片的光响应曲线

光补偿点指植物光合生产量与呼吸量持平时的临界光强。与 S_0 相比，W_H 处理下遮阴处理后小粒咖啡叶片光补偿点显著下降，而其他灌水处理下经过遮阴处理后的光补偿点变化不显著（表 4-7）。表明在土壤水分较高的条件下，遮阴处理能提高小粒咖啡叶片利用弱光的能力。而光补偿点改变，对于咖啡光合作用净产量的改变有着重要的影响。

表 4-7　不同灌水和遮阴水平下小粒咖啡叶片光响应指标

指标	W_H			W_M			W_L		
	S_0	S_1	S_2	S_0	S_1	S_2	S_0	S_1	S_2
最大光合速率 P_{max} /[$\mu mol \cdot CO_2$/ ($m^2 \cdot s$)]	3.80ab	7.36a	4.99a	2.95b	4.12a	6.01a	2.33b	3.58ab	3.31ab
表观量子效率 AQE /[μmol/($m^2 \cdot s$)]	0.011a	0.037a	0.25a	0.057a	0.019a	0.0136a	0.009a	0.019a	0.011a
光补偿点 LCP /[μmol/($m^2 \cdot s$)]	33.6a	14.01ab	11.2b	5.67b	10.91b	19.6ab	39.2a	30.8a	39.8a

光能利用效率曲线（图 4-3）表明，3 种灌水处理下光能利用效率（light use efficiency，LUE）的光响应曲线相似，低光强下（PPFD<25 μmol/（$m^2 \cdot s$））条件下，随着 PPFD 的增强，LUE 急剧上升，对光强响应敏感。PPFD 为 0～100 μmol/（$m^2 \cdot s$）时 LUE 达到峰值。此后 LUE 逐渐下降，但在高光强（PPFD>500 μmol/（$m^2 \cdot s$））下变化较小。在低光强时，遮阴处理的 LUE 大于自然光处理，而当 PPFD>300 μmol/（$m^2 \cdot s$）后，遮阴处理和自然光处理的 LUE 差异不大。遮阴处理的小粒咖啡叶片 LUE 大于自然光处理，W_H 和 W_M 处理的小粒咖啡叶片 LUE 大于 W_L 处理，表明遮阴提高小粒咖啡叶片利用弱光的能力，同时增加灌水量能有效提高作物的光能利用效率。总体 S_1W_H 组合的光能利用效率最大。

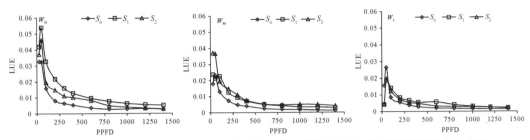

图 4-3　不同灌水和遮阴水平下小粒咖啡叶片在 3 种灌水水平下的光能利用效率的响应

4. 不同水分和遮阴对小粒咖啡光合特性的影响

图 4-4 可知，不同灌水和遮阴下小粒咖啡叶片 P_n 日变化基本呈"双峰曲线"，峰值分别出现在 10：00 和 14：00。灌水处理对小粒咖啡叶片日均 P_n 影响显著。与 W_L 相比，W_H 和 W_M 处理增加日均 P_n 分别为 22.6％和 21.4％。表明低水处理抑制了正常的光合过程，适量增加灌水量能提高叶片的 P_n，而过量灌水量则抑制叶片的 P_n。遮阴对小粒咖啡叶片日均 P_n 影响显著。与 S_0 相比，增加遮阴度提高叶片日均 P_n 4.56％～42.66％。灌水和遮阴交互作用对小粒咖啡叶片日均 P_n 影响显著，与 S_0W_L 相比，S_0W_M、S_0W_H、S_1 W_L 和 S_2W_L 分别增加 P_n 31.47％、30.89％、42.67％和 6.82％。

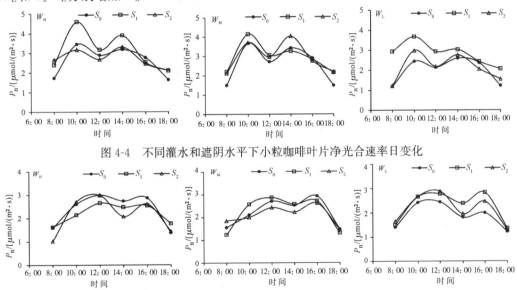

图 4-4　不同灌水和遮阴水平下小粒咖啡叶片净光合速率日变化

图 4-5　不同灌水和遮阴水平下小粒咖啡叶片蒸腾速率日变化

不同灌水和遮阴下小粒咖啡叶片蒸腾速率(T_r)的日变化曲线和 P_n 曲线形状相似，分别在 12：00 和 14：00 取得峰值(图 4-5)。W_H 和 W_M 处理下，与 S_0 相比，增加遮阴度使日均的 T_r 减少了 0.21％～11.26％。W_L 处时 S_2 处理的日均 T_r 最大[为 2.89 $\mu mol/(m^2 \cdot s)$]，与 S_0 相比，S_2 和 S_1 增加日 T_r 峰值分别为 18.19％和 16.10％，增加 T_r 日均值 8.38％和 23.35％。灌水对日均蒸腾速率影响显著，与 W_L 相比，W_H 增加日均 T_r 6.60％，而 W_M 增加日均 T_r 不明显。W_HS_1 日均 T_r 最大，与 W_LS_0 相比增加 8.40％。

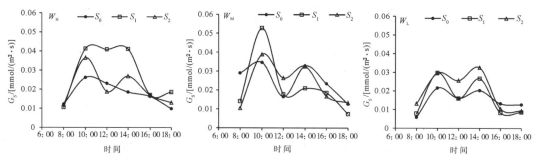

图 4-6　不同灌水和遮阴水平下小粒咖啡气孔导度日变化

各处理咖啡叶片气孔导度的日变化呈双峰形（图 4-6），与 P_n、T_r 日变化曲线相似，均在上午 10：00 和 14：00 达到峰值。与 S_0 相比，增加遮阴度使日均气孔导度增加 12.36%～57.74%。与 W_L 相比，增加灌水量使气孔导度提高 12.31%～77.09%。S_1W_M 处理日均气孔导度最大，其次是 S_1W_H。因此增加土壤水分和适量遮阴能增加叶片气孔导度，从而满足叶片进行光合作用时增加气体交换的需求。

5. 不同水分和遮阴条件下小粒咖啡的叶片水分利用效率的变化

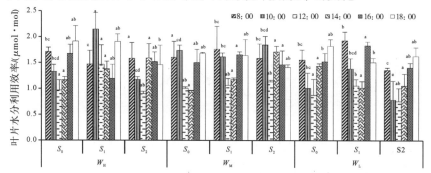

图 4-7　不同灌水和遮阴水平下小粒咖啡叶片水分利用效率

灌水水平对小粒咖啡 8：00 的水分利用效率影响极显著，遮阴对 10：00 和 12：00 的小粒咖啡水分利用效率影响显著，水光交互作用对 8：00、10：00 和 12：00 的小粒咖啡水分利用效率影响显著（图 4-7）。S_0 处理下，小粒咖啡日均水分利用效率随灌水量的增加而增大。相比 W_L，W_M 和 W_H 处理分别提高水分利用效率 3.29% 和 6.5%。而 S_1 和 S_2 处理下，与 W_L 相比，小粒咖啡日均水分利用效率随着灌水量的增加先增后减，表明遮阴配合适量灌水有利于水分利用效率的增加。W_M 时，与 S_0 相比，S_1 和 S_2 处理分别提高日均水分利用效率 5.10% 和 7.92%。与 S_0W_L 相比，S_1W_H 处理在 10：00 和 12：00 分别提高水分利用效率 112.55% 和 67.13%，显著大于其他处理，其他时间段的水分利用效率也较大。S_1W_H 为水分利用效率最大的组合，能够发挥水光交互作用。

4.2.4　讨　论

叶绿素是光合作用的光敏催化剂，其含量和比例在一定程度上反映了植物光合能力和对环境因子改变的生态适应能力。遮阴下植物体往往通过叶绿素 a 含量的上升来捕获更多的光能，而叶绿素 a 和叶绿素 b 可反映光合作用的不同特性，通常在弱光下，比值较低，叶绿素 a 和叶绿素 b 含量的上升和比值值的下降可以认为是植物对低光强的适应。

这和本研究中遮阴增加咖啡叶绿素总量和叶绿素 b 的影响结果一致。咖啡叶片中的类胡萝卜素随着遮阴度的增加先增后减，这可能是在轻度遮阴下咖啡叶片通过增加与捕获相关的黄体素含量来捕获更多的光能以适应弱光环境，也与 Matsubara 等的观察结果相似。而重度遮阴或低水处理降低类胡萝卜素可能与光保护相关的叶黄素上升而与光捕获相关的黄体素相对含量下降有关。增加灌水量能提高叶绿素含量，表明高水处理的咖啡叶片在利用光合色素上最优，利于咖啡的生长。

光响应曲线特征参数的确定，对了解光反应过程的效率非常重要。本研究发现，提高灌溉和遮阴水平能提高不同光量子通量密度下的咖啡净光合速率的均值。这与遮阴处理能增强咖啡叶绿素含量，从而提高净光合速率一致。轻度遮阴高水组合（S_1W_H）有获得最大光合速率的潜力，也表明小粒咖啡需要适当遮阴，不遮阴或者重度遮阴均不利于咖啡光合作用和生长。光能利用率是表征植物固定太阳能效率的指标，它的大小是决定植物生产高低的重要因素。本研究发现在低光强时，遮阴处理的光能利用率大于自然光处理，而当 PPFD＞300 μmol/（m² · s）后，遮阴处理和自然光处理的 LUE 差异不大。也证明了耐阴作物小粒咖啡具有利用弱光的能力，较大的光照强度不能获得较高的光能利用率。

不同灌水和遮阴下小粒咖啡叶片净光合速率、蒸腾速率和叶片气孔导度的日变化基本呈"双峰曲线"，存在光合午休现象。遮阴和增加灌水能显著提高咖啡叶片净光合速率的日均值，而降低蒸腾速率，主要由于遮阴缓解了光合午休现象，提高了光合同化物产量。本研究发现，S_1W_H 处理能使叶片蒸腾速率较小而光合速率较大，从而获得较大的水分利用效率。同时该处理的光能利用效率也最大。从节水高效方面考虑，该处理为咖啡的最优水光耦合形式。因此，生长在干热区的咖啡应该采取适宜的遮阴和良好的土壤水分管理措施，达到优化环境参数，改善咖啡生长的小气候的目的，这对于提高咖啡光合产量和水分利用效率具有重要的科学意义。

4.2.5　结　论

（1）不同水光条件下小粒咖啡叶片的净光合速率、蒸腾速率以及气孔导度日变化均呈双峰型。增加遮阴度能显著增加咖啡叶绿素总量、叶绿素 b、日均净光合速率和日均气孔导度。W_H 和 W_M 下增加遮阴度使日均蒸腾速率减小。与 W_L 相比，S_0 和 S_1 下增加灌水量使叶绿素 a、叶绿素 b 和叶绿素总量分别增加 13.30％～110.65％、92.11％～148.36％和 39.85％～124.30％。与 S_0 相比，增加遮阴强度使叶绿素总量和叶绿素 b 分别增加 13.53％～260.21％和 31.10％～412.91％。

（2）S_0 和 S_1 下增加灌水量显著提高最大净光合速率，S_2 下增加灌水量使最大净光合速率先增后减。W_M 和 W_L 下增加遮阴度使最大净光合速率增加 10.73％～103.73％。S_1 和 S_2 时小粒咖啡叶片表观量子效率随着灌水量的增加而增加，而 S_0 时表观量子效率随着灌水量的增加先增后减。与 S_0 相比，W_H 下遮阴处理后小粒咖啡叶片光补偿点显著下降，而其他灌水处理下遮阴处理对光补偿点影响不显著。S_1W_H 处理的最大净光合速率最大，表观量子效率较大，而光补偿点较小。

（3）轻度遮阴高水处理（S_1W_H）的小粒咖啡叶片水分利用效率最大，同时光能利用效率和最大的净光合速率也是最大，因此轻度遮阴和高水为水光高效利用组合。

（4）以往的研究主要集中在灌水或者光照强度单一因素对小粒咖啡生理特性的影响，而书中是针对水光耦合对小粒咖啡光响应及生理特征的影响，为干热小粒咖啡的生长提供适宜的遮阴和良好的土壤水分管理模式，书中试验采用的是盆栽实验，灌水量容易控制，今后研究还需进一步考虑大田实际应用中存在的问题。

4.3　不同遮光和施氮水平对小粒咖啡生长和光合特性的影响

4.3.1　引　言

小粒咖啡性喜温凉、静风、荫蔽或半荫蔽的环境，适度遮光可为咖啡提供良好的生长发育环境。遮阴增大咖啡叶片气孔导度和叶水势，而降低叶片光合速率、蒸腾速率不显著。增加荫蔽会使光合速率日变化曲线由双峰变为单峰，从而降低气孔导度对净光合速率的抑制。不同荫蔽下咖啡有较高的叶片形态解剖的可塑性，叶片光合特性基本一致。遮光减小咖啡叶面积和叶片厚度，而增加咖啡的枝条长度。另有研究表明，荫蔽栽培增加叶绿素含量，降低抗坏血酸累积和叶片的表观可塑性，而不显著影响主要抗氧化物酶和丙二醛含量。

氮素不仅是植物体最重要的结构物质，也是植物体内蛋白质、核酸、酶、叶绿素以及许多内源激素或其前提物质的组成部分，所以氮素对植物生理代谢和生长发育有重要作用。合理施氮有利于提高叶片气孔导度，加快 CO_2 供应速度，进而提高光合速率，合理施氮可提高小粒咖啡的株高、茎粗、枝条、新稍、叶片数及氮肥偏生产力，而氮亏缺严重影响小粒咖啡生长，显著降低其光合特性和干物质累积。目前，不同光照管理条件下氮肥对咖啡光合生长及表观光能利用效率等方面影响的报道还较少。

遮光改变咖啡生长的微气候环境，进而改变了咖啡的光合特性和水光利用效率，而合理施氮能促进咖啡生理生长和生物量的累积。不同遮光条件下施氮如何改变小粒咖啡叶绿素、光合特性、水光利用效率和生物量累积的影响尚不清楚。为此，本书研究不同遮光和施氮水平对小粒咖啡光合特性、生长和生物量累积的影响，以期找到小粒咖啡适宜的施氮和遮光耦合模式，为合理施氮和光照管理提供科学依据。

4.3.2　材料与方法

试验于 2014 年 4 月～2015 年 7 月在昆明理工大学现代农业工程学院温室内(24°42′ N，102°45′ E)开展。2014 年 4 月 11 日移栽树龄为 1 年生且长势一致的小粒咖啡幼树 (Catimor P796)到生长盆(上底直径 30.0 cm，下底直径 22.5 cm，高 30.0 cm)中，盆底均匀分布 5 个直径为 0.5 cm 小孔保证根区通气良好。供试土壤为老冲积母质发育的红褐土，田间持水量 24.3%，土壤粒径 0～0.02 mm 的颗粒占 7.9%，0.02～0.10 mm 的占 32.3%，0.01～0.25 mm 的占 45.3%，0.25～1.00 mm 的占 13.5%。土壤有机质、全氮、全磷和全钾含量分别为 5.05 g/kg、0.87 g/kg、0.68 g/kg 和 13.9 g/kg。每盆装入风干土 14 kg，容重 1.20 g/cm³。土壤表面覆盖厚蛭石避免土壤发生板结，厚度约为

0.5 cm。

　　试验设遮光和氮肥 2 因素，完全组合设计，共 9 个处理，每个处理 3 次重复。3 个遮光水平分别为不遮光（S_0，自然光照，对照）、轻度遮光（S_1，65% 自然光照）、重度遮光（S_2，30% 自然光照）。3 个施氮水平分别为无氮（N_0，0 g/kg 干土）、中氮（N_1，0.40 g/kg 干土）、高氮（N_2，0.60 g/kg 干土）。氮肥选用尿素（含氮 46.4%）。施 KH_2PO_4（含 P_2O_5 52%，K_2O 34%）0.5 g/kg 干土。施肥方式为随水灌入，称量法控制灌水量，在咖啡幼树移栽 54 d 后开始试验处理，灌水周期为 7 d，灌水上限为 85% 的田间持水量。通过不同密度的黑色遮阴网实现遮光，遮阴网与小粒咖啡树冠始终保持 2 m，便于通风和取样观测。

　　在咖啡幼树旺长期（2015 年 6 月 25 日），于 08：00～18：00 用便携式光合仪（Li-6400）测定树顶靠下功能叶的净光合速率（P_n）、气孔导度（G_s）和蒸腾速率（T_r）等光合特性指标，每隔 2 h 测定一次，每个重复测定 3 次，取平均值进行分析。叶片瞬时水分利用效率为净光合速率与蒸腾速率的比值，表观光能利用效率为净光合速率与光合有效辐射的比值。叶绿素测定采用 95% 乙醇提取比色法。

　　试验结束时（2015 年 7 月 25 日）测定小粒咖啡各生长指标及生物量累积。株高、新枝长度采用毫米刻度尺测定，茎粗采用游标卡尺测定。根系取样时，将栽植容器放在尼龙网筛上用水冲去泥土，获得整体根系，再用流水缓缓冲洗干净，冲洗时在根系下面放置 100 目筛以防止脱落的根系被水冲走，同时用滤纸和吸水纸擦干根系上的水分测其鲜质量。鲜样 105 ℃杀青 30 min 后，于 80 ℃干燥至恒质量，用天平称其干质量。根冠比为根系与冠层生物量累积的比值。

　　采用 Microsoft Excel 2013 软件处理数据和制图，用 SPSS 21 数据分析软件进行方差分析（ANOVA）和多重比较，多重比较采用 Duncan 法。

4.3.3　结果与分析

1. 不同遮光水平下施氮处理对小粒咖啡叶绿素含量的影响

　　遮光和施氮对小粒咖啡叶片叶绿素 a、叶绿素 b 以及叶绿素总量的影响显著，施氮对类胡萝卜素的影响显著，二者的交互作用对叶绿素 a 和叶绿素总量影响显著（表 4-8）。与 S_0 相比，其余处理的叶绿素 a、叶绿素 b 以及叶绿素总量分别增加 55.75%～78.06%、41.44%～74.16% 和 51.07%～76.78%，而类胡萝卜素呈先增后减的趋势；与 N_0 相比，N_1 和 N_2 的叶绿素 a、叶绿素 b 以及叶绿素总量分别增加 19.07%～31.58%、25.75%～63.09% 和 1.06%～44.25%，类胡萝卜素增加 110.10%～199.56%。与 S_0N_0 相比，$S_1 N_2$ 的类胡萝卜素含量最大，同时叶绿素含量也较大。

表 4-8　遮光和施氮处理下小粒咖啡叶绿素含量

遮光水平	施氮水平	叶绿素 a /(mg/g)	叶绿素 b /(mg·g)	类胡萝卜素 /(mg/g)	叶绿素总量 /(mg/g)	叶绿素 a/b
	N_0	7.09±0.66f	3.20±0.48e	1.81±0.39cde	10.29±1.14g	2.23±0.13a
S_0	N_1	10.65±1.17e	5.06±0.97d	2.08±0.22cd	15.71±2.14f	2.12±0.18a
	N_2	15.55±0.70d	7.94±1.48bc	3.27±0.53ab	23.49±0.78de	2.00±0.46a

遮光水平	施氮水平	叶绿素 a /(mg/g)	叶绿素 b /(mg·g)	类胡萝卜素 /(mg/g)	叶绿素总量 /(mg/g)	叶绿素 a/b
	N_0	15.20±0.44d	6.31±0.54cd	1.37±0.30de	21.51±0.98e	2.41±0.14a
S_1	N_1	17.84±0.95c	7.66±0.82bc	2.79±0.49abc	25.50±0.13cd	2.35±0.38a
	N_2	18.81±0.39bc	8.94±0.36b	3.73±0.21a	27.75±0.75bc	2.11±0.04a
	N_0	18.36±0.70bc	7.80±0.38bc	0.82±0.21e	26.16±1.08c	2.36±0.02a
S_2	N_1	19.91±1.22ab	9.05±0.72b	2.38±0.42bcd	28.96±0.50b	2.21±0.31a
	N_2	21.01±0.85a	11.36±0.81a	3.53±0.91a	32.37±1.66a	1.85±0.06a
显著性检验(P 值)						
遮光水平		<0.001	<0.001	0.378	<0.001	0.437
施氮水平		<0.001	<0.001	<0.001	<0.001	0.088
遮光水平×施氮水平		0.006	0.463	0.248	0.010	0.927

2. 不同遮光水平下施氮处理对小粒咖啡叶片光合特性的影响

由图 4-8 可知,不同遮光和施氮下小粒咖啡叶片净光合速率 P_n 日变化基本呈"双峰曲线",峰值分别出现在 10:00 和 14:00。遮光和施氮及其交互作用对日均 P_n 影响显著。与 S_0 相比,增加遮光度提高日均 P_n 为 6.02%~13.54%。与 N_0 相比,N_1 和 N_2 日均 P_n 分别增加 27.25% 和 14.85%。与 S_0N_0 相比,S_2N_2、S_2N_1、S_1N_2 和 S_1N_1 分别增加 P_n 为 21.23%、31.73%、40.05% 和 42.72%。

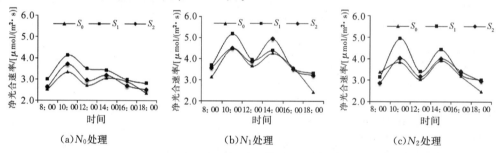

(a)N_0 处理　　　　　　(b)N_1 处理　　　　　　(c)N_2 处理

图 4-8　遮光和施氮处理下小粒咖啡净光合速率日变化

不同遮光和施氮下小粒咖啡叶片蒸腾速率 T_r 的日变化曲线和 P_n 曲线相似,分别在 12:00 和 16:00 取得峰值(图 4-9)。施氮及两者交互作用对日均 T_r 影响显著。与 S_0 相比,增加遮光度使日均 T_r 增加 5.12%~9.13%。与 N_0 相比,N_1 和 N_2 分别增加日均 T_r 为 17.62% 和 7.92%。S_1N_1 的日均 T_r 最大,比 S_0N_0 增加 34.00%。

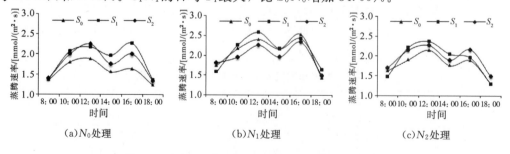

(a)N_0 处理　　　　　　(b)N_1 处理　　　　　　(c)N_2 处理

图 4-9　遮光和施氮处理下小粒咖啡蒸腾速率日变化

各处理叶片气孔导度 g_s 日变化呈双峰型(图 4-10)，遮光和施氮的交互作用对日均 g_s 影响显著。与 P_n、T_r 相似，气孔导度 10:00 和 14:00 达到峰值。增加遮光度使日均气孔导度增加 13.04%~18.54%；增加施氮量使日均气孔导度增加 20.77%~25.99%。$S_1 N_2$ 的日均气孔导度最大，比 $S_0 N_0$ 增加 88.65%。

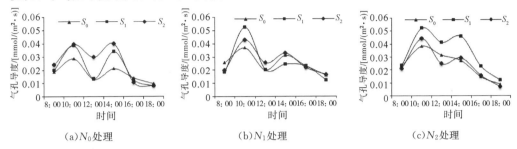

(a) N_0 处理　　　　　　(b) N_1 处理　　　　　　(c) N_2 处理

图 4-10　遮光和施氮处理下小粒咖啡气孔导度日变化

施氮对 8:00 的小粒咖啡叶片瞬时水分利用效率(LWUE)影响显著，遮光及两者交互作用对 14:00 的叶片瞬时水分利用效率影响显著(图 4-11)。遮光处理使小粒咖啡叶片瞬时水分利用效率增加，LWUE 值提高了 0.43%~6.52%。施氮处理叶片瞬时水分利用效率显著高于 N_0 处理，LWUE 值提高了 7.16%~7.35%。与 $S_0 N_0$ 相比，$S_1 N_2$ 处理 LWUE 值显著大于其余处理，在 10:00~14:00 分别提高 LWUE 值为 18.89% 和 28.85%。这说明施氮配合适度遮光有利于叶片瞬时水分利用效率的增加，但过量遮光则使 LWUE 值有所降低。

施氮对小粒咖啡叶片表观光能利用效率的影响显著(图 4-12)。与 S_0 相比，遮光增大表观光能利用效率 127.77%~260.50%。N_1 和 N_2 的日均表观光能利用效率比 N_0 增加 10.80% 和 41.65%。与 $S_0 N_0$ 相比，$S_2 N_2$、$S_2 N_1$、$S_1 N_2$、$S_1 N_1$ 和 $S_1 N_0$ 增大日均表观光能利用效率分别为 533.70%、544.56%、322.82%、226.32% 和 384.46%。

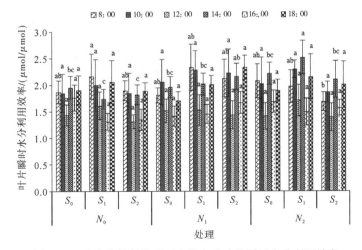

图 4-11　遮光和施氮处理下小粒咖啡叶片瞬时水分利用效率

3. 不同遮光水平下施氮处理对小粒咖啡生长特性的影响

遮光对小粒咖啡株高、茎粗、冠幅和叶片数影响显著，施氮对株高、茎粗、冠幅、叶片数和新枝长度影响显著(表 4-9)。与 S_0 相比，其余处理增加株高和茎粗分别为

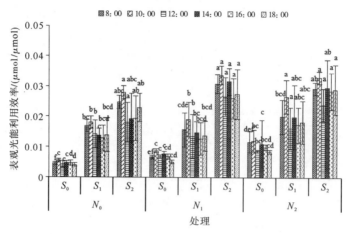

图 4-12　遮光和施氮处理下小粒咖啡叶片表观光能利用效率

18.14%～23.37%、18.75%～35.60%，S_1 增加新枝长度和枝条数分别为 9.60% 和 9.86%，S_2 增加冠幅 24.06%；与 N_0 相比，其余处理增加叶片数、新枝长度和枝条数分别为 5.14%～5.54%、10.16%～13.05% 和 5.71%～12.86%，N_2 增加株高、茎粗和冠幅分别为 8.80%、15.94% 和 10.20%。与 S_0N_0 相比，S_2N_2、S_1N_2、S_2N_1 和 S_2N_0 增加株高 34.67%～26.72%；S_1N_2、S_1N_1、S_2N_2 和 S_1N_0 增加茎粗 51.85%～31.03%；S_2N_2、S_2N_1、S_1N_2 和 S_2N_0 增加冠幅 9.50%～30.58%，S_1N_0 和 S_0N_1 减小 5.79% 和 8.26%；S_2N_2、S_1N_2、S_2N_1 和 S_1N_1 增加叶片数 18.94%～28.24%，S_1N_1、S_1N_2、S_2N_2 和 S_2N_1 增加新枝长度 13.87%～24.90%；S_2N_2、S_1N_1、S_1N_2 和 S_0N_2 增加枝条数 13.64%～22.73%。

表 4-9　遮光和施氮处理下小粒咖啡生长

遮光水平	施氮水平	株高/cm	茎粗/mm	冠幅/cm	叶片数	枝条数	新枝长度/cm
	N_0	55.95±1.91f	9.61±1.00de	60.50±3.54cde	301±15.56e	22±2.83a	14.48±0.74c
S_0	N_1	58.05±2.90e	9.29±0.11e	55.50±2.83e	324±5.66de	23±1.41a	17.05±1.34ab
	N_2	62.95±1.48d	10.81±0.58de	62.75±1.06cd	345±16.97bcd	26±4.24a	15.54±0.65abc
	N_0	66.90±2.69c	12.59±0.71bc	57.00±1.41de	338±14.14cd	25±2.83a	15.85±0.73abc
S_1	N_1	69.65±1.20bc	13.11±0.35ab	64.00±0.71c	358±15.56abc	27±1.41a	18.08±1.17a
	N_2	72.50±3.54b	14.59±0.26a	66.25±3.18bc	376±16.97ab	26±2.83a	17.66±1.83ab
	N_0	70.90±1.27b	10.97±0.74cde	71.25±6.01b	349±7.07bcd	23±1.41a	15.33±0.94bc
S_2	N_1	72.05±1.34b	11.26±1.28cd	71.50±0.71b	364±8.49abc	24±1.41a	16.48±0.73abc
	N_2	75.35±1.63a	13.05±0.38ab	79.00±2.12a	386±9.90a	27±1.41a	17.1±0.19ab
显著性检验（P 值）							
遮光水平		<0.001	<0.001	<0.001	0.001	0.290	0.086
施氮水平		<0.001	0.003	<0.001	0.002	0.151	0.020
遮光水平×施氮水平		0.448	0.864	0.077	0.990	0.737	0.681

4. 不同遮光水平下施氮处理对小粒咖啡生物量的影响

除遮光对根冠比、两者交互作用对茎和杆生物量影响不显著外，遮光、施氮及其交互作用对其余各器官生物量及根冠比影响显著（表 4-10）。与 S_0 相比，随遮光水平的增加

根冠比增加 $5.11\%\sim5.26\%$，S_2 分别减少各器官生物量和总生物量 $7.79\%\sim17.04\%$ 和 11.55%，S_1 增加各器官生物量和总生物量分别为 $8.12\%\sim17.34\%$ 和 12.41%。随着施氮量的增加各器官生物量和总生物量分别增加 $14.51\%\sim30.16\%$ 和 $18.47\%\sim21.02\%$，N_2 根冠比增加 8.16%。与 S_0N_0 相比，除 S_2N_0、S_1N_0 减少茎生物量分别为 17.33% 和 10.18%，S_2N_2 减少叶、杆生物量不明显，S_2N_0 减少叶、杆和总生物量分别为 7.53%、12.26% 和 7.25%，增加根生物量不明显外，其余处理根、茎、叶、杆和总生物量分别增加 $7.97\%\sim57.90\%$、$7.07\%\sim52.43\%$、$15.70\%\sim41.84\%$、$7.32\%\sim46.77\%$ 和 $5.05\%\sim39.16\%$。除 S_2N_1 和 S_0N_1 减小根冠比不明显，S_1N_0 减小根冠比 7.97% 外，其余处理根冠比均有不同程度的增加，其中 S_1N_2 根冠比最大，比 S_0N_0 增加 17.66%。这表明适度遮光能促进根系的生长。

表 4-10　遮光和施氮水平下小粒咖啡生物量累积

遮光水平	施氮水平	根/(g/株)	茎/(g/株)	叶/(g/株)	杆/(g/株)	总质量/(g/株)	根冠比/%
S_0	N_0	29.05±1.30g	13.16±0.64cde	61.93±2.64de	28.75±1.73cd	132.89±3.70f	28.04±2.60cd
	N_1	34.46±0.74d	14.09±1.19bcd	75.61±0.91c	33.76±0.96b	157.92±0.40c	27.92±0.85cd
	N_2	39.24±0.64c	16.12±0.91b	87.84±1.85a	30.86±2.85bc	174.05±0.54b	29.10±0.50bcd
S_1	N_0	31.95±0.79ef	11.82±2.32de	80.90±1.45b	31.16±1.16bc	155.83±1.82c	25.80±1.18d
	N_1	42.74±0.14b	15.01±0.40bc	81.87±0.64b	42.20±3.87a	181.81±2.97a	30.74±0.52abc
	N_2	45.87±0.11a	20.06±0.85a	84.56±2.64ab	34.44±0.85b	184.93±2.75a	32.99±0.54a
S_2	N_0	29.89±1.02fg	10.88±0.89e	57.26±2.26e	25.23±1.24d	123.26±1.15g	32.01±1.04ab
	N_1	31.37±1.72ef	14.19±1.34bcd	71.65±4.50c	31.14±1.68bc	148.34±2.45d	26.86±2.43d
	N_2	32.84±0.27de	15.17±0.49bc	63.65±1.62d	27.94±1.05cd	139.59±2.45d	30.77±0.38abc
显著性检验(P 值)							
遮光水平		<0.001	0.025	<0.001	<0.001	<0.001	0.143
施氮水平		<0.001	<0.001	<0.001	<0.001	<0.001	<0.001
遮光水平×施氮水平		<0.001	0.054	<0.001	0.258	<0.001	0.004

4.3.4　讨　论

光照和氮素是作物生长发育的两个重要影响因子。协调光照和氮素的关系，一定程度上有利于光合产物的形成，加速养分物质的运输和传导，对作物吸收土壤养分以及进行营养物质转运具有很好的促进作用，从而提高作物的光合作用。本研究发现，不同遮光和施氮水平下小粒咖啡叶片净光合速率、蒸腾速率和气孔导度的日变化基本呈"双峰曲线"，存在"光合午休"现象。可能由于外界环境中的强光和高温，超出其光合作用的最高点，对植株造成胁迫作用。本研究发现，遮光下最大净光合速率、蒸腾速率和气孔导度均高于全光照，表明遮光可提高气孔导度，降低气孔限制值，使 CO_2 和水蒸气进出气孔阻力减小，从而缓解光强度超过光饱和点时造成的光抑制。而处理 S_1 比 S_2 的净光合速率、蒸腾速率和气孔导度略大，表明适度遮光能最大程度优化小粒咖啡的光合特性。增施氮肥能增强小粒咖啡叶片对光能的捕获能力，提高光能转化效率，促进光合作用，进而提高光合速率。本研究发现，相同遮光条件下与 N_0 相比，小粒咖啡叶片的净光合速率、蒸腾速率和气孔导度随着氮肥施用量的增加而增加，表明增施氮肥在遮光条件下能有效缓解弱光胁迫的不利影响。

　　叶绿素的含量和比值可反映作物光合能力和生态适应能力。本研究表明，小粒咖啡叶片叶绿素含量随遮光程度的增加显著升高。这可能是遮光促进小粒咖啡叶片叶绿素的补偿合成，弥补光照不足，从而维持基础代谢，最终导致叶绿素含量增加。氮素含量影响作物叶绿素的合成，本试验表明，在相同遮光条件下，咖啡叶片叶绿素含量随氮素施用量的增加而增加，这与增施氮肥可提高咖啡叶绿素含量，增强叶片叶肉细胞光合活性和吸光强度，进而增加净光合速率的结论相一致。叶绿素 a/b 呈减小趋势，表明叶绿素 b 比叶绿素 a 增加更明显，该结果进一步表明小粒咖啡叶片在弱光下的吸光能力增强。

　　生物量累积是作物获取能量的主要体现，表观光能利用效率是决定作物生产力的重要因素。遮光处理能显著提高叶片表观光能利用效率，表明小粒咖啡对弱光胁迫具有一定的调节和适应能力，可能是通过降低光补偿点来适应低强度的光辐射环境。本研究发现，随着遮光程度的增加叶片表观光能利用效率增加，但过度遮光降低了根、茎、叶的生物量累积，可能是过度遮光降低光照强度，导致单位面积叶片净光合速率下降，引起光合碳同化力不足和碳氮代谢失调。施氮能提高作物渗透调节能力，降低蒸腾失水，减少植株耗水量，从而提高水分利用效率。本研究发现，同一遮光水平下小粒咖啡的叶片水分利用效率和生物量累积均随施氮量的增加而增加，可能由于施氮增强光截获量，提高光合速率，增加小粒咖啡生物量累积。本研究表明，小粒咖啡根质量随施氮量的增大而增大，表明增施氮肥能有效促进小粒咖啡的根系生长，显著提高其根系活力，使根系在土壤中均匀分布，有利于小粒咖啡根系对土壤养分的吸收利用，从而促进小粒咖啡各生长器官发育，提高生物量累积和水分利用效率。轻度遮光(S_1)时获得最大生物量累积，而重度遮光比自然光照下获得的生物量累积少，表明适度遮光有利于小粒咖啡生物量的合成，这与小粒咖啡具有一定的耐阴性有关。

4.3.5　结　论

　　(1)不同遮光和施氮条件下小粒咖啡叶片的净光合速率、蒸腾速率以及气孔导度日变化均呈双峰型。增加遮光度显著提高小粒咖啡叶绿素总量和叶绿素 b 含量；增加施氮量显著增加叶绿素 b 含量。

　　(2)小粒咖啡叶片表观光能利用效率随着遮光度的增加而增加，净光合速率和叶片瞬时水分利用效率先增后减。轻度遮光(S_1)显著增加生物量累积，而重度遮光(S_2)不利于生物量累积。

　　(3)与无氮(N_0)相比，高氮(N_2)显著增加叶片的净光合速率、气孔导度和表观光能利用效率，促进小粒咖啡的生长，增加生物量累积。

　　(4)轻度遮光高氮处理(S_1N_2)的小粒咖啡叶片水分利用效率、表观光能利用效率和最大净光合速率最大。基于水光高效利用和促进苗木生长等方面考虑，轻度遮光和高氮组合为小粒咖啡苗木的最优光氮管理模式。

4.4　不同遮阴程度下调亏灌溉对干热区小粒咖啡产量、品质和水分利用效率的影响

4.4.1　引　言

中国是亚洲地区咖啡的主产国之一,主要栽培喜温暖湿润气候环境的小粒咖啡 (Huang et al.,2008)。中国西南干热区光照强烈,冬季气温较暖,但是降水量少,蒸发量大,旱季持续时间长,且小粒咖啡不灌溉或以漫灌为主,缺少科学的灌溉管理,限制了小粒咖啡的优质高效生产(Cai et al.,2007)。

调亏灌溉能大量节约灌溉用水,保持或者增加作物产量,同时改善品质(Marsal et al.,2016;Kang et al.,2000;Patanè et al.,2011;Santesteban et al.,2011)。与充分灌溉相比,轻度亏缺灌溉(灌水量为充分灌溉的80%)仅降低小粒咖啡产量6.4%,增加生豆中蛋白质、粗脂肪和绿原酸含量,改善咖啡外观和杯品质量(raw and cup quality of coffee beans),同时提高水分利用效率(Liu et al.,2014;Tesfaye et al.,2013;Shimber et al.,2013)。但是,中度和重度亏缺灌溉(灌水量为充分灌溉的60%或40%)则显著降低产量和水分利用效率,增加生豆中的粗纤维和咖啡因含量(Liu et al.,2016)。目前有关干热区如何通过调亏灌溉实现小粒咖啡提质稳产和提高水分利用效率尚不清楚。

荫蔽栽培可为小粒咖啡创造适宜的微气候环境,降低叶表温度(Steiman et al.,2011),改变小粒咖啡光合特性(Araujo et al.,2008;Liu et al.,2016a),控制病虫害,平衡营养和生殖生长(DaMatta,2004),减少隔年结果现象(Vaast et al.,2006),增加咖啡豆的大小,改善饮品质量(香气、味道和酸度)(Vaast et al.,2006;Bote and Struik,2011;Li et al.,2011),但对产量的影响不一致(Bosselmann et al.,2009;Haggar et al.,2011;Ricci et al.,2011;Li et al.,2011;Van Asten et al.,2011;Steiman,et al.,2011)。研究发现,遮阴度为60%的干豆中绿原酸和总糖(果糖、葡萄糖和蔗糖)含量最高(Somporn et al.,2012)。但也有研究发现,随着遮阴程度的增加,叶面积、咖啡豆质量和粒径增加,而产量减少(Jaramillobotero et al.,2010;Somporn et al.,2012)。而不同遮阴程度对干热区小粒咖啡的产量、品质和水分利用的影响以及适宜的遮阴程度尚需研究。

荫蔽栽培条件下滴灌能促进小粒咖啡生长,提高产量和经济收益(Perdoná and Soratto,2015a;2015b;2016)。然而,如何将调亏灌溉与遮阴栽培有效结合实现提质、稳产和提高水分利用效率尚不清楚,值得进一步研究。为此,本研究目标是在不同遮阴程度下,以充分灌溉为对照,研究不同亏水灌溉对小粒咖啡叶片光合、产量、营养品质和水分利用效率的影响,并用改进的 TOPSIS 法建立基于咖啡产量、各营养品质指标和水分利用效率的综合评价模型,以期找到最佳调亏灌溉和遮阴栽培耦合模式,为干热区小粒咖啡科学灌溉和光照管理提供依据。

4.4.2　材料与方法

大田试验于2015~2017年在中国西南干热区云南保山市潞江坝进行(98°53′E,21°59′N,

海拔 750 m)。试验区年均降水量 755.40 mm(80%降水量在 6～10 月),年均蒸发量 2101.90 mm,年均温 21.3 ℃,绝对最高气温 40.4 ℃,绝对最低气温 0.2 ℃。年均日照时数 2328 h,相对湿度 71%。

供试土壤为红褐色砂壤土,耕层土壤(0～20 cm)有机质含量 12.5 g/kg,全氮 1.0 g/kg,全磷 1.2 g/kg,碱解氮 90 mg/kg,速效磷 13 mg/kg,速效钾 125 mg/kg。供试作物为长势均匀的 5 年生小粒咖啡(卡蒂姆 CIFC7963),株行距为 1.5 m×2.0 m。

试验设 3 个灌溉水平和 4 个遮阴程度,完全方案设计,共 12 个处理,每个处理重复 3 次,共 36 个小区,各小区面积 45 m²(9 m×5 m)。3 个灌溉水平包括充分灌溉 CI 和 2 个调亏灌溉(RDI_{75} 和 RDI_{50},灌水量分别为 CI 的 75%和 50%)。灌溉周期约为 7 d,遇到降雨灌溉日期顺延。4 个遮阴程度包括不遮阴(S_{100},自然光照)和 3 个遮阴处理(S_{40}、S_{55} 和 S_{70},分别为自然光照的 40%、55%和 70%)。用脚手架和不同透光能力的黑色遮阴网搭建可拆卸式遮阴棚,遮阴网与小粒咖啡树冠始终保持 1.5 m 距离,不影响降水进入,便于通风和取样观测。

根据该地区小粒咖啡逐月耗水强度资料(Chen et al.,1995)和有效降水量确定充分灌溉(CI)的灌溉定额,计算公式如下:

$$I_i = (ET_{ci} \times n) - P_i \tag{4-1}$$

式中,I_i 为充分灌溉(CI)第 i 时段内的灌水量,mm;ET_{ci} 为第 i 时间段内的平均耗水强度,mm/d;n 为时段长度,d;P_i 为第 i 时间段内的有效降水量,mm。

每棵咖啡树两侧毛管上各安装 1 个压力补偿式滴头,单个滴头流量为 2.5 L/h,滴灌系统工作压力为 0.1 MPa。参照当地施肥标准,分别在 5 月中旬和 8 月下旬等量施入复合肥(N：P_2O_5：K_2O 为 15：15：15)500 g/株。施肥以咖啡树干为中心,距树干40 cm 处开挖 20 cm 深的环形沟,沟内均匀撒施肥料后覆土。每月人工中耕除草,5 月上旬控制病虫害,试验期间咖啡树没有整形修剪。试验期间太阳辐射总量和日均气温、累积有效降水量和累积灌水量及土壤水分盈亏如图 4-13、图 4-14 和图 4-15 所示。

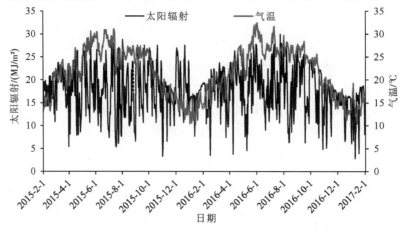

图 4-13 试验期间日均太阳辐射和气温

在典型灌溉周期内(2015 年 5 月 14 日、5 月 15 日、5 月 17 日、5 月 18 日和 5 月 20 日,即灌溉后 1 d、2 d、4 d、5 d 和 6 d)用便携式光合仪(LI-6400XT,美国)10：00～

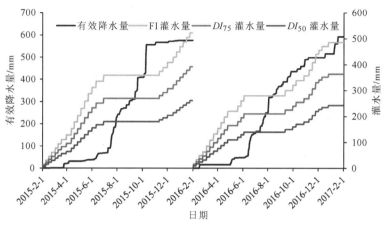

图 4-14　试验期间有效降水量和灌水量

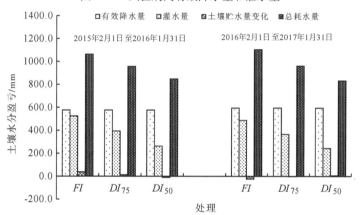

图 4-15　试验期间土壤水分盈亏

16：00 每隔 2h 测定树顶靠下功能叶的光合特性，每个处理测定 3 次。

叶片水分利用效率计算公式如下：

$$WUE_L = P_n / T_r \tag{4-2}$$

式中，WUE_L 为叶片水分利用效率，mmol/mol；P_n 为净光合速率，$\mu mol/(m^2 \cdot s)$；T_r 为蒸腾速率，$mmol/(m^2 \cdot s)$。

叶片表观光能利用效率（Wang et al.，2009）计算公式如下：

$$ARUE_L = P_n / PAR \tag{4-3}$$

式中，$ARUE_L$ 为表观光能利用效率，$\mu mol/mmol$；P_n 为净光合速率，$\mu mol/(m^2 \cdot s)$；PAR 为光合有效辐射，$mmol/(m^2 \cdot s)$。

由于试验区地下水埋藏较深，地势平坦且降水量较少，且滴灌湿润深度较浅，地下水补给、径流和深层渗漏均忽略不计，总耗水量计算公式为：

$$ET = P_r + I - \Delta W \tag{4-4}$$

式中，ET 为生育期总耗水量，P_r 为生育期总有效降水量，mm；I 为总灌水量，mm；ΔW 为试验期初和期末的土壤贮水量变化，mm。土壤贮水量为土层厚度与土壤含水量的体积比之积。用土钻取土烘干法获测得含水率，取土深度为 150 cm，每隔 10 cm 取 1 个样。

水分利用效率计算公式如下：

$$WUE=Y/(ET\times10^5) \tag{4-5}$$

式中，WUE 为水分利用效率，kg/m^3；Y 为咖啡干豆产量，kg/hm^2；ET 为生育期总耗水量，mm。

边际产量计算公式如下：

$$MP=\Delta Y/\Delta I \tag{4-6}$$

式中，MP 为增加灌水量的边际产量(kg/m^3)或增加遮阴程度的边际产量(kg/hm^2)；ΔY 为咖啡干豆产量的增加量(kg/hm^2)；ΔI 为增加的灌水量(m^3/hm^2)或增加的遮阴度($\%$)。

小粒咖啡干豆产量的测定及营养指标测前的预处理与 Liu et al.（2016）的相同。干豆中咖啡因、总糖、蛋白质、粗脂肪和绿原酸含量分别用高效液相色谱法、蒽酮比色法、凯氏定氮法、索氏抽提法和高效液相色谱法测定(Yu，2001)。

利用主成分分析法评价小粒咖啡的综合营养品质(Ben Brahim，et al.，2016；Róth et al.，2007)。计算步骤如下：

(1)对各营养品质指标做标准化处理，得到变换后的新矩阵。

$$r_{ij}=(r'_{ij}-\overline{r'_j})/S'_j\,(i=1,\,2,\,\cdots,\,m;\,j=1,\,2,\,\cdots,\,n) \tag{4-7}$$

$$\overline{r'_j}=\frac{1}{n}\sum_{i=1}^{n}r'_{ij} \tag{4-8}$$

$$S'_j=\sqrt{\sum_{i=1}^{m}(r'_{ij}-\overline{r'_j})^2/(m-1)} \tag{4-9}$$

$$\boldsymbol{R}=\begin{bmatrix} r_{11} & r_{12} & \cdots & r_{1n} \\ r_{21} & r_{22} & \cdots & r_{2n} \\ \vdots & \vdots & & \vdots \\ r_{m1} & r_{m2} & \cdots & r_{mn} \end{bmatrix} \tag{4-10}$$

式中，r_{ij} 为 r'_{ij} 的标准化值，r'_{ij} 为第 i 个样本中第 j 个指标的原始数据；$\overline{r'_j}$，为第 j 项指标的平均值；S'_j 为第 j 项指标的标准差；$\boldsymbol{R}$ 为变化后的新矩阵。

(2)计算标准化矩阵指标间的相关系数，构造相关系数矩阵 $\boldsymbol{X}$。

$$x_{st}=\cfrac{\sum_{i=1}^{m}(r_{is}-\overline{r_s})(r_{it}-\overline{r_t})}{\sqrt{\sum_{i=1}^{m}(r_{is}-\overline{r_s})^2(r_{it}-\overline{r_t})^2}}\,(s,\,t=1,\,2,\,\cdots,\,p) \tag{4-11}$$

$$\boldsymbol{X}=\begin{bmatrix} x_{11} & x_{12} & \cdots & x_{1p} \\ x_{21} & x_{22} & \cdots & x_{2p} \\ \vdots & \vdots & & \vdots \\ x_{p1} & x_{p2} & \cdots & x_{pp} \end{bmatrix} \tag{4-12}$$

式中，x_{st} 为指标 r_s 与 r_t 的相关系数，$x_{st}=x_{ts}$。

(3)计算相关系数矩阵 $\boldsymbol{X}$ 的特征根 λ_1，λ_2，$\cdots$，λ_k，及对应的特征向量 $\boldsymbol{U}_1$，$\boldsymbol{U}_2$，$\cdots$，$\boldsymbol{U}_k$。

(4)通过贡献率和累计贡献率确定主成分。

$$E = \sum_{p=1}^{p} \lambda_p / \sum_{k=1}^{k} \lambda_k \tag{4-13}$$

一般取 $E > 85\%$ 时最小的 p，得到主成分：

$$Z_k = \sum_{j=1}^{j} U_{kj} r_{kj} (k=1, 2, \cdots, p) \tag{4-14}$$

式中，U_{kj} 为特征值向量 $\boldsymbol{U_k}$ 的第 j 个分量；r_{kj} 为第 k 个样本中第 j 个指标的标准化值。

（5）求主成分权重 e_k。

$$e_k = \lambda_k / \sum_{j=1}^{j} \lambda_j (k=1, 2, \cdots, p) \tag{4-15}$$

（6）求综合评价指数 Z。

$$Z = \sum_{k=1}^{p} e_k Z_k \tag{4-16}$$

利用改进的 TOPSIS 法（Bondor and Muresan，2012；Deng et al.，2000）建立基于咖啡产量、各营养品质指标和水分利用效率的综合效益评价模型。计算步骤如下：

（1）向量共线性判断，偏相关分析剔除共线性因子。

（2）构建规范决策矩阵 $\boldsymbol{Z}$。

$$\boldsymbol{Z} = \begin{bmatrix} z_{11} & z_{12} & \cdots & z_{1m} \\ z_{21} & z_{22} & \cdots & z_{2m} \\ \vdots & \vdots & & \vdots \\ z_{n1} & z_{n2} & \cdots & z_{nm} \end{bmatrix} \tag{4-17}$$

式中，$\boldsymbol{Z}$ 为归一化的矩阵，$Z_{ij} = x_{ij} / \left[\sum_{i=1}^{n} (x_{ij})^2 \right]^{0.5} (i=1, 2, \cdots, n; j=1, 2, \cdots, m, x_{ij})$ 为测定指标值。

（3）构造加权规范矩阵 $\boldsymbol{Z'}$。

$$\boldsymbol{Z'} = \begin{bmatrix} w_1 z_{11} & w_2 z_{12} & \cdots & w_m z_{1m} \\ w_1 z_{21} & w_2 z_{22} & \cdots & w_m z_{2m} \\ \vdots & \vdots & & \vdots \\ w_1 z_{n1} & w_2 z_{n2} & \cdots & w_m z_{nm} \end{bmatrix} \tag{4-18}$$

①按行归一化 $\boldsymbol{Z}$ 矩阵。

$$Z_{ij}^* = Z_{ij} / \sum_{j=1}^{m} Z_{ij}, \quad i=1, 2, \cdots, n; j=1, 2, \cdots, m \tag{4-19}$$

②判断矩阵按列求和 $\boldsymbol{Z}^*$

$$\overline{w_j} = \sum_{i=1}^{n} Z_{ij}^*, \quad i=1, 2, \cdots, n; j=1, 2, \cdots, m \tag{4-20}$$

③归一化 $\overline{w}$ 向量。

$$w_i = \overline{w_i} / \sum_{j=1}^{n} \overline{w_j}, \quad j=1, 2, \cdots, m \tag{4-21}$$

（4）最优方案和最劣方案。

$$理想解：z_j^+=\begin{cases}\max\limits_{1\leqslant i\leqslant n}z'_{ij} & 效益型属性\\[2mm]\min\limits_{1\leqslant i\leqslant n}z'_{ij} & 成本型属性\end{cases} \tag{4-22}$$

$$负理想解：z_j^-=\begin{cases}\min\limits_{1\leqslant i\leqslant n}z'_{ij} & 效益型属性\\[2mm]\max\limits_{1\leqslant i\leqslant n}z'_{ij} & 成本型属性\end{cases} \quad i=1,2,\cdots,n；j=1,2,\cdots,m$$

$$\tag{4-23}$$

（5）评价对象与 Z^+ 和 Z^- 的距离 D_i^+ 和 D_i^-。

$$D_i^+=\sqrt{\sum_{i=1}^m(\max z'_{ij}-z_{ij})^2}，\ i=1,2,\cdots,n；j=1,2,\cdots,m \tag{4-24}$$

$$D_i^-=\sqrt{\sum_{i=1}^m(\min z'_{ij}-z_{ij})^2}，\ i=1,2,\cdots,n；j=1,2,\cdots,m \tag{4-25}$$

（6）计算各处理综合效益评价指数 C_i，即评价对象与最优方案的接近程度。

$$C_i=\frac{D_i^-}{D_i^++D_i^-}，\ 0\leqslant C_i\leqslant 1 \tag{4-26}$$

C_i 越接近 1 表明咖啡的产量、品质和水分利用效率的综合效益越优。

（7）按 C_i 大小排序，给出评价结果。

4.4.3　结果与分析

1. 不同遮阴程度下调亏灌溉对小粒咖啡光合特性的影响

灌溉水平对小粒咖啡净光合速率（P_n）、蒸腾速率（T_r）和叶片表观光能利用效率（$ARUE_L$）影响显著（表 4-11）。与充分灌溉（CI）相比，调亏灌溉（RDI）的 P_n 和 T_r 分别降低 $6.84\%\sim10.90\%$ 和 $9.79\%\sim18.49\%$。RDI_{50} 的 $ARUE_L$ 降低 20.02%，而 RDI_{75} 增加 7.63%。

遮阴程度对 P_n、T_r、叶片水分利用效率（WUE_L）和 $ARUE_L$ 影响显著。与 S_{100} 相比，S_{40} 的 P_n、T_r 和 WUE_L 分别降低 30.87%、16.54% 和 17.91%，S_{55} 分别降低 15.21%、4.53% 和 12.29%，而 S_{70} 的 P_n 和 WUE_L 增加 25.97% 和 20.37%。遮阴处理 $ARUE_L$ 增加 $18.25\%\sim84.74\%$。

灌溉水平和遮阴程度的交互作用对 $ARUE_L$ 的影响显著。与 CIS_{100}（CK）相比，除 RDI_{50} 与不同遮阴程度组合（$RDI_{50}S_{40}$、$RDI_{50}S_{55}$ 和 $RDI_{50}S_{100}$）的 $ARUE_L$ 降低 $3.40\%\sim99.92\%$，其余处理 $ARUE_L$ 均不同程度增加，其中 CIS_{40} 的 $ARUE_L$ 最大为 $47.07\ \mathrm{mmol/\mu mol}$。

表 4-11　不同遮阴水平下调亏灌溉对咖啡日均光合特性的影响

灌水水平	遮阴水平	净光合速率 $[\mu mol/(m^2\cdot s)]$	蒸腾速率 $[mmol/(m^2\cdot s)]$	叶片水分利用效率 （mmol/mol）	叶片光能利用效率 （$\mu mol/mmol$）
	S_{40}	$3.68\pm0.05i$	$1.50\pm0.12cd$	$2.49\pm0.23e$	$47.07\pm0.65a$
CI	S_{55}	$4.51\pm0.05g$	$1.80\pm0.01abc$	$2.50\pm0.03e$	$26.62\pm1.81c$
	S_{70}	$6.56\pm0.02a$	$2.01\pm0.04a$	$3.26\pm0.05bcd$	$25.50\pm0.51c$
	S_{100}	$5.29\pm0.06d$	$1.89\pm0.10ab$	$2.81\pm0.13cde$	$24.94\pm2.58c$

续表

灌水水平	遮阴水平	净光合速率 [$\mu mol/m^2 \cdot s$]	蒸腾速率 [$mmol/(m^2 \cdot s)$]	叶片水分利用效率 （mmol/mol）	叶片光能利用效率 （$\mu mol/mmol$）
RDI$_{75}$	S$_{40}$	3.41±0.04j	1.37±0.09d	2.51±0.14e	44.46±1.92a
	S$_{55}$	4.12±0.05h	1.55±0.05bcd	2.66±0.06de	34.86±1.40b
	S$_{70}$	6.24±0.02b	1.77±0.02abc	3.53±0.05ab	26.34±2.16c
	S$_{100}$	4.9±0.06e	1.81±0.18abc	2.76±0.24de	27.22±0.73c
RDI$_{50}$	S$_{40}$	3.2±0.04k	1.40±0.13d	2.32±0.23e	34.84±0.62b
	S$_{55}$	4.0±0.07h	1.53±0.17cd	2.67±0.28de	24.09±2.12c
	S$_{70}$	5.95±0.04c	1.52±0.10cd	3.96±0.22a	29.05±1.14c
	S$_{100}$	4.7±0.07f	1.42±0.12d	3.36±0.30bc	16.25±1.43d
		显著性检验（P 值）			
灌水水平		<0.001	0.0009	0.1267	<0.001
遮阴水平		<0.001	0.0036	<0.001	<0.001
灌水水平×遮阴水平		0.2494	0.3310	0.2244	0.0002

2. 不同遮阴程度下调亏灌溉对小粒咖啡干豆产量和水分利用效率的影响

除灌溉水平和遮阴程度的交互作用对 2016 年干豆产量影响不显著外，两因素及其交互作用对干豆产量影响显著（表 4-12）。随着灌水量的增加，边际产量先大后小（图 4-16）。与 CI 相比，RDI$_{75}$ 和 RDI$_{50}$ 干豆均产分别减少 6.87%～8.30% 和 53.47%～55.81%。随着遮阴程度的增加，边际产量先正后负。与 S_{100} 相比，S_{40} 均产降低 24.01%～29.09%，S_{55} 降低不明显，而 S_{70} 增加 24.01%～29.09%。与 CIS_{100} 相比，除 CIS_{70}、CIS_{55}、RDI$_{75}$ S_{70} 均产显著增加外，其余处理减少 8.41%～62.67%。其中 CIS_{70} 均产最大，是 CK 的 1.31 倍；而 RDI$_{50}$ S_{40} 均产最低，比 CK 减少 63.67%。

除灌溉水平和遮阴程度的交互作用对 2016 年水分利用效率（WUE）的影响不显著外，两因素及其交互作用对 WUE 影响显著（表 4-12）。与 CI 相比，RDI$_{50}$ 的 WUE 均值减少 41.48%，而 RDI$_{75}$ 的增加不明显。随着遮阴度的增加 WUE 均值先增后减，与 S_{100} 相比，S_{70} 增加 WUE 均值 26.79%，而 S_{40} 和 S_{55} 减小 26.89% 和 5.18%。与 CIS_{100} 相比，S_{40} 条件下各灌溉处理 WUE 均值降低 19.89%～51.88%。不同遮阴处理下 RDI$_{75}$ 增加 WUE 均值 3.47%～44.54%，而 RDI$_{50}$ 降低 23.84%～45.96%。其中 RDI$_{75}$ S_{70} 的 WUE 均值最大，为 CK 的 1.45 倍。

表 4-12　不同遮阴水平下调亏灌溉对咖啡干豆产量和水分利用效率的影响

灌水 水平	遮阴 水平	干豆产量/(kg/hm²)			水分利用效率(kg/m³)		
		2015	2016	两年均值	2015	2016	两年均值
CI	S$_{40}$	4251.20±129.66c	4757.37±629.68de	4504.29±288.34d	0.40±0.01c	0.43±0.03def	0.42±0.01d
	S$_{55}$	5735.19±313.77b	6104.19±1359.17bc	5919.69±635.54b	0.54±0.03b	0.55±0.06bc	0.55±0.03c
	S$_{70}$	7698.44±254.96a	6976.21±1383.41ab	7337.33±700.37a	0.72±0.02a	0.63±0.06b	0.68±0.03b
	S$_{100}$	5550.00±128.34b	5686.07±369.61cd	5618.04±290.80bc	0.52±0.01b	0.52±0.02cde	0.52±0.01c

灌水水平	遮阴水平	干豆产量/(kg/hm²)			水分利用效率(kg/m³)		
		2015	2016	两年均值	2015	2016	两年均值
RDI₇₅	S_{40}	3522.97±445.45cd	3879.99±245.12ef	3701.48±543.83e	0.37±0.05cd	0.40±0.01ef	0.39±0.03de
	S_{55}	5275.29±557.93b	5016.30±347.14cd	5145.80±411.13c	0.55±0.06b	0.52±0.02bcd	0.54±0.02c
	S_{70}	7030.00±234.90a	7348.44±780.48a	7189.22±427.32a	0.74±0.02a	0.77±0.04a	0.75±0.02a
	S_{100}	5809.76±201.75b	5325.89±582.64cd	5567.82±427.58bc	0.61±0.02b	0.55±0.03bc	0.58±0.02c
RDI₅₀	S_{40}	2138.41±155.95f	2055.46±356.97g	2096.94±241.42h	0.25±0.02e	0.25±0.02h	0.25±0.01g
	S_{55}	2351.69±24.86f	2356.37±328.27g	2354.03±171.75gh	0.28±0.01e	0.28±0.02gh	0.28±0.01fg
	S_{70}	3158.70±92.59de	3473.85±916.40f	3316.28±394.63ef	0.37±0.01cd	0.42±0.06def	0.40±0.02de
	S_{100}	2619.19±102.83ef	3059.78±204.45fg	2839.49±126.38fg	0.31±0.01de	0.37±0.01fg	0.34±0.01ef
显著性检验(P值)							
灌水水平		0.028	0.021	0.010	<0.001	<0.001	<0.001
遮阴水平		0.019	0.014	0.032	<0.001	<0.001	<0.001
灌水水平×遮阴水平		0.039	0.134	0.002	0.002	0.114	0.001

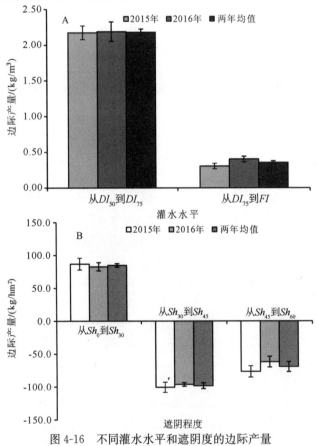

图 4-16　不同灌水水平和遮阴度的边际产量

3. 不同遮阴程度下调亏灌溉对小粒咖啡干豆营养品质的影响

除灌溉水平对总糖和遮阴程度对蛋白质含量影响不显著外，两因素及其交互作用对其他营养品质指标影响显著(表 4-13)。随着水分亏缺程度的增加，咖啡因含量增加而绿原酸含量先增后减。与 CI 相比，RDI_{75} 脂肪和绿原酸含量分别增加 5.97% 和 10.24%，而蛋白质和咖啡因含量增加不明显。RDI_{50} 咖啡因含量增加 22.56%，而蛋白质含量降低和脂肪含量增加不明显。

随着遮阴程度的增加，总糖、脂肪和绿原酸含量先增后减，而咖啡因逐渐减小。与 S_{100} 相比，S_{40} 脂肪、咖啡因和绿原酸含量分别减少 7.69%、12.46% 和 19.4%，而总糖含量减少不明显。S_{55} 咖啡因含量和绿原酸含量分别减少 14.25% 和 13.94%，而脂肪和总糖含量减少不明显。S_{70} 总糖含量和绿原酸含量增加 6.25% 和 5.54%，而脂肪含量增加不明显，咖啡因含量减少 12.46%。

表 4-13　不同遮阴水平下调亏灌溉对咖啡营养品质的影响

灌水水平	遮阴水平	总糖/%	蛋白质/%	粗脂肪/%	咖啡因/(mg/g^1)	绿原酸/%
CI	S_{40}	11.37±0.09bc	14.10±0.06f	12.53±0.23f	9.53±0.02e	25.00±0.06h
	S_{55}	11.30±0.06c	14.80±0.06c	12.77±0.26ef	8.93±0.02g	25.80±0.06g
	S_{70}	11.57±0.07bc	15.90±0.12a	14.77±0.09a	8.70±0.05h	34.97±0.33b
	S_{100}	10.77±0.09d	13.77±0.09g	14.10±0.17bc	9.84±0.02d	32.40±0.12e
RDI_{75}	S_{40}	10.45±0.25d	14.57±0.06cd	13.27±0.29de	9.18±0.01f	28.00±0.06f
	S_{55}	11.72±0.19ab	14.20±0.09ef	14.53±0.20ab	9.43±0.02e	33.73±0.28c
	S_{70}	12.08±0.09a	15.70±0.09a	15.03±0.07a	9.02±0.04g	35.63±0.03a
	S_{100}	11.25±0.10c	14.64±0.12cd	14.57±0.19ab	9.82±0.02d	32.90±0.06d
RDI_{50}	S_{40}	10.80±0.12d	13.33±0.09h	13.43±0.20d	9.98±0.01c	25.93±0.09g
	S_{55}	10.80±0.12d	14.40±0.15de	13.37±0.09d	9.73±0.12d	24.83±0.09h
	S_{70}	12.07±0.12a	15.33±0.09b	14.13±0.15bc	12.53±0.03b	32.87±0.17d
	S_{100}	11.60±0.06bc	14.47±0.09de	13.83±0.03cd	13.11±0.06a	32.73±0.07de
显著性检验(P 值)						
灌水水平		0.325	0.013	<0.001	0.049	0.002
遮阴水平		0.042	0.126	0.004	0.020	0.019
灌水水平×遮阴水平		0.013	0.019	0.042	0.025	0.037

与 CK 相比，除 $RDI_{75}S_{40}$ 降低总糖含量和 $RDI_{50}S_{40}$ 降低蛋白质含量不明显外，其余处理总糖和蛋白质含量显著增加。除 $RDI_{50}S_{70}$、$RDI_{50}S_{100}$ 和 $RDI_{50}S_{40}$ 咖啡因含量增加外，其余处理咖啡因含量均不同程度降低。其中 $RDI_{75}S_{70}$ 的总糖、脂肪和绿原酸含量最高，比 CK 分别增加 12.23%、6.62% 和 9.98%，而咖啡因含量减小 8.30%。

4. 小粒咖啡生豆营养品质主成分分析

第 1 和第 2 主成分的累积方差贡献率大于 85%，表明前 2 个主成分基本可以反映各营养品质指标的全部信息(表 4-14)。

表 4-14 主成分的特征值和方差贡献率

主成分	特征值	方差贡献率/%	累积方差贡献率/%
1	2.892	62.940	62.940
2	1.104	22.086	85.026

主成分函数表达式为

$$PC_1=0.5453TS+0.5154PRO+0.4778CRF+0.4496CA-0.0812CAF \quad (4\text{-}27)$$

$$PC_2=0.0003TS+0.1288PRO-0.2340CRF+0.2680CA+0.9258CAF \quad (4\text{-}28)$$

$$ZF=0.72372PC_1+0.27628PC_2 \quad (4\text{-}29)$$

式中，PC_1 为第 1 主成分得分；PC_2 为第 2 主成分得分；ZF 为综合得分；TS、PRO、CRF、CA 和 CAF 分别为总糖、蛋白质、脂肪、绿原酸和咖啡因含量的标准化值。

由主成分函数表达式可知，第 1 主成分中总糖、蛋白质、脂肪和绿原酸含量荷载较大，而第 2 主成分中咖啡因含量的较大，因此第 1 和第 2 主成分分别代表有利和不利营养品质的变异信息。由图 4-17 可知，同一遮阴条件下 RDI_{75} 和同一灌溉下 S_{70} 的品质综合评价指数较高，表明轻度调亏灌溉和轻度遮阴能改善生豆营养品质。其中，$RDI_{75}S_{70}$ 的品质综合评价指数最高，其次为 CIS_{70}（图 4-17）。

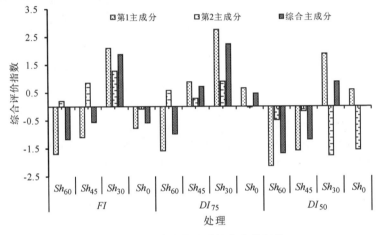

图 4-17　咖啡营养品质的主成分得分

5. 基于改进 TOPSIS 的小粒咖啡综合效益评价

小粒咖啡综合效益评价见表 4-15。与 CI 相比，RDI_{75} 和 RDI_{50} 的综合效益评价指数（C_i）减少 6.18% 和 66.92%。与 S_{100} 相比，S_{70} 和 S_{55} 的 C_i 增加 42.16% 和 5.88%，而 S_{40} 的 C_i 减少 23.95%。其中 $RDI_{75}S_{70}$ 的 C_i 最大，是 CK 的 5.32 倍，$RDI_{50}S_{100}$ 的最小。因此，$RDI_{75}S_{70}$ 的综合效益最优。

Spearman 等级相关性分析结果表明，干豆产量与 C_i 显著正相关，而咖啡因含量与 C_i 显著负相关。总糖和脂肪含量与 C_i 相关性不明显。

表 4-15　小粒咖啡干豆产量和营养品质的 TOPSIS 综合分析

灌水水平	遮阴水平	加权规范向量				D^+	D^-	C_i	排序
		干豆产量	总糖	粗脂肪	咖啡因				
CI	S_{40}	0.06153	0.07413	0.06661	0.06964	0.04163	0.04244	0.50483	7
	S_{55}	0.08087	0.07370	0.06785	0.06526	0.02343	0.06076	0.72168	3
	S_{70}	0.10023	0.07544	0.07848	0.06358	0.00366	0.07973	0.95616	2
	S_{100}	0.07674	0.07022	0.07494	0.07186	0.02680	0.05441	0.66994	5

灌水水平	遮阴水平	加权规范向量				D^+	D^-	C_i	排序
		干豆产量	总糖	粗脂肪	咖啡因				
RDI$_{75}$	S_{40}	0.05056	0.06815	0.07051	0.06704	0.05177	0.03637	0.41261	8
	S_{55}	0.07029	0.07641	0.07724	0.06891	0.03062	0.05137	0.62654	6
	S_{70}	0.09821	0.07881	0.07990	0.06589	0.00307	0.07761	0.96191	1
	S_{100}	0.07606	0.07337	0.07742	0.07174	0.02620	0.05451	0.67535	4
RDI$_{50}$	S_{40}	0.02865	0.07044	0.07139	0.07288	0.07317	0.02352	0.24325	11
	S_{55}	0.03216	0.07044	0.07104	0.07110	0.06956	0.02543	0.26772	9
	S_{70}	0.04530	0.07870	0.07511	0.09579	0.06386	0.02147	0.25161	10
	S_{100}	0.03879	0.07565	0.07352	0.09156	0.06789	0.01499	0.18091	12
Z^+		0.10023	0.07881	0.07990	0.06358				
Z^-		0.02865	0.06815	0.06661	0.09579				
R		0.981 *	0.293	0.489	−0.683 *				

注：Z^+ 和 Z^- 分别为正负理想解；D^+ 和 D^- 分别为评价对象与正负理想解的距离；C_i 为综合效益评价指数；R 为综合评价指数与 Z^+ 和 Z^- 的单个加权规范向量的斯皮尔曼相关系数。

4.4.4　讨　论

本研究发现，RDI 显著降低小粒咖啡叶片净光合速率，可能是水分胁迫导致气孔导度下降，CO_2 进入叶片受阻，或者是叶肉细胞的光合活性下降所致（Chastain et al.，2014）。RDI$_{75}$ 增加叶片表观光能利用效率，这与适度调亏灌溉优化冠层结构和增加冠层消光能力有关（Camargo et al.，2016；Liu et al.，2016a）。而 RDI$_{50}$ 降低叶片表观光能利用效率可能是土壤水分重度亏缺导致咖啡对光合有效辐射的转换吸收能力降低所致。

遮阴程度对小粒咖啡叶片光合、蒸腾、水分利用效率和表观光能利用效率的影响显著，这与相关研究的结果一致（Araujo et al.，2008；Bote and Struik，2011）。本研究发现 S_{70} 增加咖啡叶片净光合速率和水分利用效率，主要由于适度遮阴降低了强光对光合机构的损伤，减轻了光合"午休"现象，同时遮阴提高叶绿素和 PSⅡ 光能转化效率而降低热能耗散，弥补光照相对不足，从而提高光合效率（Charbonnier et al.，2017；Li et al.，2014；Xu et al.，2010）。而 S_{100} 会使叶片光系统反应中心产生光抑制，造成其暂时失活或损伤，同时会使细胞壁加厚限制气体交换速率，导致光合速率降低（Han et al.，2017）。重度遮阴 S_{40} 的叶片捕捉光能不足，导致光合电子传递和光合作用关键酶含量减少，从而降低净光合速率和叶片水分利用效率（Mishanin et al.，2017；Zheng and Yang，2008）。遮阴处理显著提高叶片表观光能利用效率，可能由于遮阴下叶片提高用于电子传递的量子在 PSII 反应中心的分配比率，而降低用于热耗散的量子比率（Jia et al.，2015），也表明咖啡叶片对弱光胁迫具有一定的调节和适应能力（Bloor，2003；Wang et al.，2009）。灌溉和遮阴程度的交互作用对小粒咖啡叶片表观光能利用效率的影响显著，这与灌溉调节根区土壤水分状况和遮阴改变冠层微气候环境，从而改变植株对光合有效辐射的有效转化有关（Liu et al.，2017）。

本研究表明，灌溉量和遮阴程度超过一定量时呈现报酬递减效应，适量减小灌溉量和遮阴度能实现干豆边际产量最大。遮阴程度从 $S_{70} \sim S_{55}$ 或从 $S_{55} \sim S_{40}$ 的干豆边际产量为负值，主要是过度遮阴使冠层截获的太阳辐射能减少，导致叶片光合产物合成和供应能力不足所致(Damatta，2004；Liu et al.，2017)。$RDI_{75}S_{70}$ 能同时获得最大的水分利用效率和较高的干豆产量(比 CIS_{70} 产量减少不明显)，表明轻度遮阴下适度减量灌溉基本能满足咖啡的生长需求。主要由于轻度遮阴 S_{70} 增加叶片净光合速率和水分利用效率，而减小土壤表面水分无效蒸发(Bote and Struik，2011；Evizal et al.，2016)；不同遮阴程度下重度调亏灌溉 RDI_{50} 大幅降低产量和水分利用效率，主要由于土壤水分不足减少咖啡花芽分化和结果数，同时抑制果实的生长发育(Vaast et al.，2004)。

本研究发现，灌溉水平对咖啡生豆大多营养品质指标影响显著，这与土壤水分影响叶片光合特性、光合产物累积以及植株体内无机物和有机物的吸收、运输和转化有关(Du and Kang，2011；Xu et al.，2004)。适度亏水灌溉(RDI_{75})显著增加咖啡生豆中粗脂肪和绿原酸含量，改善生豆营养品质，这与以往结果一致(Tesfaye et al.，2013；Santesteban et al.，2011；Patanè et al.，2011)。而重度亏水灌溉(RDI_{50})可能导致植株合成有益营养组分的功能下降，从而降低生豆营养品质。随着水分亏缺程度的增加，咖啡生豆中绿原酸含量先增后降。可能是充分灌溉对绿原酸累积产生了"稀释效应"(Xing et al.，2015)；而重度亏水灌溉时，植株初级生产力受到较大抑制，合成次级产物的原料减少所致(Liu et al.，2016b)。遮阴程度对总糖、蛋白质、粗脂肪、咖啡因和绿原酸含量影响显著，这与遮阴改变咖啡生长的微气候环境，调整营养物质的吸收、分配和合成等生理过程，同时诱导和调控次生代谢产物在植物不同组织和细胞内的合成和积累有关(Ozden，2014；Zhang et al.，2009)。

影响咖啡营养品质的指标多且各指标相互影响，而评价指标相对单一(Huang et al.，2012；Läderach et al.，2011)。本研究通过主成分分析法提取 2 个主成分评价小粒咖啡的综合营养品质，发现 $RDI_{75}S_{70}$ 处理的综合营养品质最优。利用 TOPSIS 法基于调亏灌溉和遮阴下小粒咖啡干豆产量、各营养品质指标和水分利用效率，发现 $RDI_{75}S_{70}$ 处理的综合效益最高，该处理在获得较高的干豆产量和水分利用效率同时，也改善了生豆的营养品质，使生豆中蛋白质和绿原酸含量显著提高。因此，适度亏水灌溉(节约灌溉量25%)和遮阴(自然光照的70%)组合能同时实现干热区小粒咖啡优质适产和节水高效，研究成果可为小粒咖啡的水分和遮阴栽培管理提供实践参考。

4.4.5　结　论

(1)与充分灌溉(CI)相比，轻度亏水灌溉 RDI_{75}(灌水量为充分灌溉的75%)增加小粒咖啡叶片表观光能利用效率，节约灌水量的同时改善咖啡生豆营养品质。

(2)与自然光照(S_{100})相比，S_{70}(70%自然光照)的咖啡干豆产量、水分利用效率和干豆中总糖、脂肪和绿原酸含量最高。

(3)在适宜的遮阴条件下，轻度亏水灌溉能保证小粒咖啡不减产的同时，提高水分利用效率和改善生豆的营养品质。$RDI_{75}S_{70}$(灌水量为充分灌溉的75%，70%的自然光照)的产量、营养品质和水分利用效率综合效益最优，为中国西南干热区小粒咖啡最佳水分调控和遮阴耦合模式。

4.5　不同荫蔽栽培模式下亏缺灌溉对小粒咖啡水光利用和产量的影响

4.5.1　引　言

小粒咖啡原生于非洲埃塞俄比亚热带雨林下层，适宜在温凉、湿润的荫蔽环境中生长。云南干热区小粒咖啡经常受到季节性干旱、土壤水分亏缺和强烈阳光照射等多重制约，高效生产受到限制。目前，当地小粒咖啡以靠天降雨或漫灌为主，制定合理的灌溉制度是云南干热区小粒咖啡高效生产的必然选择。

亏缺灌溉是针对水资源紧缺和用水效率不高而提出的一种节水灌溉新技术。适度的水分亏缺优化小粒咖啡叶片的光合特性，增加总生物量的同时提高水分利用效率。另有研究表明，水分亏缺抑制小粒咖啡生长，降低光合速率、根系活力、水分利用效率及产量。

合理荫蔽栽培对咖啡光、热、水、土、肥等因素有较好的调控作用，可为咖啡提供适宜的生长环境，避免叶片因过分氧化而提前衰老和掉落。荫蔽栽培延缓咖啡浆果的成熟，使豆粒更大、更饱满。荫蔽栽培还对小粒咖啡成花诱导有一定的影响，有研究认为，咖啡幼树在全光照下生长较好、产量较高，而成龄咖啡在荫蔽栽培下可减少枯梢病的发生并维持多年稳产。适度荫蔽栽培增强小粒咖啡生理活性，优化光合特性，增加生物量累积，提高水光利用效率。香蕉速生易控，树冠荫蔽性好，与咖啡共生性强且经济效益好，是咖啡理想的荫蔽树。同时香蕉喜光，在咖啡园间作香蕉，香蕉居上层，咖啡居下层，可使日光能被多层次利用，从而提高光能利用效率。而小粒咖啡在香蕉不同荫蔽栽培模式下的光能利用尚需进一步研究。

目前关于灌溉或荫蔽栽培单一因素对咖啡生理生态影响研究较多，而对于作物荫蔽栽培下灌溉对小粒咖啡的耦合效应还缺乏系统深入研究。在不同荫蔽栽培模式下，适度水分亏缺能否保证咖啡生长、产量及水光利用不降低或者降低较小，实现产量最优还不清楚。为此，本研究在香蕉为小粒咖啡荫蔽栽培的不同模式下，研究亏缺灌溉对小粒咖啡生长、叶片光合特性、水光利用和产量的影响，建立光能利用回归模型，以期找到香蕉为小粒咖啡提供荫蔽环境时的最佳灌水模式，为小粒咖啡农业供水和荫蔽栽培管理提供科学依据。

4.5.2　材料与方法

试验于 2016 年 3 月～2017 年 2 月在云南省保山市潞江坝(25°4′ N，99°11′ E，海拔799 m)进行，2016 年 6～10 月降水量占全年降雨总量的 74.6%。小粒咖啡全生育期内(2016 年 3 月 1 日～2017 年 2 月 28 日)降水量为 593.3 mm，日均气温最高和最低分别为32.3 ℃和 10.4 ℃。选择长势一致的 5 年生小粒咖啡(Caturra)为供试材料，株高 171～179 cm，茎粗 22.27～24.34 mm，株行距为 1.5 m×2 m(3333 株/hm²)。选择速生易控，树冠荫蔽性好，与咖啡共生性强的中型香蕉树(威廉斯 8818)作为荫蔽树种。2016 年 3 月

9 日，在试验区种植长势一致的香蕉苗，株高 50～55 cm，叶片数 5～6 片。土壤为老冲积层上发育形成的红褐色砂壤土，有机质 20.2 g/kg，碱解氮 106 mg/kg，有效磷 12.6 mg/kg，速效钾 56 mg/kg。

本试验为大区试验，设 3 个灌水水平和 4 个荫蔽栽培模式。采用完全组合设计，共 12 个处理，每处理 4 个重复。3 个灌水水平分别为充分灌水 FI、轻度亏缺灌水 DI_L 和重度亏缺灌水 DI_S，DI_L 和 DI_S 的灌水量分别为 FI 的 75% 和 50%。充分灌水定额根据该地区小粒咖啡逐月需水量资料并结合降水量来确定，其值为小粒咖啡耗水量减去有效降水量，灌水周期为 7 d，遇到降雨顺延。采用地表滴灌，滴头设在距树基部两侧 0.4 m 处，间距与树距相同，滴头流量 2 L/h，工作压力 0.1 MPa，水表计量控制灌水。试验期间 FI、DI_L 和 DI_S 的灌水量分别为 540 mm、405 mm 和 270 mm。试验期间降雨和 FI 灌水过程见图 4-18。4 个荫蔽栽培模式分别为：①无荫蔽(S_0)，单作咖啡，对照；②轻度荫蔽(S_L)，4 行咖啡间作 1 行香蕉，香蕉株行距为 4.5 m×8 m，278 株/hm²；③中度荫蔽(S_M)，3 行咖啡间作 1 行香蕉，香蕉株行距为 4.5 m×6 m，370 株/hm²；④重度荫蔽(S_S)，2 行咖啡间作 1 行香蕉，香蕉株行距为 4.5 m×4 m，556 株/hm²。香蕉为小粒咖啡提供荫蔽栽培时，各试验区的宽为 10.5 m(8 株咖啡中间种植 3 株香蕉)。各灌水水平下 S_0、S_L、S_M 和 S_S 的试验区面积分别为：7.5×4＝30 m²、10.5×16＝168 m²、10.5×12＝126 m² 和 10.5×8＝84 m²，总面积为 1224 m²。分别于 2016 年 5 月 12 日和 8 月 26 日施入等量复合肥(N：P_2O_5：K_2O 为 15：15：15)500 g/株。施肥方式为环形施肥：在距离小粒咖啡树干 40 cm 处，挖宽 5 cm、深 15 cm 的环形施肥槽，均匀施肥后覆土。

在典型灌水周期内(2016 年 12 月 23～27 日，即灌水后第 2～6 d)选择长势良好的同一片功能叶用便携式光合仪器(Li-6400)测定叶片光合特性，即净光合速率(P_n)、蒸腾速率(T_r)、气孔导度(G_s)、胞间 CO_2 浓度(C_i)、光合有效辐射(PAR)，10：00～16：00 每隔 2 h 在自然光条件下测定 1 次。每处理 4 个重复，每个重复测定 3 次，取灌水周期内均值进行分析。叶片水分利用效率(LWUE)为净光合速率与蒸腾速率的比值，表观光能利用效率(LRUE)为净光合速率与光合有效辐射的比值。

于试验开始(2016 年 3 月 11 日)和结束(2017 年 2 月 26 日)时，用毫米刻度尺测定小粒咖啡的株高、冠幅和新梢长度，用游标卡尺测定小粒咖啡的茎粗。分批采收成熟鲜豆并测定产量(折算公顷产量)，各处理随机选取 80～120 粒咖啡鲜豆，计算百粒质量及体积，蜕皮后加水淹没，静置发酵后清洗搓揉脱胶，日光自然干燥后测定干质量，计算干鲜比。水分利用效率(WUE)为干豆产量与总耗水量的比值。

2017 年 2 月 27 日(灌水后第 3 d)，分别于小粒咖啡树干水平距离 0～5 cm(D_1)、35～40 cm(D_2)、70～75 cm(D_3)处用土钻每隔 10 cm 取 0～50 cm 剖面土样，用烘干法测定土壤含水率。

数据计算处理和制图采用 Microsoft Excel 2013 软件进行，用 IBM SPSS Statistics 21 统计分析软件进行回归分析和方差分析(ANOVA)，多重比较采用 Duncan 法。

4.5.3　结果与分析

1. 不同荫蔽模式下亏缺灌溉对小粒咖啡叶片光合特性的影响

表 4-16　不同荫蔽模式下亏缺灌溉对小粒咖啡叶片日均光合特性的影响

灌水水平	荫蔽栽培模式	净光合速率 P_n/[μmol/(m²·s)]	气孔导度 G_s/[mmol/(m²·s)]	胞间 CO_2 浓度 C_i/(μmol/mol)	蒸腾速率 T_r/[mmol/(m²·s)]	叶片水分利用效率 LWUE (μmol/mmol)	叶片表观光能利用效率 LRUE/(μmol/mmol)
FI	S_0	2.57±0.48ab	28.21±0.56e	321.38±6.36ef	2.22±0.33ab	1.25±0.16a	8.52±1.11g
	S_L	3.04±0.68ab	31.91±0.63b	321.68±6.35ef	2.60±0.35a	1.27±0.21a	16.36±2.72ef
	S_M	3.23±0.67a	33.93±0.67a	315.57±6.24f	2.63±0.35a	1.32±0.20a	22.83±3.36bc
	S_S	2.76±0.48ab	32.25±0.64b	314.08±6.19f	2.32±0.32ab	1.29±0.16a	27.68±3.40a
DI_L	S_0	2.36±0.42ab	24.81±0.49g	333.39±6.60bcd	1.96±0.29b	1.20±0.05a	7.49±0.90g
	S_L	2.80±0.60ab	28.33±0.56de	336.85±6.65abc	2.32±0.31ab	1.21±0.10a	14.30±2.24f
	S_M	2.95±0.58ab	29.99±0.59c	328.92±6.50cde	2.34±0.31ab	1.26±0.09a	19.91±2.77cde
	S_S	2.50±0.41ab	28.08±0.55e	323.37±6.37def	2.03±0.28b	1.24±0.04a	24.25±2.77ab
DI_S	S_0	2.28±0.42b	24.27±0.49g	342.30±6.65ab	1.93±0.29b	1.17±0.05a	6.97±0.88g
	S_L	2.70±0.59ab	27.68±0.56ef	344.33±6.67a	2.28±0.31ab	1.19±0.10a	13.12±2.16f
	S_M	2.83±0.57ab	29.14±0.59d	334.49±6.49abc	2.28±0.31ab	1.24±0.09a	18.03±2.64de
	S_S	2.38±0.40ab	27.03±0.55f	327.00±6.32cde	1.96±0.27b	1.21±0.05a	21.28±2.61bcd
F 值	灌水水平	1.89	285.82**	35.35**	5.16**	1.81	10.79**
	荫蔽栽培模式	3.19*	175.13**	9.84**	4.80*	0.66	105.62**
	灌水水平× 荫蔽栽培模式	0.01	1.00	0.47	<0.01	<0.01	0.73

灌水水平对小粒咖啡叶片 G_s、C_i、T_r 和 LRUE 的影响显著，荫蔽栽培模式对小粒咖啡叶片 P_n、T_r、G_s、C_i 和 LRUE 的影响显著（表 4-16）。相同荫蔽栽培模式下，与重度亏缺灌水 DI_S 相比，轻度亏缺灌水 DI_L 的 LRUE 增加 11.04%；充分灌水 *FI* 的 P_n、G_s、T_r、LWUE 和 LRUE 分别增加 14.04%、16.83%、15.41%、6.64% 和 26.92%，而 C_i 减少 5.59%。相同灌水水平下，与单作咖啡 S_0 相比，轻度荫蔽栽培模式 S_L 的 P_n、G_s、T_r 和 LRUE 分别增加 18.43%、13.76%、17.66% 和 90.53%；中度荫蔽栽培模式 S_M 的 P_n、G_s、T_r、LWUE 和 LRUE 分别增加 25.20%、20.41%、18.53%、5.38% 和 164.42%；重度荫蔽栽培模式 S_S 的 P_n、G_s 和 LWUE 分别增加 6.03%、13.04% 和 218.58%。

以光合有效辐射为自变量 [mmol/(m²·s)]，光能利用效率为因变量 (mmol/μmol)，通过曲线估计回归分析，建立最优拟合模型（表 4-17）。结果表明灌水条件相同时，叶片表观光能利用效率与光合有效辐射呈显著的负指数关系，荫蔽栽培条件相同时，叶片表观光能利用效率与光合有效辐射符合 Logistic 曲线变化。

表 4-17　不同亏缺灌溉和荫蔽模式下小粒咖啡的光能利用回归模型

| 处理 | PAR 与 LRUE 的回归模型 | n | 模型检验 | | | |
| | | | R^2 | F 检验 | t 检验 | |
					α	B
FI	$LRUE=51.520e^{-0.006PAR}$	16	0.998	0.001	0.001	0.002
DI_L	$LRUE=44.896e^{-0.006PAR}$	16	0.998	0.001	0.001	0.001
DI_S	$LRUE=40.169e^{-0.005PAR}$	16	0.997	0.002	0.002	0.002
S_0	$LRUE=0.0102^{-1}\times1.0082^{-PAR}$	12	0.980	0.090	0.001	0.223
S_L	$LRUE=0.0075^{-1}\times1.0113^{-PAR}$	12	0.982	0.087	0.001	0.188
S_M	$LRUE=0.0053^{-1}\times1.0152^{-PAR}$	12	0.971	0.110	0.002	0.237
S_S	$LRUE=0.0043^{-1}\times1.0216^{-PAR}$	12	0.950	0.143	0.003	0.305

2. 不同荫蔽模式下亏缺灌溉对小粒咖啡生长的影响

灌水水平和荫蔽栽培模式对小粒咖啡株高、冠幅、新梢长度和茎粗的影响显著，灌水水平和荫蔽栽培模式的交互作用对株高和茎粗的影响显著(表 4-18)。相同荫蔽栽培模式下，与重度亏缺灌水 DI_S 相比，轻度亏缺灌水 DI_L 的株高增量、冠幅增量、茎粗增量和新梢长度分别增加 13.64%、5.48%、5.89% 和 6.05%；充分灌水 FI 分别增加 31.43%、7.67%、9.37% 和 16.33%。相同灌水水平下，与单作咖啡 S_0 相比，其余荫蔽栽培模式的株高增量、冠幅增量、茎粗增量和新梢长度分别增加 18.47%~33.88%、5.31%~12.60%、5.43%~13.04% 和 8.80%~24.77%。与处理 $DI_S S_0$ 相比，其余处理的株高增量、冠幅增量、茎粗增量和新梢长度分别增加 16.02%~74.85%、7.55%~22.64%、7.40%~25.73% 和 8.33%~45.45%。

表 4-18　不同荫蔽模式下亏缺灌溉对小粒咖啡生长的影响

灌水水平	荫蔽栽培模式	株高/cm	株高增量/cm	冠幅/cm	冠幅增量/cm	茎粗/mm	茎粗增量/mm	新梢长度/cm
FI	S_0	194.05±1.18e	20.35±0.79fg	186.35±0.19abc	17.73±0.69cd	31.92±0.26b	8.26±0.07d	15.70±0.75efg
	S_L	199.53±1.51b	25.93±1.06b	186.88±1.07ab	18.40±0.47abcd	32.65±0.19a	8.54±0.18c	17.00±0.67cd
	S_M	202.48±2.26a	27.40±1.75b	187.23±0.94ab	19.13±0.70abc	31.46±0.20cd	8.82±0.05b	18.63±1.04ab
	S_S	203.60±2.17a	29.20±0.91a	187.98±1.28a	19.50±1.14a	31.66±0.16bc	9.10±0.11a	19.23±0.34a
DI_L	S_0	195.88±1.45cde	19.40±0.57g	185.63±1.51bc	17.25±1.12de	31.71±0.19bc	7.87±0.12e	14.28±1.16hi
	S_L	194.85±1.77de	21.58±1.45ef	186.58±1.42ab	18.00±0.88bcd	31.06±0.19ef	8.33±0.09d	15.30±0.43fgh
	S_M	198.38±3.08bc	23.70±0.77cd	186.93±1.25ab	18.78±0.71abc	32.64±0.25a	8.59±0.07c	16.83±0.51cde
	S_S	197.48±1.20e	24.28±0.72c	187.65±1.48ab	19.23±0.68ab	31.43±0.20cd	8.83±0.10b	17.90±0.77bc
DI_S	S_0	193.28±1.40bcd	16.70±1.21h	184.45±1.16c	15.90±0.76e	30.89±0.12f	7.24±0.10f	13.20±1.15i
	S_L	193.15±2.43e	19.38±1.76g	185.75±0.99bc	17.10±0.88de	31.24±0.27de	7.78±0.04e	14.68±0.70gh
	S_M	193.53±1.98e	20.10±0.89fg	186.03±1.73abc	17.93±1.34bcd	32.38±0.15a	8.24±0.12d	15.93±0.79def
	S_S	195.93±1.62cde	22.10±0.77de	187.15±1.44ab	18.55±0.91abcd	31.52±0.27cd	8.49±0.08c	16.80±0.38cde
F 值	灌水水平	38.61**	120.88**	4.15*	9.52**	16.01**	224.64**	41.87**
	荫蔽栽培模式	14.45**	71.10**	5.75**	13.29**	25.67**	230.01**	49.90**
	灌水水平×荫蔽栽培模式	5.00**	3.40**	0.14	0.16	39.18**	4.62**	0.17

3. 不同荫蔽模式下亏缺灌溉对土壤含水率的影响

通过对 3 个位置水平方向的 0～50 cm 土层垂直方向的土壤含水率统计分析(图 4-18)可知，随土层深度增加，0～50 cm 土层土壤含水率均表现出先增大后减小的趋势，且在 20～30 cm 土层达到最大值。0～20 cm 土层土壤含水率较 20～50 cm 土层变化梯度大，原因是浅层土壤受灌溉和蒸发作用影响较大。0～30 cm 土层的土壤含水率随着灌水量的增加而显著增加，这是表层水分迅速入渗所致；30～50 cm 土层的土壤含水率随着灌水量的增加变化不明显。相同土层深度的土壤含水率随着荫蔽度的增加呈减小的趋势。同一水光处理的深层土壤(10～50 cm)含水率随着距咖啡树干水平距离的增大呈增加的趋势，而表层土壤(0～10 cm)变化不明显。

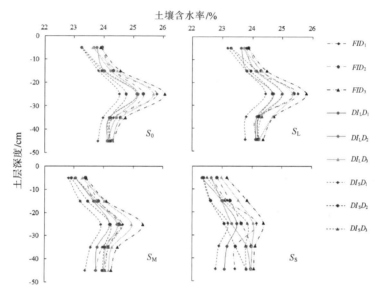

D_1、D_2、D_3 分别表示距咖啡树干水平距离 0～5 cm、35～40 cm、70～75 cm
图 4-18　不同荫蔽模式下 0～50 cm 土层深度的土壤含水率的动态变化

4. 不同荫蔽模式下亏缺灌溉对小粒咖啡产量及产量构成和水分利用效率的影响

灌水水平和荫蔽栽培模式及其两者的交互作用对小粒咖啡干豆产量和水分利用效率(WUE)的影响显著(表 4-19)。相同荫蔽栽培模式下，与重度亏缺灌水(DI_S)相比，轻度亏缺灌水(DI_L)的产量增加 43.1%，WUE 增加 23.8%，充分灌水(FI)的产量增加 57.9%，WUE 增加 20.3%。相同灌水水平下，与单作咖啡(S_0)相比，荫蔽栽培模式(S_L)和(S_M)的产量分别增加 13.1% 和 23.1%，WUE 分别增加 12.9% 和 23.4%。与 $DI_S S_0$ 处理相比，除 $DI_S S_L$ 处理的产量和 WUE 增加不显著外，其余处理的产量增加 22.9%～110.1%，WUE 增加 10.9%～64.2%。

灌水水平和荫蔽栽培模式对小粒咖啡百粒产量的体积、鲜质量的影响显著(表 4-19)。相同荫蔽栽培模式下，与重度亏缺灌水(DI_S)相比，轻度亏缺灌水(DI_L)的体积、鲜质量和干质量分别增加 7.7%、5.1% 和 8.0%，充分灌水(FI)分别增加 9.4%、8.9% 和 16.8%。相同灌水水平下，与单作咖啡(S_0)相比，中度荫蔽栽培模式(S_M)的体积、鲜质量和干质量分别增加 7.1%、6.4% 和 9.8%，重度荫蔽栽培模式(S_S)分别增加 11.3%、

10.4％和7.5％。与DI_SS_0处理相比，除DI_SS_L、DI_SS_M和DI_LS_0处理的百粒体积增加不显著外，其余处理增加6.2％～21.0％，除DI_SS_L、DI_SS_M、DI_LS_0和DI_LS_L处理的百粒鲜质量增加不显著外，其余处理增加6.2％～19.5％，除DI_SS_L和DI_LS_0处理的百粒干质量增加不显著外，其余处理增加12.9％～29.7％。

表 4-19　不同荫蔽模式下亏缺灌溉对小粒咖啡产量及产量构成和水分利用效率的影响

灌水水平	荫蔽栽培模式	百粒产量构成				产量/（kg/hm²）	水分利用效率（kg/m³）
		体积/mL	鲜重/g	干重/g	干鲜比		
FI	S_0	147.24±4.93^d	162.42±9.54^{cde}	39.23±9.46^{ab}	0.241±0.050^a	5156.12±182.73^b	0.455±0.016^{cd}
	S_L	150.21±3.44^{cd}	167.63±9.90^{bcd}	42.36±10.80^a	0.251±0.058^a	5527.63±467.50^b	0.488±0.041^{bc}
	S_M	160.81±4.88^{ab}	172.27±7.62^{abc}	40.34±0.93^{ab}	0.234±0.007^a	5965.93±326.01^a	0.526±0.029^a
	S_S	167.83±5.04^a	182.31±5.88^a	39.79±3.47^{ab}	0.218±0.019^a	4135.10±187.06^c	0.365±0.017^f
DI_L	S_0	144.95±5.39^{de}	156.29±3.88^{de}	34.00±3.20^{ab}	0.218±0.021^a	4069.16±231.18^c	0.408±0.023^e
	S_L	150.03±5.34^{cd}	159.33±1.96^{cde}	39.52±3.50^{ab}	0.248±0.020^a	5208.44±289.97^b	0.522±0.029^{ab}
	S_M	156.80±4.33^{bc}	169.88±7.33^{abc}	39.11±5.51^{ab}	0.230±0.026^a	5390.93±185.99^b	0.540±0.019^a
	S_S	164.60±7.52^{ab}	175.60±13.47^{ab}	36.92±5.28^{ab}	0.209±0.017^a	4166.50±331.49^c	0.417±0.033^{de}
DI_S	S_0	138.68±2.31^e	152.56±8.43^e	32.66±2.36^b	0.214±0.009^a	2839.92±258.15^e	0.329±0.030^f
	S_L	142.47±2.33^{de}	155.12±1.57^{de}	31.81±6.42^b	0.205±0.040^a	2903.24±39.71^e	0.336±0.005^f
	S_M	143.95±3.56^{de}	159.22±11.70^{cde}	36.87±5.22^{ab}	0.231±0.019^a	3489.36±183.29^d	0.404±0.021^e
	S_S	147.25±9.48^d	161.97±8.07^{cde}	37.15±3.94^{ab}	0.229±0.023^a	3929.00±163.22^c	0.455±0.019^{cd}
主体间效应的检验（F 值）							
灌水水平		29.707 **	11.588 **	4.161 *	1.216	234.185 **	60.327 **
荫蔽栽培模式		22.183 **	9.085 **	0.842	0.683	34.047 **	32.487 **
灌水水平×荫蔽栽培模式		1.649	0.496	0.564	1.078	23.274 **	24.955 **

4.5.4　讨　论

　　水分是影响作物光合作用的重要原料，水分亏缺程度的加剧会引起作物细胞膜解体，并导致叶绿素降解，光抑制增强。光照是作物进行光合作用的最重要能量来源，荫蔽栽培必然引起叶片光合作用、蒸腾作用及源库关系的改变，进而影响作物对水分的吸收和利用。本研究发现，小粒咖啡叶片P_n、T_r、G_s、LWUE随荫蔽度的增大呈先增大后减小的趋势，LRUE随荫蔽度的增大而增大。主要是因为荫蔽栽培影响了冠层温度和湿度，改变了水汽压亏缺而影响叶片气孔开度，进而改变了小粒咖啡叶片的光合特性。P_n、T_r、G_s、LWUE、LRUE随水分亏缺程度的增大而减小，C_i随水分亏缺程度的增大而增大。可能是因为土壤水分亏缺导致叶片气孔关闭，CO_2供应受限，也有可能是叶肉细胞CO_2扩散阻力增大，光合酶类物质活性下降所致。随着荫蔽度的增大和水分亏缺的减小，P_n、T_r、G_s、LWUE、LRUE呈不同程度增加，而C_i呈不同程度减小。表明土壤水分充足的条件下适度荫蔽栽培能使小粒咖啡获得较高的叶片水分和光能利用效率，这与刘小刚等的研究结果相似。因为荫蔽度的增大和水分亏缺的减小均改变了冠层微环境，截获光照辐射、降低冠层气温、增大冠层湿度，进而调节气孔开度和蒸腾耗水，促进光合作用从而获得较高的水光利用。

同一灌水水平下,叶片表观光能利用效率与光合有效辐射呈显著的负指数关系,表明光能利用效率随着光合有效辐射的增加先迅速减少后缓慢减少,当光合有效辐射增加到一定程度时,光能利用效率基本维持在同一个水平上,这与前人的研究结果一致。同一荫蔽栽培模式下,叶片表观光能利用效率与光合有效辐射符合 Logistic 曲线变化,表明光能利用效率随着光合有效辐射的增加先缓慢减少再迅速减少最后又缓慢减少,原因可能是水分亏缺过度时,作物的光合作用受到很大的限制,净光合速率降低是导致光能利用效率不高的主要原因。

本研究发现,株高增量、茎粗增量、冠幅增量及新梢长度均随水分亏缺程度的增大而减小,随荫蔽度的增大而增大,表明亏缺灌水抑制咖啡树的营养生长,一定程度的荫蔽栽培条件能增强咖啡树的生理活性,提高相对生长率,这与前人的研究结果一致。

土壤水分在地表与大气间的物质和能量交换中起着极为重要的作用,而土壤含水率是表征土壤水分的关键参数,反映一定深度土层的干湿程度。土壤含水率是植物功能性状空间变异的主要土壤因子,受树冠大小、凋落物数量、土壤孔隙度等影响。本研究发现,随着荫蔽度的增加,相同土层深度的土壤含水率呈减小的趋势,其中重度荫蔽栽培时减小最明显,原因可能是香蕉树与小粒咖啡树进行水分竞争,而小粒咖啡长势良好(表4-18),表明水分竞争并未导致小粒咖啡严重缺水,原因可能是香蕉树为小粒咖啡提供荫蔽环境的同时,减少了浅层土壤的水分蒸发。同一水光处理时深层土壤(10~50 cm)含水率随着距咖啡树干水平距离的增大呈增加的趋势,原因可能是小粒咖啡根系吸水随着水平树干距离的增加而减弱。而表层土壤(0~10 cm)变化不明显,原因是两棵咖啡树中间的冠层较稀疏,阳光直接辐射大,致使浅层土壤的温度升高,水分蒸发起主导作用。

本研究发现,在水分重度亏缺时,小粒咖啡的产量随荫蔽度的增加而增加,可能由于荫蔽栽培能降低环境温度,减小蒸腾耗水,缓解咖啡干旱胁迫的压力。在水分充足和轻度亏缺时,小粒咖啡的产量随荫蔽度的增加呈先增大后减小的趋势,且均在中度荫蔽栽培(3 行咖啡间作 1 行香蕉)时获得最大产量。表明土壤水分适宜时,荫蔽栽培是决定作物高产的重要因素,这与小粒咖啡具有喜温凉、湿润、荫蔽环境的生长习性有关。重度荫蔽栽培(2 行咖啡间作 1 行香蕉)时显著减产,但株高、茎粗、冠幅及新梢的相对生长率表现最优(表 4-19),这是小粒咖啡因生长冗余引起植物运集中心改变,体内同化产物的运转未向产量优化分配所致。本研究还发现,与自然光照下重度亏缺灌水相比,中度荫蔽栽培下充分灌水获得最高的产量和较大的水分利用效率(与中度荫蔽栽培下轻度亏缺灌水的最大 WUE 比,减少不明显),而重度荫蔽栽培下充分灌水和重度荫蔽栽培下轻度亏缺灌水的产量较低但百粒体积较大(表 4-19),进一步表明荫蔽度过大会减少小粒咖啡的花芽分化和结果数,导致产量降低,而结果数的减少会促进营养物质分配比例提高,增大果粒的饱满度。与此同时,重度荫蔽栽培下充分灌水和重度荫蔽栽培下轻度亏缺灌水的干鲜比较小,表明水分充足时,重度荫蔽栽培(2 行咖啡间作 1 行香蕉)下小粒咖啡鲜豆的含水量较高,果粒比较饱满。而重度荫蔽栽培下颗粒饱满的咖啡豆是否品质、口感最佳,还需进一步研究。

以往对小粒咖啡不同光照环境的研究多采用遮阴网,本研究通过与小粒咖啡间作的香蕉来实现遮阴。从提高产量和水光利用的角度考虑，建议充分灌水下 3 行咖啡间作 1 行香蕉为干热区小粒咖啡与香蕉间作时最佳的农业灌水和荫蔽栽培模式，该结果可为干热区小粒咖啡灌溉和光照管理提供实践参考。另外，本研究只对小粒咖啡的生长、叶片的光合特性、产量及水光利用进行了探索，尚未涉及微环境变化及营养品质等研究，还需进一步研究。

4.5.5　结　论

小粒咖啡叶片的 P_n、T_r、G_s、LWUE、LRUE 随水分亏缺程度的增大而减小，C_i 随水分亏缺程度的增大而增大。P_n、T_r、G_s、LWUE 随荫蔽度的增大呈先增大后减小的趋势，LRUE 随荫蔽度的增大而增大。灌水条件相同时，叶片表观光能利用效率与光合有效辐射呈显著的负指数关系，荫蔽栽培条件相同时，叶片表观光能利用效率与光合有效辐射符合 Logistic 曲线变化。小粒咖啡的株高增量、茎粗增量、冠幅增量及新梢长度均随水分亏缺程度的增大而减小，随荫蔽度的增大而增大。随土层深度增加，$0\sim50$ cm 土层的土壤含水率均表现出先增大后减小的趋势。$0\sim30$ cm 土层的土壤含水率随着灌水量的增加而显著增加，而 $30\sim50$ cm 土层的变化不明显。随着荫蔽度的增加，各层土壤含水率呈减小的趋势，其中重度荫蔽栽培模式时减小最明显。在水分重度亏缺时，小粒咖啡的产量和水分利用效率随荫蔽度的增加而增加；在水分充足或轻度亏缺时，小粒咖啡的产量和水分利用效率随荫蔽度的增加呈先增大后减小的趋势，且均在中度荫蔽栽培模式(S_M)时获得最大产量和水分利用效率。充分灌水(FI)下 3 行咖啡间作 1 行香蕉(S_M)为干热区小粒咖啡农业灌水和荫蔽栽培模式。

4.6　青枣荫蔽栽培下微润灌溉对小粒咖啡生长和水光利用的影响

4.6.1　引　言

微润灌溉是一种能够连续向作物根部土壤输水的节水灌溉新技术，可在无外加动力下实现自动供水，且沿程水头损失相对于其他灌水器而言极其微小，同时耗能低，能够减少土壤水分蒸发，因其材料为半透膜分子材料，微润管抗堵塞性能优良，节水效果明显。微润灌湿润体主要以管中心对称分布，最大值含水率在微润管附近，并随着距离的增加逐渐减小。而微润灌溉的研究成果集中在室内模拟，特别是在热带作物应用还鲜见报道。

咖啡具有荫蔽栽培的生长习性，合理荫蔽栽培可为咖啡提供适宜的生长发育环境。适度荫蔽栽培增强小粒咖啡生理活性，优化光合特性，增加生物量累积，提高水光利用效率，同时避免叶片因过分氧化而提前衰老和掉落。为了提高土地利用效率，促进小粒咖啡苗木生长，生产中经常采用作物间作实现荫蔽，而科学的荫蔽栽培模式尚不清楚。

水分和光照是咖啡生长发育过程中的两大环境因素，为探明小粒咖啡苗木最优的水光耦合模式，通过设置不同的荫蔽栽培模式和微润灌压力水头，研究不同水光组合对小粒咖啡根区土壤水分分布、生长生态特性和叶片水光利用的影响，以期为小粒咖啡苗木的水光管理提供实践参考。

4.6.2　材料与方法

本试验于 2016 年 3 月～2017 年 1 月在昆明理工大学现代农业工程学院塑料大棚内（102°45′ E，24°42′ N）进行。2016 年 3 月移栽苗龄为 1 年且生长均一的小粒咖啡幼苗（卡蒂姆 P796）和台湾大青枣种嫁接苗。供试土壤为老冲积母质发育的红褐土，田间持水量（FC）为 23.5%，其饱和含水率为 48.62%，容重为 1.15 g/cm³。0～40 cm 土壤初始含水率为 10.92%，有机质、全氮、全磷和全钾含量分别为 4.87 g/cm³、0.78 g/cm³、0.67 g/cm³ 和 11.59 g/cm³。

微润灌溉系统由供水箱、水箱升降支架、水表、过滤器、排气阀、减压阀、压力表和冲洗阀等组成。微润管（深圳市微润灌溉技术有限公司）壁厚 1 mm，管径 16 mm。

试验设置 3 个微润管入口压力水头，$H_{1.0}$：1.0 m、$H_{1.5}$：1.5 m 和 $H_{2.0}$：2.0 m。3 个荫蔽栽培模式 S_0：无荫蔽（自然光照）、S_1：轻度荫蔽（25%～35%自然光照）和 S_2：重度荫蔽（45%～55%自然光照），完全组合设计，共 9 个处理，各处理重复 4 次（图 4-19）。咖啡幼苗南北方向布置，南北方向间距（株距）1.0 m，东西方向间距（行距）1.5 m，微润管均竖直布设于咖啡幼苗东侧 20 cm 处。

青枣于 2016 年 5 月 1 日开始布置荫蔽程度。对于枝叶过度生长的青枣植株，进行分区修剪；对于荫蔽程度过小、枝叶分布不均的青枣植株，通过插杆布线、牵引侧拉等方式，保证咖啡上方荫蔽程度稳定。竖插式微润管长度 30 cm，有效渗水长度为 25 cm，竖直插入微润管并保持上端与土齐平。

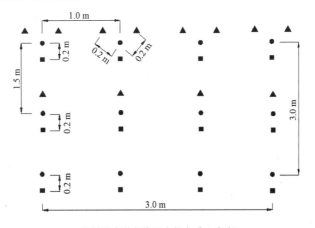

●竖插式微润管■小粒咖啡▲青枣
图 4-19　试验布置示意图

试验结束（2017 年 1 月 5 日）时测定小粒咖啡的生长指标（株高、茎粗、冠幅和叶片数）和根区湿润体的含水率。小粒咖啡旺长期（2016 年 10 月 5 日）用便携式 Li-6400 光合仪 8：00～18：00 每隔 2h 测定光合生理参数指标变化。

（1）小土钻分层取样，垂直方向从土壤表面起每隔 5 cm 取样 1 次。根据所测试验区域土壤含水率数据，模拟出湿润体剖面分布情况，其面积计算公式为：

$$S = \int_0^{D_M} f(x)\,\mathrm{d}x \tag{4-27}$$

$$f(x) = \sum_{i=0}^n a_i x^n \tag{4-28}$$

式中，S 为湿润体剖面面积，$f(x)$ 为湿润锋移动位置曲线的拟合函数(与实测曲线相关系数大于 0.9)，x 为湿润体深度，a_i 为 $f(x)$ 的拟合系数，n 为正整数，D_M 为湿润体最大深度。$f(x)$ 拟合函数由 SPSS 19.0 分析完成，根据拟合函数通过 Matlab 7.0 软件编程计算得到湿润体剖面面积。

(2)湿润体内水分分布均匀度，采用克里斯琴森均匀系数计算。

(3)叶片瞬时水分利用效率(IWUE)＝P_n/T_r，P_n 为净光合速率，T_r 为蒸腾速率。

(4)表观光能利用效率(ALUE)＝P_n/PAR，P_n 为净光合速率，PAR 为光合有效辐射。

4.6.3　结果与分析

1. 微润灌压力水头与荫蔽程度对咖啡根区湿润体水分分布的影响

与 $H_{1.0}$ 相比，$H_{1.5}$ 和 $H_{2.0}$ 时，S_0、S_1 和 S_2 的湿润体剖面面积分别增大 14.39%～30.63%、10.94%～32.23% 和 8.72%～31.14%，且越靠近微润管土壤含水率越高，但低于饱和含水率(图 4-20)。

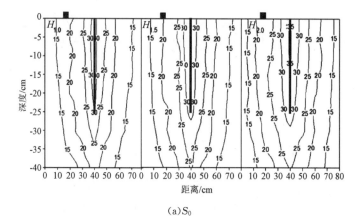

(a)S_0

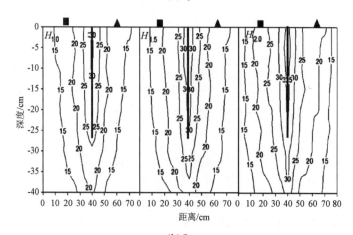

(b)S_1

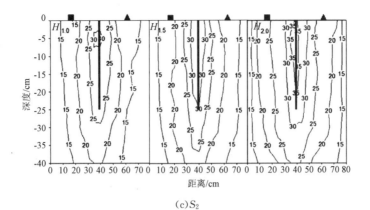

(c)S_2

图 4-20 不同压力水头和荫蔽程度下微润灌湿润体土壤水分分布/%

与 S_0 相比，S_1 和 S_2 的湿润体剖面面积分别减小 6.49%～9.94%、9.32%～14.41% 和 4.56%～9.42%，表明荫蔽程度增加会使湿润体分布面积减少，这与小粒咖啡和青枣 的水分竞争有关。S_2 时，$H_{1.0}$、$H_{1.5}$ 和 $H_{2.0}$ 的含水率超过 20% 的面积分别占湿润体剖面 面积 38.53%、46.18% 和 61.12%。荫蔽程度一定下，与 $H_{1.0}$ 相比，$H_{1.5}$ 和 $H_{2.0}$ 的湿润 体剖面面积分别增大 11.45% 和 31.76%；水头一定下，与 S_0 相比，S_1 和 S_2 的湿润体剖 面面积分别减小 6.70% 和 11.21%。

S_0 处理下距微润管水平距离 60 cm 处土壤水分较均匀，S_1、S_2 处理的 20 cm 和 60 cm 处水 分分布出现差异，土壤含水率略高于对照组 S_0 处理，可能是咖啡与青枣根系蓄水持水所致。

微润灌压力水头和荫蔽程度对土壤水分含量均值影响显著(表 4-20)。入渗量随压力 水头的增加而增大 9.98%～19.24%，增加荫蔽程度也使入渗量增加 1.32%～3.29%。 荫蔽程度一定下，与 $H_{1.0}$ 相比，$H_{1.5}$ 和 $H_{2.0}$ 的含水率均值与均匀系数分别增大 8.80% 和 31.54%、1.36% 和 4.18%。水头一定下，与 S_0 相比，S_1 和 S_2 的含水率均值和均匀系数 分别减小 5.68% 和 6.50%、1.66% 和 2.51%。

表 4-20 微润灌的湿润体水分分布特征

压力水头	荫蔽程度	每株入渗量/(mL/d)	土壤含水率		
			均值±标准差/%	均匀系数/%	变异系数
$H_{1.0}$	S_0	138±0.511f	19.430±5.771def	75.01	
	S_1	140±0.512f	18.009±5.489f	74.18	0.07
	S_2	143±0.472e	18.748±5.464ef	73.93	
$H_{1.5}$	S_0	152±0.372d	21.030±6.248bcd	76.34	
	S_1	154±0.774d	19.573±5.884def	75.12	005
	S_2	157±0.708c	20.528±5.766cde	74.69	
$H_{2.0}$	S_0	165±0.920b	25.987±6.237bc	79.09	
	S_1	167±0.702b	24.539±5.992bc	77.31	0.20
	S_2	170±0.613a	23.385±5.725ab	76.04	
主体间效应的检验					
压力水头		0.071	0.037 *	—	—
荫蔽程度		0.052	0.042 *	—	—
压力水头×荫蔽程度		0.224	0.157	—	—

Logistic 模型是 S 形曲线的常用模型。本研究采用 Logistic 扩展模型的一种，即 Log-Logistic 模型，其参数更有实际意义，拟合效果也优于传统模型。用四参数 Log-Logistic 模型进行曲线拟合，得到不同压力水头和荫蔽程度下湿润体内含水率均值与距微润管水平距离的关系，其模型为：

$$\theta = D + \frac{A-D}{1+10^{B(\lg C-l)}} \tag{4-29}$$

式中，θ 为微润管湿润体内水分拟合含量，D 为含量值的下渐近线，略低于水平距离趋近于湿润体边缘时的最小 θ 值，A 为含量值的上渐近线，略高于水平距离趋近微润管时的最大 θ 值，B 为含量变化速率参数，相当于模型曲线最大斜率绝对值，C 为模型曲线拐点所对应的 θ 值，l 为距微润管水平距离。

回归拟合结果如表 4-21 所示，决定系数 R^2 均大于 0.70，并通过 0.05 的显著性检验。因此，小区内微润管湿润体水分含量与距微润管水平距离的关系规律符合四参数 log-logistic 模型。微润灌压力水头与荫蔽程度一定时，根据拟合公式可计算距微润管不同水平距离的相应土壤水分含量。

表 4-21　微润管湿润体内水分含量的四参数 Log-Logistic 拟合

压力水头	荫蔽程度	拟合公式	R^2
$H_{1.0}$	S_0	$\lambda = 13.5964 + \dfrac{25.3038-13.5964}{1+10^{-0.1021\times(14.9893-l)}}$	0.85*
	S_1	$\lambda = 14.4008 + \dfrac{27.3842-14.4008}{1+10^{-0.1291\times(15.0650-l)}}$	0.84*
	S_2	$\lambda = 16.5608 + \dfrac{28.6890-16.5608}{1+10^{-0.2014\times(19.8376-l)}}$	0.74*
$H_{1.5}$	S_0	$\lambda = 13.6592 + \dfrac{25.4390-13.6592}{1+10^{-0.1107\times(9.9829-l)}}$	0.86*
	S_1	$\lambda = 13.5964 + \dfrac{25.5638-13.5964}{1+10^{-0.1042\times(9.9829-l)}}$	0.85*
	S_2	$\lambda = 15.9009 + \dfrac{29.2741-15.9009}{1+10^{-0.1048\times(15.1025-l)}}$	0.80*
$H_{2.0}$	S_0	$\lambda = 13.3190 + \dfrac{24.1223-13.3190}{1+10^{-0.1015\times(15.0116-l)}}$	0.83*
	S_1	$\lambda = 15.3981 + \dfrac{28.1292-15.3981}{1+10^{-0.1146\times(7.5280-l)}}$	0.71*
	S_2	$\lambda = 17.0237 + \dfrac{30.4389-17.0237}{1+10^{-0.0894\times(10.0753-l)}}$	0.75*

不同荫蔽程度下，微润灌压力水头越大土壤湿润体内含水率均值越大（图 4-29）。湿润体含水率均值随着距微润管水平距离的增大而减小，随着荫蔽程度的增加而略有减小。含水率均值拟合值减去本底值得到不同水平距离上水分含量的增加量，含水率增加量随距离的增大逐渐减小。

2. 微润灌压力水头和荫蔽栽培对小粒咖啡生长的影响

由表 4-22 可知，微润灌压力水头和荫蔽程度对小粒咖啡各生长指标影响显著。$H_{2.0}$ 的各生长指标均值最大，其次为 $H_{1.5}$，$H_{1.0}$ 的最小。与 $H_{2.0}$ 相比，$H_{1.0}$ 和 $H_{1.5}$ 的株高、茎粗、冠幅和叶片数分别减小 2.83% 和 4.78%、2.19% 和 7.57%、13.85% 和 17.40%、5.71% 和 20.00%。S_1 处理下的各生长指标均值最大，其次为 S_2，S_0 最小。与 S_0 相比，

S_1 的株高、茎粗、冠幅和叶片数分别增大 20.31％、12.44％、24.45％和 52.00％，S_2 处理分别增大 7.78％、4.61％、11.88％和 32.00％。表明适当增加荫蔽程度，能够促进咖啡生长，而过度荫蔽反而抑制生长。$H_{2.0}S_1$ 处理的株高、茎粗、冠幅和叶片数均值最大。

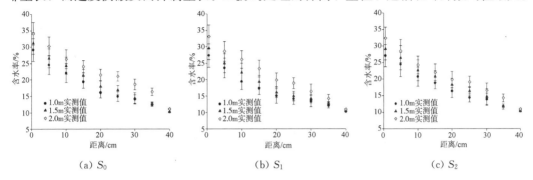

| (a) S_0 | (b) S_1 | (c) S_2 |

图 4-30　湿润体剖面土壤水分含量均值

表 4-22　微润灌压力水头与荫蔽程度对小粒咖啡生长的影响

压力水头	荫蔽程度	株高/cm	茎粗/mm	冠幅/cm	叶片数
$H_{2.0}$	S_0	34.21±4.14b	4.52±0.79ab	28.22±6.50b	39±5ab
	S_1	43.56±5.80a	5.01±0.96a	37.96±3.54a	56±4a
	S_2	36.65±4.92b	4.61±0.85ab	33.65±6.87ab	45±5ab
$H_{1.5}$	S_0	32.56±2.98b	4.39±0.54ab	26.33±5.91b	33±3b
	S_1	42.77±4.32a	4.96±0.67a	31.34±5.24a	53±8a
	S_2	35.86±3.69b	4.48±0.52ab	28.34±5.15b	46±6ab
$H_{1.0}$	S_0	33.07±3.48b	4.12±0.67b	25.23±4.50b	28±5b
	S_1	41.78±2.04a	4.63±0.64ab	29.98±7.04ab	43±4ab
	S_2	34.10±2.95b	4.32±0.61ab	27.25±3.98b	41±3ab
主体间效应的检验					
压力水头		0.048*	0.046*	0.049*	0.037*
荫蔽程度		<0.001**	0.011*	0.035*	0.002**
压力水头×荫蔽程度		0.742	0.832	0.920	0.723

3. 微润灌压力水头和荫蔽栽培对小粒咖啡光合特性的影响

微润灌压力水头对小粒咖啡叶片净光合速率（P_n）、蒸腾速率（T_r）、胞间 CO_2 浓度（C_i）、表观光能利用效率（ALUE）和瞬时水分利用效率（IWUE）日均值影响显著（表 4-23），荫蔽程度对 ALUE 和 IWUE 日均值影响显著，两者的交互作用对 P_n、ALUE 和 IWUE 日均值影响显著。

与 $H_{1.0}$ 相比，P_n、T_r、ALUE 和 IWUE 随微润灌压力水头增加分别增加 22.10％～60.75％、28.02％～70.49％、35.51％～81.65％和 26.42％～39.61％，而 C_i 减少 14.16％～31.32％。与 S_0 相比，轻度遮阴 S_1 分别增加叶片日均 P_n、T_r、ALUE 和 IWUE26.10％、26.28％、15.02％和15.53％，减少 C_i5.88％；重度遮阴 S_2 分别增加叶片日均 P_n 和 T_r12.20％和 5.37％，分别减少 C_i、ALUE 和 IWUE 11.97％、12.45％和 8.15％。其中 $H_{2.0}S_1$ 的 ALUE 和 IWUE 最大。

表 4-23　微润灌压力水头与荫蔽程度对小粒咖啡叶片日均光合特性的影响

压力水头	荫蔽程度	净光合速率 P_n[μmol/ (m²·s)]	蒸腾速率 T_r/[mmol/ (m²·s)]	胞间 CO_2 浓度 C_i/[mmol/ (m²·s)]	表观光能利用效率 ALUE/ (mmol/μmol)	瞬时水分利用效率 IWUE/ (μmol/mol)
	S_0	1.96±0.42ab	0.80±0.18abc	0.28±0.047e	30.35±1.19ab	3.25±0.23ab
$H_{2.0}$	S_1	2.35±0.36a	0.92±0.29a	0.31±0.052de	34.79±1.21a	3.77±0.07a
	S_2	2.10±0.51ab	0.84±0.16ab	0.33±0.054cde	27.12±1.16abc	3.08±0.87ab
	S_0	1.43±0.20ab	0.60±0.08abc	0.36±0.07bcde	22.94±1.02abc	3.07±0.69ab
$H_{1.5}$	S_1	1.81±0.33ab	0.71±0.17abc	0.38±0.06abcd	26.57±1.03abc	3.41±0.57ab
	S_2	1.61±0.29ab	0.61±0.16abc	0.41±0.07abc	19.36±0.78bc	2.67±0.53ab
	S_0	1.11±0.34b	0.14±0.03c	0.43±0.05ab	16.72±0.90bc	2.29±0.11ab
$H_{1.0}$	S_1	1.53±0.26ab	0.65±0.03abc	0.44±0.07a	19.12±1.01bc	2.77±0.36ab
	S_2	1.33±0.35ab	0.45±0.10bc	0.46±0.08a	14.93±0.81c	2.16±0.46b
主体间效应的检验						
压力水头		0.023 *	0.008 **	<0.001 **	0.003 **	0.040 *
荫蔽程度		0.190	0.284	0.171	0.039 *	0.048 *
压力水头×荫蔽程度		0.040 *	0.541	0.262	0.032 *	0.038 *

4.6.4　讨　论

本研究发现，增加压力水头使湿润体剖面面积、土壤含水率均值及均匀系数均有增加。荫蔽程度对水分含量均值影响显著，与 S_0 相比，S_1 和 S_2 时的湿润体剖面面积、含水率均值和均匀系数不同程度减少。这与青枣和咖啡水分竞争有关。相同压力水头条件下，荫蔽作物青枣必定对小粒咖啡造成一定程度的水分竞争，从而导致土壤水分含量及分布差异。不同荫蔽程度下，提高微润灌压力水头能促进咖啡的茎叶生长，增加各生态指标，主要由于增大微润灌压力水头使土壤含水率增加。这有利于根区吸水充盈，植株内部的水势和膨压增大，促进小粒咖啡生长。

荫蔽栽培改变植物周围的小气候环境，主要通过改变光和环境温度来影响植物的生长发育、形态指标和生理代谢等。同一压力水平下，自然光照下小粒咖啡生长速度较为缓慢，适度增加荫蔽程度可明显增大咖啡株高、茎粗、冠幅及叶片数，而过度荫蔽反而使各指标均值增加不明显。其内在原因可能是，无荫蔽栽培时，光照强度过大，叶片气孔闭合，植株呼吸作用减弱，CO_2 浓度降低，净光合速率降低，出现"午休"现象；增加荫蔽程度后，叶片气孔适度打开，净光合速率升高，增加了植株生物量的累积；而过度增加荫蔽程度，导致光照强度过低，净光合速率降低，植株生长速度减缓。

本研究发现，微润灌压力水头和荫蔽程度对小粒咖啡株高、茎粗、冠幅及叶片数影响显著。高水头时，轻度荫蔽程度的咖啡长势优良，株高、茎粗、冠幅和叶片数均达到峰值，而重度荫蔽程度生长的咖啡各生长指标增加速度变缓，主要由于重度荫蔽程度下，光照强度较弱，呼吸作用消耗的物质多，经过光合作用后留下的总产物少，给咖啡生长提供的营养物质少，导致长势不佳。另外，水分与光强之间存在一定的互补效应，即在适度荫蔽条件下提高微润灌压力水头能明显促进生长和提高水光利用效率。

适度荫蔽促进小粒咖啡的生长发育，自然光照或重度荫蔽都对咖啡光合作用产生不利的影响。此外，植物固定太阳能效率的主要参数是光能利用效率，是影响植物生产高低的重要因素，在轻度荫蔽栽培时，耐荫作物小粒咖啡的光能利用率大于自然光处理，但较大的荫蔽程度下光能利用率较低。从节水灌溉高效方面考虑，$H_{2.0}S_1$ 处理促进小粒咖啡生长，同时提高瞬时水分利用效率和光能利用效率，为小粒咖啡苗木最佳的水光耦合模式。

4.6.5　结　论

（1）微润灌湿润体剖面面积、水分含量均值与均匀度随着水头的增加而显著增大；随着荫蔽程度增加，湿润体剖面面积、水分含量均值减小，水分含量均匀度显著降低。

（2）微润灌压力水头和荫蔽程度对小粒咖啡植株的生长指标影响显著。增加压力水头提高小粒咖啡的株高、茎粗、冠幅和叶片数；轻度荫蔽栽培的株高、茎粗、冠幅和叶片数均最大。

（3）压力水头增加，叶片净光合速率、蒸腾速率、瞬时水分和光能利用效率增大，而叶片胞间 CO_2 浓度减小；适当的荫蔽栽培可提高水分和光能利用效率，而过度荫蔽降低水分和光能利用效率。水分与光照存在互补效应，适度荫蔽和无荫蔽时提高压力水头能明显促进咖啡生长和提高净光合速率。

（4）$H_{2.0}S_1$ 处理显著提高小粒咖啡株高、茎粗、冠幅、叶片数、净光合速率、水分和光能利用效率，为最佳水光耦合模式。

参考文献

白宇清，谢利娟，王定跃. 2017. 不同遮阴、土壤排水处理对毛棉杜鹃幼苗生长及光合特性的影响[J]. 林业科学，53(2)：44—53.

蔡传涛，蔡志全，解继武，等. 2004. 田间不同水肥管理下小粒咖啡的生长和光合特性[J]. 应用生态学报，15(7)：1207—1212.

陈玉民，郭国双，王广兴，等. 1995. 中国主要农作物需水量与灌溉[M]. 北京：水利电力出版社.

丁佳，吴茜，闫慧，等. 2011. 地形和土壤特性对亚热带常绿阔叶林内植物功能性状的影响[J]. 生物多样性，19(2)：158—167.

董志强，张丽华，李谦，等. 2016. 微喷灌模式下冬小麦产量和水分利用特性[J]. 作物学报，42(5)：725—733.

冯国双，谭德讲，刘锟宁，等. 2013. 四参数 log—logistic 模型在生物活性测定中的应用[J]. 药物分析杂志，33(11)：1849—1851.

郭翠花，高志强，苗果园. 2010. 花后遮阴对小麦旗叶光合特性及籽粒产量和品质的影响[J]. 作物学报，36(4)：673—679.

郝琨，刘小刚，张岩，等. 2017. 干旱胁迫—复水与氮肥耦合对小粒咖啡生长和水氮生产力的影响[J]. 应用生态学报，28(12)：4034—4042.

郝琨，刘小刚，韩志慧，等. 2017. 周期性亏缺复水灌溉与氮肥耦合对小粒咖啡生长及光合特性的影响[J]. 排灌机械工程学报，35(7)：616—626.

何玉琴，成自勇，张芮，等. 2012. 不同微润灌处理对玉米生长和产量的影响[J]. 华南农业大学学报，33(4)：566—569.

胡敏杰，姜良超，李守中，等. 2017. 覆膜与滴灌对河套灌区玉米花粒期叶片光合特征的影响[J]. 应用生态学报，28(12)：3955—3964.

黄家雄，李贵平. 2008. 中国咖啡遗传育种研究进展[J]. 西南农业学报，21(4)：1178—1181.

李朝阳，夏建华，王兴鹏. 2014. 低压微润灌灌水均匀性及土壤水分分布特性[J]. 节水灌溉，9：9—12.

李建明，潘铜华，王玲慧，等. 2014. 水肥耦合对番茄光合、产量及水分利用效率的影响[J]. 农业工程学报，30(10)：82—90.

李锦红，张洪波，周华，等. 2011. 荫蔽或非荫蔽耕作制度对云南咖啡质量的影响[J]. 热带农业科学，31(10)：20—23.

李亚男，李荣福，黄家雄，等. 2012. 咖啡主要栽培品种特性研究[J]. 安徽农业科学，40 (35)：17038—17041.

刘小刚，郝琨，韩志慧，等. 2016. 水氮耦合对干热区小粒咖啡产量和品质的影响[J]. 农业机械学报，47(2)：143—150.

刘小刚，李义林，齐韵涛，等. 2018. 干热区小粒咖啡提质增产的灌水和遮阴耦合模式[J]. 应用生态学报，29(4)：1140—1146.

刘小刚，万梦丹，齐韵涛，等. 2017. 不同遮阴下亏缺灌溉对小粒咖啡生长和水光利用的影响[J]. 农业机械学报，48(1)：191—197，190.

刘小刚，张岩，程金焕，等. 2014. 水氮耦合下小粒咖啡幼树生理特性与水氮利用效率[J]. 农业机械学报，45(8)：160—166.

刘小刚，朱益飞，余小弟，等. 2017. 不同水头和土壤容重下微润灌湿润体内水盐分布特性[J]. 农业机械学报，48(7)：189—197.

马玉莹，雷廷武，张心平，等. 2013. 体积置换法直接测量土壤质量含水率及土壤容重[J]. 农业工程学报，29(9)：86—93.

牛文全，张俊，张琳琳，等. 2013. 埋深与压力对微润灌湿润体水分运移的影响[J]. 农业机械学报，44(12)：128—134.

彭强. 2010. 遮阴与土壤水分对结果期辣椒果实及叶片生理特性的影响 [D]. 杨凌：西北农林科技大学.

彭晓邦，蔡靖，姜在民，等. 2009. 光能竞争对农林复合生态系统生产力的影响[J]. 生态学报，29(1)：545—552.

施建平，鲁如坤，时正元，等. 2002. Logistic 回归模型在红壤地区早稻推荐施肥中的应用[J]. 土壤学报，(39)6：853—862.

帅海威，孟永杰，陈锋，等. 2018. 植物荫蔽胁迫的激素信号响应[J]. 植物学报，(1)：139—148.

孙园园，孙永健，陈林，等. 2012. 不同播期和抽穗期弱光胁迫对杂交稻生理性状及产量的影响[J]. 应用生态学报，23(10)：2734—2744.

谭娟，郭晋川，吴建强，等. 2016. 不同灌溉方式下甘蔗光合特性[J]. 农业工程学报，32(11)：150—158.

谭念童，林琪，李玲燕，等. 2010. 限量补灌对旱地冬小麦灌浆期旗叶光响应及产量的影响[J]. 华北农学报，25(4)：145—151.

万梦丹，刘小刚，徐航，等. 2016. 不同灌水和光强条件下小粒咖啡叶片光响应及光合生理特征[J]. 排灌机械工程学报，34(9)：795—803.

王林, 王琦, 张恩和, 等. 2014. 间作与施氮对秸秆覆盖作物生产力和水分利用效率的影响[J]. 中国生态农业学报, 22(8): 955-964.

王瑞, 刘国顺, 陈国华, 等. 2010. 光强对苗期烤烟光合作用及干物质生产的影响[J]. 应用生态学报, 21(8): 2072-2077.

王剑文, 龙乙明. 1994. 荫蔽对小粒种咖啡的影响[J]. 热带作物研究, 2: 31-34.

王凯, 朱教君, 于立忠, 等. 2009. 遮阴对黄波罗幼苗的光合特性及光能利用效率的影响[J]. 植物生态学报, 33(5): 1003-1012.

王日明, 熊兴耀. 2016. 高温胁迫对黑麦草生长及生理代谢的影响[J]. 草业学报, 25(8): 81-90.

王振华, 孙宏勇, 张喜英, 等. 2007. 不同冬小麦品种光合作用对环境因子响应的初步研究[J]. 华北农学报, 22(1): 9-12.

吴海卿, 段爱旺, 杨传福. 2000. 冬小麦对不同土壤水分的生理和形态响应[J]. 华北农学报, 15(1): 92-96.

武阳, 王伟, 黄兴法, 等. 2012. 亏缺灌溉对成龄库尔勒香梨产量与根系生长的影响[J]. 农业机械学报, 43(9): 178-84.

肖生春, 肖洪浪, 段争虎. 2004. 干旱沙漠地区春小麦的水分与氮肥利用效率研究[J]. 中国沙漠, 24(3): 360-364.

谢文香, 祁世磊, 刘国宏, 等. 2014. 地埋微润管入渗试验研究[J]. 新疆农业科学, 51(12): 2201-2205.

薛万来, 牛文全, 张俊, 等. 2013. 压力水头对微润灌土壤水分运动特性影响的试验研究[J]. 灌溉排水学报, 32(6): 7-11.

叶子飘, 康华靖, 杨小龙. 2016. 不同 CO_2 浓度下番茄幼苗叶片的光能利用效率[J]. 应用生态学报, 27(8): 2543-2550.

易小平, 张亚黎, 姚贺盛, 等. 2017. 土壤水分亏缺下棉花叶片光破坏防御机制研究进展[J]. 植物生理学报, 53(3): 339-351.

张洪波, 周华, 李锦红, 等. 2010. 云南小粒种咖啡荫蔽栽培研究[J]. 热带农业科技, 33(3): 40-48.

张昆, 万勇善, 刘风珍. 2010. 苗期弱光对花生光合特性的影响[J]. 中国农业科学, 43(1): 65-71.

张旺锋, 樊大勇, 谢宗强, 等. 2005. 濒危植物银杉幼树对生长光强的季节性光合响应[J]. 生物多样性, 13(5): 387-397.

张亚琦, 李淑文, 付巍, 等. 2014. 施氮对杂交谷子产量与光合特性及水分利用效率的影响[J]. 植物营养与肥料学报, 20(5): 1119-1126.

张岩, 刘小刚, 万梦丹, 等. 2015. 小粒咖啡光合特性和抗氧化物酶对有限灌溉和氮素的响应[J]. 排灌机械工程学报, 33(11): 991-1000.

张玉, 韩清芳, 成雪峰, 等. 2015. 关中灌区沟垄集雨种植补灌对冬小麦光合特征、产量及水分利用效率的影响[J]. 应用生态学报, 26(5): 1382-1390.

张元帅, 冯伟, 张海艳, 等. 2016. 遮阴和施氮对冬小麦旗叶光合特性及产量的影响[J]. 中国生态农业学报, 24(9): 1177-1184.

张子卓, 张珂萌, 牛文全, 等. 2015. 微润带埋深对温室番茄生长和土壤水分动态的影响[J]. 干旱地区农业研究, 33(2): 122-129.

赵育民, 牛树奎, 王军邦, 等. 2007. 植被光能利用率研究进展[J]. 生态学杂志, 26(9): 71

—77.

朱巧玲，冷佳奕，叶庆生. 2013. 黑毛石斛和长距石斛的光合特性[J]. 植物学报，48(2)：151—159.

朱燕翔，王新坤，程岩，等. 2015. 半透膜微润管水力性能试验的研究[J]. 中国农村水利水电，5：23—25.

Agnaldo R M，Angela T，Hugo A. 2008. Seasonal changes in photoprotective mechanisms of leaves from shaded and unshaded field-grown coffee (*Coffea arabica* L) trees[J]. Trees，22(3)：351—361.

Araujo W L，Dias P C，Moraes G A，et al. 2008. Limitations to photosynthesis in coffee leaves from different canopy positions[J]. Plant Physiol and Biochem，46(10)：884—890.

Baig M，Anand A，Mandal P，Bhatt R. 2005. Irradiance influences contents of photosynthetic pigments and proteins in tropical grasses and legumes[J]. Photosynthetica，43(1)：47—53.

Ben Brahim S，Gargouri B，Marrakchi F，et al. 2016. The effects of different irrigation treatments on olive oil quality and composition: a comparative study between treated and olive mill wastewater[J]. Journal of Agricultural and Food Chemistry，64(6)：1223—1230.

Bloor J M G. 2003. Light responses of shade-tolerant tropical tree species in north-east Queensland: a comparison of forest- and shadehouse-grown seedlings[J]. Journal of Tropical Ecology，19(2)：163—170.

Bondor C I，Muresan A. 2012. Correlated criteria in decision models: recurrent application of TOPSIS method[J]. Applied Medical Informatics，30(1)：55—63.

Boreux V，Vaast P，Madappa L P，et al. 2016. Agroforestry coffee production increased by native shade trees，irrigation，and liming[J]. Agronomy for Sustainable Development，36(3)：1—9.

Bosselmann A S，Dons K，Oberthur T，et al. 2009. The influence of shade trees on coffee quality in small holder coffee agroforestry systems in Southern Colombia[J]. Agriculture Ecosystems & Environment，129(1)：253—260.

Bote A D，Struik P C. 2011. Effects of shade on growth，production and quality of coffee (Coffea arabica) in Ethiopia[J]. Journal of Horticulture & Forestry，3：336—341.

Cai C，Cai Z，Yao T，et al. 2007. Vegetative growth and photosynthesis in coffee plants under different watering and fertilization managements in Yunnan，SW China[J]. Photosynthetica，45(3)：455—461.

Cai Z，Chen Y，Guo Y，et al. 2005. Responses of two field-grown coffee species to drought and rehydration[J]. Photosynthetica，43(2)：187—193.

Camargo D C，Montoya F，Moreno M A，et al. 2016. Impact of water deficit on light interception，radiation use efficiency and leaf area index in a potato crop (*Solanum tuberosum* L.)[J]. The Journal of Agricultural Science，154(4)：662—673.

Charbonnier F，Roupsard O，Maire G L，et al. 2017. Increased light-use efficiency sustains net primary productivity of shaded coffee plants in agroforestry system[J]. Plant, Cell & Environment，40：1592—1608.

Chastain D R，Snider J L，Collins G D，et al. 2014. Water deficit in field-grown gossypium hirsutum，primarily limits net photosynthesis by decreasing stomatal conductance，increasing photorespiration，and increasing the ratio of dark respiration to gross photosynthesis[J]. Journal of Plant Physiology，171(17)：1576—85.

Chaves A R M, Tencaten A, Pinheiro H A, et al. 2008. Seasonal changes in photoprotective mechanisms of leaves from shaded and unshaded field-grown coffee (*Coffea arabica* L.) trees[J]. Trees, 22(3): 351—361.

Chemura A. 2014. The growth response of coffee (*Coffea arabica* L.) plants to organic manure, inorganic fertilizers and integrated soil fertility management under different irrigation water supply levels[J]. International Journal of Recycling of Organic Waste in Agriculture, 3(2): 1—9.

Crisosto C, Grantz D, Meinzer F. 1992. Effects of water deficit on flower opening in coffee (*Coffea arabica* L)[J]. Tree Physiology, 10(2): 127—139.

Damatta F M. 2004. Ecophysiological constraints on the production of shaded and unshaded coffee: a review[J]. Field Crops Research, 86(2): 99—114.

Deng H, Yeh C H, Willis R J. 2000. Inter-company comparison using modified TOPSIS with objective weights[J]. Computers & Operations Research, 27(10): 963—973.

Dong T L, Forrester D I, Beadle C, et al. 2016. Effects of light availability on crown structure, biomass production, light absorption and light-use efficiency of Hopea odorata planted within gaps in Acacia hybrid plantations[J]. Plant Ecology & Diversity, 9(5—6): 535—548.

Du T, Kang S. 2011. Efficient water-saving irrigation theory based on the response of water and fruit quality for improving quality of economic crops[J]. Journal of Hydraulic Engineering, 42(2): 245—252.

Ehrenbergerová L, Cienciala E, Kučera A, et al. 2016. Carbon stock in agroforestry coffee plantations with different shade trees in Villa Rica, Peru[J]. Agroforestry Systems, 90(3): 433—445.

Evizal R. 2016. Shade tree species diversity and coffee productivity in sumberjaya, west lampung, Indonesia[J]. Biodiverisitas, 17(1): 234—240.

Fenilli T, Reichart K, Bacchi O, et al. 2007. The ^{15}N isotope to evaluate fertilizer nitrogen absorption efficiency by the coffee plant[J]. Annals of the Brazilian Academy of Sciences, 79(4): 767—776.

Franck N, Vaast P. 2009. Limitation of coffee leaf photosynthesis by stomatal conductance and light availability under different shade levels[J]. Trees, 23(4): 761—769.

Haggar J, Barrios M, Bolaños M, et al. 2011. Coffee agroecosystem performance under full sun, shade, conventional and organic management regimes in central America[J]. Agroforestry Systems, 82(3): 285—301.

Jaramillobotero C, Santos R H S, Martinez H E P, et al. 2010. Production and vegetative growth of coffee trees under fertilization and shade levels[J]. Scientia Agricola, 67(6): 639—645.

Kang S., Shi W., Zhang J. 2000. An improved water-use efficiency for maize grown under regulated deficit irrigation[J]. Field Crops Research, 67(3): 207—214.

Läderach P, Oberthür T, Cook S, et al. 2011. Systematic agronomic farm management for improved coffee quality[J]. Field Crops Research, 120(3): 321—329.

Li H W, Jiang D, Wollenweber B, et al. 2010. Effects of shading on morphology, physiology and grain yield of winter wheat[J]. European Journal of Agronomy, 33(4): 267—275.

Li J, Zhang H, Zhou H, et al. 2011. Effects of shade/non-shade farming systems on cup quality of Arabica coffee in Yunnan[J]. Chinese Journal of Tropical Agriculture, 31(10): 20—23.

Li Z, Liu D, Zhao S, Jiang C, et al. 2014. Mechanisms of photoinhibition induced by high light in Hosta grown outdoors[J]. Chinese Journal of Plant Ecology, 38(7): 720—728.

Li Z, Li W. 2004. Dry-period irrigation and fertilizer application affect water use and yield of spring wheat in semi-arid regions[J]. Agricultural Water Management, 65(2): 133—143.

Lima A, DaMatta F, Pinheiro H, et al. 2002. Photochemical responses and oxidative stress in two clones of coffea canephora under water deficit conditions[J]. Environmental and Experimental Botany, 47 (3): 239—247.

Lin B. 2009. Coffee (*Café arabica* var. bourbon) fruit growth and development under varying shade levels in the Soconusco region of Chiapas, Mexico[J]. Journal of Sustainable Agriculture, 33(1): 51—65.

Liu X, Li F, Zhang Y, et al. 2016. Effects of deficit irrigation on yield and nutritional quality of Arabica coffee (*Coffea arabica*) under different N rates in dry and hot region of southwest China[J]. Agricultural Water Management, 172: 1—8.

Marsal J, Casadesus J, Lopez G, et al. 2016. Sustainability of regulated deficit irrigation in a mid-maturing peach cultivar[J]. Irrigation science, 34(3): 201—208.

Masarirambi M, Chingwara V, Shongwe V. 2009. The effect of irrigation on synchronization of coffee (*Coffea arabica* L.) flowering and berry ripening at Chipinge, Zimbabwe[J]. Physics and Chemistry of the Earth, 34(13): 786—789.

Matsubara S, Krause G H, Aradna J, et al. 2009. Sun-shade patterns of leaf carotenoid composition in 86 species of Neotropical forest plant[J]. Functional Plant Biology, 36(1): 20—36.

Muschler R G. 2001. Shade improves coffee quality in a sub-optimal coffee-zone of Costa Rica[J]. Agroforestry Systems, 51(2): 131—139.

Nazareno R B, Oliveira C, Sanzonowicz C, et al. 2003. Initial growth of Rubi coffee plant in response to nitrogen, phosphorus and potassium and water regimes[J]. Pesquisa agropecuária brasileira, 38(8): 903—910.

Nesper M, Kueffer C, Krishnan S, et al. 2017. Shade tree diversity enhances coffee production and quality in agroforestry systems in the Western Ghats[J]. Agriculture, Ecosystems & Environment, 247: 172—181.

Ozden M. 2014. Antioxidant potential and secondary metabolite content of grape berries influenced by microclimate[J]. Journal of Food, Agriculture & Environment, 12(3&4): 338—344.

Patanè C, Tringali S, Sortino O. 2011. Effects of deficit irrigation on biomass, yield, water productivity and fruit quality of processing tomato under semi-arid Mediterranean climate conditions[J]. Scientia Horticulturae, 129(4): 590—596.

Perdoná M J, Soratto R P. 2015. Irrigation and intercropping with macadamia increase initial Arabica coffee yield and profitability[J]. Agronomy Journal, 107(2): 615—626.

Perdoná M J, Soratto R P. 2015. Higher yield and economic benefits are achieved in the macadamia crop by irrigation and intercropping with coffee[J]. Scientia Horticulturae, 185: 59—67.

Perdoná M J, Soratto R P. 2016. Arabica coffee-macadamia intercropping: a suitable macadamia cultivar to allow mechanization practices and maximize profitability[J]. Agronomy Journal, 108(6): 2301—2312.

Pinheiro H, Damatta F, Chaves A, et al. 2004. Drought tolerance in relation to protection against oxidative stress in clones of Coffea canephora subjected to long-term drought[J]. Plant Science, 167(6): 1307—1314.

Quested H, Eriksson O, Fortunel C, et al. 2007. Plant traits relate to whole-community litter quality and decomposition following land use change[J]. Functional Ecology, 21(6): 1016—1026.

Ren B，Cui H，Camberato J J，et al. 2016. Effects of shading on the photosynthetic characteristics and mesophyll cell ultrastructure of summer maize[J]. The Science of Nature，103(7－8)：1－22.

Ricci M S F，Rouws J R C，Oliveira N G D，et al. 2011. Vegetative and productive aspects of organically grown coffee cultivars under shaded and unshaded systems[J]. Scientia Agricola，68(4)：424－430.

Robert E S，Mark A，John S B. 1984. Kok effect and the quantum yield of photosynthesis：light partially inhibits dark respiration[J]. Plant Physiology，75：95－101.

Sakai E，Barbosa E A A，Carvalho S，et al. 2015. Coffee productivity and root systems in cultivation schemes with different population arrangements and with and without drip irrigation[J]. Agricultural Water Management，148：16－23.

Santesteban L G，Miranda C，Royo J B. 2011. Regulated deficit irrigation effects on growth，yield，grape quality and individual anthocyanin composition in *Vitis vinifera* L. cv. 'Tempranillo' [J]. Agricultural Water Management，98(7)：1171－1179.

Shimber G T，Ismail M R，Kausar H，et al. 2013. Plant water relations，crop yield and quality in coffee (*coffea arabica* L.) as influenced by partial root zone drying and deficit irrigation[J]. Australian Journal of Crop Science，7(9)：1361－1368.

Sidney C，Fabio M，Marcelo E. 2006. Effects of long-term soil drought on photosynthesis and carbohydrate metabolism in mature robusta coffee (*Coffea canephora Pierre var. kouillou*) leaves[J]. Environmental and Experimental Botany，56(3)：263－273.

Somporn C，Kamtuo A，Theerakulpisut P，et al. 2012. Effect of shading on yield，sugar content，phenolic acids and antioxidant property of coffee beans (*Coffea Arabica* L. cv. Catimor) harvested from north-eastern Thailand[J]. Journal of the Science of Food & Agriculture，92(9)：1956－1963.

Steiman S，Idol T，Bittenbender H C，et al. 2011. Shade coffee in Hawai exploring some aspects of quality，growth，yield，and nutrition[J]. Scientia Horticulturae，128(2)：152－158.

Tesfaye S G，Ismail M R，Kausar H，et al. 2013. Plant water relations，crop yield and quality of Arabica coffee (*Coffea arabica*) as affected by supplemental deficit irrigation[J]. International Journal of Agriculture and Biology，15(4)：665－672.

Tesfaye S G，Ismail M R，Ramlan M F，et al. 2014. Effect of soil drying on rate of stress development，leaf gas exchange and proline accumulation in robusta coffee (*Coffea canephora pierre ex froehner*) clones[J]. Experimental Agriculture，50(3)：458－479.

Vaast P，Bertrand B，Perriot J J，et al. 2006. Fruit thinning and shade improve bean characteristics and beverage quality of coffee (*Coffea arabica* L.) under optimal conditions[J]. Journal of the Science of Food and Agriculture，86(2)：197－204.

Van Asten P J A，Wairegi L W I，Mukasa D，et al. 2011. Agronomic and economic benefits of coffee banana intercropping in Uganda's smallholder farming systems[J]. Agricultural Systems，104(4)：326－334.

Wang K，Zhu J，Yu L，et al. 2009. Effects of shading on the photosynthetic characteristics and light use efficiency of phellodendron amurense seedlings[J]. Chinese Journal of Plant Ecology，33(5)：1003－1012.

Xing Y，Zhang F，Zhang Y，et al. 2015. Effect of irrigation and fertilizer coupling on greenhouse tomato yield，quality，water and nitrogen utilization under fertigation[J]. Scientia Agricultura Sinica，48(4)：713－726.

Xu F，Guo W，Xu W，et al. 2010. Effects of light intensity on growth and photosynthesis of seedlings of quercus acutissima and robinia pseudoacacia[J]. Acta Ecologica Sinica，30(12)：3098—3107.

Yildirim M，Demirel K，Bahar E. 2017. Radiation use efficiency and yield of pepper (*Capsicum annuum* L. cv. *California Wonder*) under different irrigation treatments[J]. Journal of Agricultural Science and Technology，19(3)：693—705.

Zhang Y，Meng X，Yang D，et al. 2009. Comparative study on chemical constituents of pinellia ternate (Thunb.) breit. under different light intensities[J]. Plant Science Journal，27(5)：533—536.

Zheng Y J，Yang Y Q. 2008. Effect of methanol on photosynthesis and chlorophyll fluorescence of flag leaves of winter wheat[J]. Journal of Integrative Agriculture，7(4)：432—437.

Zhou Z，Andersen M N，Plauborg F. 2016. Radiation interception and radiation use efficiency of potato affected by different N fertigation and irrigation regimes[J]. European Journal of Agronomy，81：129—137.

（刘小刚、郝琨、李伏生、程金焕、何红艳、齐韵涛、朱益飞、万梦丹、王露、张文慧）

第5章 云南干热区小粒咖啡需水特征研究

5.1 引 言

5.1.1 研究背景

云南省是我国咖啡的主产区之一,生产的小粒咖啡以"浓而不苦,香而不烈,略带果酸味"闻名于世。经过近60年的发展,云南省现已成为全国最大的咖啡豆生产和出口基地,但从总体看,云南省小粒咖啡产业仍停留在起步阶段,种植水平及竞争力不强等问题显著。小粒咖啡是对自然条件要求较高的园艺性经济作物,在云南地区栽培的小粒咖啡经常受土壤季节性干旱的制约,产量和品质得不到保证。水分亏缺会导致咖啡的生理和生长产生明显的变化。《云南省咖啡产业发展规划(2010—2020年)》指出,云南热区尚有大量的小粒咖啡宜植土地资源可开发利用,元谋等地需进一步扩大种植面积。素有"天然温室"之称的元谋干热区是云南省发展热带经济作物的重要生产基地,但该灌区降水量较少且时空分布不均,季节性干旱缺水问题突出,水利基础设施建设发展滞后,资源性缺水与工程性缺水并存,限制了小粒咖啡的优质高效生产。因此,掌握科学的小粒咖啡需水规律有助于灌区水资源优化管理,为咖啡产业发展提供理论依据。

作物的需水量(crop water requirement)是指作物在适宜的肥力和水分条件下,在整个生育期生长所需要的水量,主要包括组成作物本身的水量、作物蒸腾及株间蒸发、土壤水分蒸发,或称蒸散发量。作物需水量是个相当复杂的过程,它发生在土壤—作物—大气系统中,受到土壤水分、土壤物理性质、作物种类、作物生育状况、气候条件和农业技术措施等众多因素的综合影响。在目前农用水资源总量不变的情况下,准确地计算和预测作物需水量,了解作物需水规律,是制定科学、合理的灌溉制度,确定灌区灌溉用水量,实施精细灌溉的基础;是制定流域规划、地区水利规划、水资源利用规划以及灌排工程的规划、设计、管理等领域的基本依据;是达到节水、高产、高效目的,实现灌区水资源可持续发展的有效手段和基本保障。同时,我国农作物种植正从以往的单纯追求扩大数量向提高品质、增加单位面积产量、减少污染等精细化设施农业发展方向转变。因此,进行作物需水量的计算和研究一直是个重要课题,而且随着水资源的供需矛盾的发展,作物需水量问题将会被越来越多的人关注。

5.1.2 研究目的和意义

在全球水资源日益缺乏的情况下,为了合理利用和分配水资源,更加需要深入了解不同植被覆盖和土地利用条件下的需水情况。陆地水文过程是连接地球表面系统中水分、土壤、气候等许多要素变化的桥梁，它是由"土壤－植被－大气"界面过程、坡面上的水文过程、河流动力学过程、流域水循环过程等多个环节组成。陆面水文过程通过地球表面不同下垫面的蒸散发向大气输出水分，以至于影响降水、大气的运动和大气温度等不同气候、不同天气状况。蒸散发包括两部分的内容，一部分是通过植物表面和植物体内的水分蒸腾，另一部分为通过陆地表面的水分蒸发。有研究指出地球表面的降水有70%通过蒸发或蒸腾作用回到大气中，在干旱区则有90%的降水回到大气，由此可见蒸散发在陆面水文过程中的地位举足轻重。

本研究根据元谋气象站点1956~2010年逐日的气象观测资料，计算并分析元谋干热区小粒咖啡需水量和水分盈亏指数的逐日变化、月际变化和年际变化，得出该区不同时间尺度下小粒咖啡需水量及水分盈亏指数的变异规律，同时采用相关分析方法探讨各气象因子对该区小粒咖啡需水量的影响程度。该研究旨在为元谋干热区小粒咖啡科学灌溉提供理论和实践参考，推动云南省咖啡产业发展。

5.1.3　国内外研究进展

1. 参考作物蒸发蒸腾量及作物需水量计算方法

作物水分消耗主要表现为土壤蒸发与作物蒸腾，合称蒸发蒸腾量。参考作物蒸发蒸腾量的计算方法作用包括涡动相关法与能量平衡法。以空气动力学理论计算腾发量的方法中常用的是涡动相关法。在近地表面，风向基本是与地面平行的，但是由于空气中的涡动产生了垂直风速。另外，在空气的运动中湿空气会存在着湍流波动，当两者同正时表示湿润空气从地面向大气中散逸，形成蒸发；同负表示干燥空气从大气向地面运动，产生冷凝现象。通过对这两个量的测量来计算蒸发率的方法称为涡动相关法。

基于能量平衡原理的方法中最著名的是Penman公式，该公式是用"大叶"模型求腾发量，可根据通量梯度关系或是水汽状态空间分析得出。Monteith在Penman公式的基础上考虑了冠层的作用并引入表面阻力，从而得出Penman-Monteith公式。FAO定义了参照作物，确定了Penman-Monteith公式中几个难以获取的值，提出FAO的Penman公式。此外，基于能量平衡原理计算腾发量的还有Priestly-Taylor公式、Turc公式、Doorenbos和Pruitt辐射能原理公式；基于温度原理计算腾发量的Hargreaves公式、Blaney-Criddle公式和Thornthwaite公式。

作物蒸发蒸腾量与气象因素、土壤的供水状况以及作物种类和长势有关。国际上对作物需水量的研究已经有200多年历史，人们很早就开始从物理学和气象学的角度研究蒸发并取得了一系列的重要成果。关于蒸散的研究最早可以追溯到1802年，Dalton提出了道尔顿蒸散定律，Dalton综合风、空气温度和湿度对农田蒸散发的影响，使蒸散发的计算开始有了具体的物理意义，为近代蒸散理论奠定了坚实基础。随着水文、气象部门开始用能量平衡法与水汽扩散理论进行计算水面蒸发研究，这一方法也被应用到作物需水量研究工作中。

Bowen于1926年提出了计算蒸发的波文比能量平衡方法，此方法适用于空气温度和湿度垂直轮廓一致的情况，在常规观测中精度较好，但在下垫面很潮湿或很干燥的条件下，计算结果往往偏低，精度下降。

　　Thornthwatie 和 Holzman 利用近地面边界层相似理论，提出了计算蒸发的空气动力学方法。该理论假定下垫面均匀，认为动量、热量和水汽传输系数相等，但是实际中大部分下垫面都不是均一的，且粗糙的下垫面必定对湍流场产生复杂影响，所以此方法的应用局限在较小的范围内。

　　1948 年 Penman 提出了理论基础坚实和物理意义明确的 Penman 公式，该公式将能量平衡和空气动力学理论相结合，热量平衡项与空气动力项都有意义明确的理论依据，只需要获得普通的气象资料就可以来计算，为作物蒸散发的估算提供了很大的方便。

　　50 年代苏联学者布德柯提出大区域平均蒸发量的气候学估算公式，以及根据水量平衡原理计算流域蒸发的水量平衡法。

　　1960 年中期，蒸散发的研究考虑更加细致全面的因素，主要表现为将生物学因素作为影响蒸散发的因子。Penman 和 Long 通过研究 SPAC 土壤－作物－大气连续系统中能量与物质交换过程来模拟植物蒸腾和土壤蒸发。之后，Shuttleworth 建立了考虑温度、湿度和风速等的解析模式。

　　70 年代，莫顿根据不同区域下的垫面状况和气候特征，通过分析不同环境要素对蒸散发过程的影响，为单个或多个气象、环境要素建立了计算蒸散发的经验和半经验统计模型，这是一种计算区域蒸散发量的简便实用的方法。70 年代末期，Hillel 从土壤水分运移规律总结出来了一些新的理论，结合土壤物理学原理来确定蒸散发量，为蒸散发的计算提供了新的研究方法和思路。

　　莫兴国等考虑作物冠层和冠层下地表两部分，基于 Penman-Monteith 公式提出了双源模型，该模型分别考虑冠层和土壤的空气动力学阻力，并引入土壤阻力，对冠层和土壤分别应用 Penman-Monteith 公式。

　　郭冬冬等考虑参考作物的腾发量由一个呈周期性变化的周期分量和一个随机变化的随机分量构成这一特点，提出了计算参考作物腾发量的时间序列法，并对商丘试验站1977～1986 年的参考作物腾发量进行了分析与模拟。罗玉峰等基于同样的原理，以傅里叶级数表示多年日平均参考作物腾发量在年内的变化过程，提出了傅立叶级数模型，并将模型应用于陡山灌区的参考作物腾发量实时预报。蔡甲冰等对普通天气预报信息进行解析，取得可用的合理数据，利用 Penman-Monteith 方法估算了北京大兴试区近 10 年逐日参考作物腾发量，与用 Penman-Monteith 方法计算实测数据的结果相比，具有高度显著的线性相关性。胡安焱等根据观测土壤含水量剖面可以区分出土壤水分蒸发损失量和排水损失量的原理，利用零通量面存在时段计算土壤水分腾发量。

　　2. 作物需水量时间变异性研究

　　研究作物需水量随时间的变化规律一般是基于随机理论和统计学采用自相关分析和谱分析及其时间序列的预测等方法，通过曲线拟合，参数估计来反映作物需水量随时间变化的趋势。A. W. Abdelhadi 等通过对参考作物蒸发量的计算，进一步分析了 ET_0 的月际变化趋势。孙景生等利用 Penman-Monteith 公式对逐旬参考作物需水量及在年内、年际间的变化进行了分析计算，表明受气象因子的综合作用，ET_0 值在年内与年际间变化较大。刘宏谊、马鹏里等在计算了甘肃省 1960～2000 年农作物需水量的基础上，运用统计方法分析其时空变异性，结果显示，作物需水量随着纬度的增加而增大，而且作物需水量在近 40 年内呈现出下降趋势，河西地区较河东下降趋势更为明显。任玉敦、崔远来等对昌平站、慧北站和团林站的参考作物腾发量在 1951～2000 年的变化规律进行了分析，分析发现慧北和团林站几十年来随时间有下降趋势，而昌平站呈上升趋势。

作物需水量时间序列往往存在多层次的时间尺度结构，简单的趋势分析不能体现这种多时间尺度特征。小波分析弥补了这一缺陷，在 20 世纪末，开始被引入到水文系统多时间尺度分析的研究中来。Yenckp 和 Foufoular-Gegious 用小波理论对降水时间序列进行小波分解，识别其时间－频率尺度，进而进行能量分解，为研究降水形成机制开辟了新途径。衡彤、王文圣、丁晶、张少文等利用小波变换对降水量和径流量时间序列的多时间尺度变化及突变特征进行了探讨，清晰地给出了各种时间尺度的强弱和分布情况以及旱涝变化趋势和突变点，而且还就其主要周期进行了分析。

而小波理论用于作物需水量研究方面，在现有发表的研究成果中，仅有刘丙军一人将小波分析原理运用到作物需水量的研究中。刘丙军以韶山灌区 30 年参考作物潜在腾发量时间序列为研究对象，运用分形理论和小波变换的理论研究了参考作物需水量时间序列的变化规律，并提出了一种基于小波变换与人工神经网络相结合的参考作物腾发量预测模型，具有较高的预测精度。

随着现代科学技术的发展，充分利用先进的信息技术，实现农业用水科学化、现代化管理，也成为科研成果得以推广应用的一个重要途径。以参考作物蒸发蒸腾量的理论成果进行需水量计算模型的系统应用，国外进行了广泛的研究，并且出现了许多覆盖范围广、较有影响的模拟、管理或决策系统，如 Martin Smith 开发的灌溉规划及管理工具 CROPWAT 软件包，荷兰 Wageningen 农业大学研究开发的 SWAP 和 CRIWAR 模型，以及美国农业部开发的 CERES 系列模型、CropSyst 和 ORYZA2000 等。

人工智能方法也逐渐应用在作物需水量及其相关领域中，对于非线性问题的解决取得了较好效果。Kumar、Raghuwanshi 等在 BP 网络算法基础上引入动量因子，建立了包含一个隐含层的预测模型。其输入层包含最高和最低温度、最大和最小相对湿度、风速和太阳辐射六个元素，输出层为一个元素。在训练过程中通过调整隐含层元素个数和训练次数进行优选，并对优选出的 6-7-1 模型分学习系数为 0.2、0.8 以及考虑动量系数三种情况下的网络输出与实测资料和采用 Penman-Monteith 方法计算得到的结果进行了比较，总体认为 BP 算法能够反映各因素对 ET_0 的影响，尤以考虑动量系数的模型为优。

我国对作物需水量的研究虽起步较晚，但近些年在国家 "973" 计划、国家自然科学基金、国家科技支撑计划的资助与中科院、农业部、以及各地政府的支持下，许多科研院所、高等院校和各地有关部门对作物需水量进行了深入研究，取得了许多成果。

刘钰等计算了全国 30 种作物的需水量和净灌溉需水量，利用 GIS 的空间分析功能，采用反距离加权插值法得到主要作物多年平均作物需水量与净灌溉需水量的等值线图，分析中国主要作物灌溉需水量空间分布特征。刘玉春等计算了河北省参照作物需水量和棉花需水量，利用皮尔逊 III 型分布曲线，通过频率计算和配线法确定不同水文年份棉花生育期的有效降水量和需水量，分析不同水文年份棉花的灌溉需水量和灌溉需求指数。王卫光等利用历史气象资料和大气环流模式 HadCM3 的统计尺度数据，驱动 ORYZA2000 水稻模型，模拟了苏南地区两种灌溉方式下历史和未来 3 个时期水稻耗水量、水稻灌溉需水量和产量的变化规律。

3. 气候变化对作物生长及产量影响

对于世界上的各种主要作物，Doorenbos 和 Pruitt 研究并统计了通常情况下它们的播种日期和四个生长阶段的长度，Doorenbos、Pruitt、Kassam、Pruitt、Wright、Snyder 则分别研究了上述三个时期的作物系数。

Tung 等用包括天气发生器、灌溉供给、土壤水、作物生长四个组件的模型模拟了未来 100 年气候变化对美国的 Albany、Indianapolis、Oklahoma 三个地区灌溉玉米的影响。气候变化的影响随地理位置和管理方式的不同差异很大。同时该研究还指出，由于作物蒸散发增加和辐射减少，作物生长期延长的正面影响会被抵消。另外灌溉和合理选择播种期及品种可以减少气候变化带来的负面影响。Hans 等总结了对过去一个世纪作物生育期变化情况的相关研究，指出 20 世纪作物生育期的变化主要是在最后 30 年发生的。另外，全球各个地区生育期的变化情况差别很大。在中低纬度地区，生育期有所增加，而在高纬度和高海拔地区，生育期则有所减少。根据归一化植被指数（NDVI）的观测记录，全球范围内的作物在 1981～1991 年间生育期长度平均增加了 12 d，播种日期平均提前了 8 d；中高纬度地区（如中国和欧洲）生育期长度平均增加了 20 d，播种日期提前了 10 d 左右。Peiris 等对苏格兰地区蚕豆、土豆和小麦分别用 FABEAN、SCRI 和 CWHEAT2 模型模拟 100 年气候变化条件下的产量以及生育期变化情况。结果表明蚕豆的生育期随温度的上升而缩短，温度上升 1 ℃时缩短 10～15 d；对于土豆，温度升高 1 ℃，出芽的日期将提前 4～7 d；小麦在温度上升的条件下生育期缩短了 4～5 周。

张建平等采用气候模式 BCC-T63 与作物模式 WOFOST 相结合的研究方法，在多年试验数据和模型适宜性验证的基础上，模拟分析了 2000～2100 年气候变化情景下我国主要粮食作物发育和产量变化趋势。结果表明，东北地区玉米生育期会缩短，其中熟玉米平均缩短 3.8 d，晚熟玉米平均缩短 1.4 d。产量也会相应地下降，中熟玉米平均减产 3.3%，晚熟玉米平均减产 2.7%；华北地区冬小麦的生育期平均缩短 8.4 d，产量平均减产 10.1%；南方早稻生育期平均缩短 4.9 d，晚稻生育期平均缩短 4.4 d，早稻的产量变化范围为 1.9%～9.5%，平均减产 3.6%，晚稻的产量变化范围为 2.2%～7.3%，平均减产 2.8%。金之庆等利用我国玉米带 12 个有代表性地点的作物、土壤和天气资料，验证了 CERES-Maize 在我国的适用性，然后将 CERES-Maize 在当地气候以及 3 种由 GCMs 模式生成的气候情景下运行，分析对比模拟结果，评价了当 CO_2 增倍时，气候变化对我国各地玉米产量和灌溉需水量的可能影响。研究区域中玉米的模拟生育期将因增温而明显缩短，在这之后，又利用 GISSTransientB 模型生产了东北平原未来 10 年、30 年、50 年的气候情景，用 CERES 系列模型（大豆、玉米、水稻）模拟，评价了气候变化及大气 CO_2 浓度增长对东北平原区域作物布局和品种布局的阶段性影响，指出我国冬小麦的安全种植北界在未来 50 年内将由目前的长城一线逐渐北进至研究区域南部，约跨 3 个纬度。

Aliza Fleischer 等利用 Richardian 模型和 AOGCM 情景研究气候变化下以色列的农业收入。结果表明，轻微的气温上升对于该地区的农业收入是有益的，主要由于该国可以提供成熟期早的农业产品。Xiong 等将水分与作物模拟模型、区域气候模式 PRECIS

以及 IPCCSRES A2 和 B2 情景的社会经济变化情况进行了耦合用以研究中国的谷类粮食产量。在 A2 和 B2 两种情景下，粮食产量分别减少 18% 和 9%，而水资源成为制约粮食生产的关键因素。Pearson 等以作物生长指数研究加拿大地区气候变化下的作物产量。结果表明，在各种气候情景下，作物生育期延长了 5～7 周，而气候变化则很可能造成潜在产量的增加，不过这种增加对实际产量的效应会受到水分亏缺的严重影响。Philip 等将高分辨率的日气象数据和温室气体排放情景以及气候模式相结合，以此来驱动针对玉米和豆类的作物模拟模型，研究非洲地区的作物产量对气候变化的响应。结果表明，对于东非地区，作物响应有着非常强的时空变异性。为提高适应气候变化的能力，应主张本地化、以社区为基础的工作方式，并充分利用各种可以增加作物和牲畜产量的有利条件。

王舒展等利用 ThuSPAC-Wheat 和 CERES-Wheat 模拟气候变化对冬小麦的生长和产量的影响。结果表明，1952～2006 年收获的冬小麦潜在产量呈减少趋势。主要原因是辐射下降与温度升高引起生育期缩短；产量降低的同时，消耗的水资源量减少；生长期长度主要受气温影响；辐射增加引起产量增加，同时消耗的水资源量增加；当辐射、水分等其他影响因素保持不变，单纯的温度变化对干物质增加和产量形成影响较小，消耗的水资源量也无显著变化。莫兴国等应用土壤-植被-大气系统过程模型（VIP 模型）和 NOAA-AVHRR 遥感信息，模拟了 1981～2001 年黄土高原无定河区域植被总第一性生产力（植物叶片利用太阳能同化 CO_2，制造有机物的能力）和水量平衡的时空变化特征及其对气候变化的响应。结果表明，该研究区域气候有明显变暖趋势，降水量下降。总第一性生产力年总量 1998 年前呈上升趋势，之后呈下降趋势。年降水量、蒸散量和径流量随时间都呈下降趋势，且其空间分布有明显的由南向北梯度递减特征。居辉等采用英国 Hadley 中心的区域气候情景 PRECIS，结合校正的 CERES-Wheat 模型对 2070 s 气候变化情景下我国小麦的产量变化进行了研究。结果表明，在 PRECIS 预测的 2070 s 气候变化条件下，我国雨养小麦和灌溉小麦的平均单产较基准年 1961～1990 年平均值约减少 20%，其中雨养小麦的减产幅度略高于灌溉小麦，春小麦或春性较强的冬小麦减产明显，减产的区域主要集中在东北春麦区和西南冬麦区。

熊伟等利用中国随机天气模型将 IPCC 推荐的气候模式 HadCM2 和 ECHAM4 与作物模式 CERES-Rice 3.5 相连接，模拟了未来 4 种气候情景下我国主要水稻产区产量的变化趋势。结果表明，未来气候情景下，水稻产量大多表现为不同程度的减产趋势，其中早稻减产幅度最大；若不采取温室气体减排措施，2056 年我国水稻产量较 2030 年减产程度更加明显；即使采取温室气体减排措施，水稻产量下降的趋势也没有大的改变；高海拔地区在未来气候情景下表现出一定的增产趋势。陈超等在黄淮海平原利用 DSSAT 决策支持系统中的天气发生器 WGEN 和黄淮海平原 1961～2000 年的逐日气候资料生成（$2 \times CO_2$）条件下 3 种气候情景，用 CERES-Wheat 模拟。结果表明，在（$2 \times CO_2$）条件下，灌溉小麦的产量都增加了，但随着气候变化速率的增大，增产幅度减小，产量变异系数增加，稳产性变差；雨育小麦的模拟结果与灌溉小麦相似，但稳产性明显低于灌溉小麦。熊伟等利用 SRES 中的 A2、B2 情景，结合区域气候模式 PRECIS 和 CERES 作物模型分析中国未来 2020 年、2050 年、2080 年各时段粮食供需情况，结果表明，如果不考虑 CO_2 的肥效作用，未来我国三种主要粮食作物（小麦、水稻、玉米）均以减产为主，灌溉可以部分地减少减产幅度；如果考虑 CO_2 的肥效作用，三种作物的产量变化以增产为主。吴金栋等以 DKRZOPYC 模式在中国东北地区的模拟试验结果，利用随机天气模式 WGEN 对该地区未来水热条件的可能变化进行数值模拟。结果表明，未来增温有利于改善东北地区当前的热量条件，减轻低温冷害的危害；降水增加有利于改善干旱地区作物的供水条件，提高作物产量。但是由于降水的增加不足以补偿增温引起蒸发蒸腾的增强，东北地区主要作物生长发育期间水分普遍不足，在没有灌溉条件的地区，农业产量将受到影响。另外，平均气候变化以后，气候极端值的变化将更加剧烈，因此异常天气灾害对农业的危害程度有可能增加。

4. 气候变化对作物需水量的影响

Thoma 以中国 65 个气象站的数据计算 1954～1993 年潜在腾发量。对于整个中国，这一时期的潜在腾发量是呈下降的趋势，而这种趋势在空间上存在差异，东北和西南地区有略微的上升。另外各个地区控制潜在腾发量变化的气象要素也不同。随后又采用 FAO 水量平衡模型(FAO water balance model)和高分辨率网格的气象数据研究了气候变化对中国农业灌溉需水的影响，指出灌溉需水量会普遍上升，同时应当增加亚热带种植区的面积而非将种植区北移。另外气候年际变异性对未来种植条件将会有更大的影响。Fischer 等通过 FAO-IIASA Agro-ecological Zone 模型研究作物需水量，并考虑了各种减缓气候变化措施的效果，指出采取减缓措施后，气候变化对农业需水量的影响将减少 40%，折算成水量约 1250～1600 亿 m³。Tao 等利用 HadCM2 模式的气候情景，通过水量平衡计算的方法评估气候变化对中国耕地的影响，包括潜在腾发量、实际腾发量、土壤含水量、土壤水分亏缺、产量指数、耕地产流的时空变化，指出未来中国南方农业需水会有所减少，而北方农业需水则会增加。Norman 等用 HUMUS(Hydrologic Unit Model for the United States)模型和 HadCM2 模式的气候情景模拟气候变化下美国水资源的脆弱性，结果是 2030～2095 年美国的平均产水量(Water yield，主要指灌溉水补给)和 1961～1990 年相比有所上升，但是不同地区间存在差异。Izaurralde 等用 EPIC 农业生态系统模型和 HadCM2 模式 2025～2034 年以及 2090～2099 年的气候情景，并利用 Norman J. Rosenberg 等对灌溉水补给的预测，评估气候变化对作物产量和生态系统过程的影响。研究指出美国五大湖区、玉米带区和东北地区的旱地玉米的腾发量呈增加的趋势。Silva 等利用 HadCM3 模式情景模拟气候变化下斯里兰卡的稻田腾发量和灌溉需水量变化，结论是潜在腾发量增加了 3.5%(SRES-A2)和 3%(SRES-B2)，因此灌溉需水分别增加了 23%(SRES-A2)和 13%(SRES-B2)。

Holmesa 等利用各种数据资料，如历史记载和冰芯记录，研究了中国西部过去 2000 年的气候变化情况，指出气温有着非常明显的变化，另外气温和降雨之间存在着直接的相关关系，寒冷地区更为干旱，温暖地区更为湿润。马鹏里等利用甘肃省近 80 个气象站 1961～2000 年的常规气象观测资料以及夏秋主要粮食作物平均生育期资料，采用 FAO 推荐的 Penman-Monteith 公式结合作物系数，计算了各站夏秋主要粮食作物的需水量，分析作物需水量随时间和空间的变化特点以及对气候变化的响应，指出农作物需水量与种植区的气候类型关系十分密切，从干旱－半干旱－半湿润－湿润地区，需水量呈现减小的趋势。另外不同作物品种需水量相差较大，对气候的响应机制也有差异，一般来说夏粮的需水量小于秋粮，夏粮需水量对气候变化的响应比秋粮敏感。迟道才等应用 FAO 推荐的 Penman-Monteith 公式计算了抚顺地区 1995～2004 年每年 5～9 月各月的参考作物腾发量，分析了参考作物腾发量的月际变化和年际变化特征。同时还分析了各个气象站的最高气温、相对湿度、风速和日照时数对参考作物腾发量的影响。佟玲等根据甘肃省气象局石羊河流域的 6 个气象站近 50 年的观测资料，应用 FAO 推荐的 Penman-Monteith 公式计算了近 50 年各月参考作物腾发量，分析其月际变化和年际变化特征，大部分站点的参考作物腾发量表现为逐年增加的趋势。另外分析了平均气温、日照时数、风速、相对湿度、降水量、海拔等因素与参考作物腾发量的关系，结论是参考作物腾发量与相对湿度的相关性最好。吴锦奎等进行了黑河流域典型作物耗水的气候变化研究，指出气温每升高 1 ℃，区域内小麦净作、玉米净作和间作方式下作物需水将分别增加 3.1%、2.6%、2.8%，相当于增加 15 mm、18 mm、25 mm，将增加灌溉量 0.15 亿 m³，相当于国家给黑干流区分水的 2.4%。降雨增加 10%，三种方式下的作物需水量将分别减少 1.9%(7.8 mm)、2.3%(12.4 mm)、1.8%(12.8 mm)。刘晓英等在华北平原进行了作物需水量的研究，当生长期内温度上升 1～4 ℃时，冬小麦需水量将增加 2.6%～28.2%，相当于 11.8～153.0 mm；夏玉米需水量将增加 1.7%～18.1%，相当于 7.2～84.1 mm；棉花需水量将增加 1.7%～18.3%，相当于 7.9～96.2 mm。同时气候变化对作物需水量的影响存在一定地域性差异。按华北地区目前的种植结构估算，温度上升 1～4 ℃将使整个地区冬小麦的需水增加 14.7～191 亿 m³；夏玉米的需水增加 5.87～68.6 亿 m³；棉花的需水增加 1.35～16.5 亿 m³。王新华等利用大气环流模式预测的未来气候条件，模拟了气候变化对张掖地区主要农作物需水量的影响。结果表明，未来气温每升高 1 ℃，作物需水量将增加 4%～4.5%，其中春小麦、夏玉米的增幅最大。在大气环流模式的结果下，不同作物的耗水量增幅有较大的差别。罗玉峰等通过计算江苏省高邮灌区多年水稻灌溉需水量，并结合 Mann-Kendall 检验，分析了气候变化对高邮灌区水稻灌溉需水量的影响。张兵等应用 L-M 优化算法 BP 神经网络，通过多维气象数据(太阳辐射、空气温度、湿度)与作物需水量的相关分析来确定网络的拓扑结构，建立作物需水量的人工神经网络模型。田景环等建立了作物需水量与气温关系的静态灰色模型，同时对它们之间的关系进行了关联度分析，证明所建模型合理，模拟程度较好。

5.1.4　主要研究内容

针对元谋干热区近年来经常发生季节性干旱和水热矛盾突出等问题，以节水高效生产为目的，对元谋干热区小粒咖啡需水量及其变化规律作探讨性研究，对该灌区小粒咖啡生长灌溉方案进行综合评价，掌握科学的小粒咖啡需水规律有助于灌区水资源优化管理，为咖啡产业发展提供理论依据。主要包括以下研究内容：

(1)元谋干热区小粒咖啡需水量计算。

(2)元谋干热区小粒咖啡需水量时间变异性分析。

(3)气候变化对元谋干热区小粒咖啡需水量影响分析。

本研究根据元谋气象站点 1956～2010 年逐日的气象观测资料，计算并分析元谋干热区小粒咖啡需水量和水分盈亏指数的逐日变化、月际变化和年际变化，得出该区不同时间尺度下小粒咖啡需水量及水分盈亏指数的变异规律，同时采用多种分析方法探讨各气象因子对该区小粒咖啡需水量的影响程度。该研究旨在为元谋干热区小粒咖啡水分高效管理提供理论和实践参考，对云南省咖啡产业持续和绿色发展具有重要意义。

5.1.5　研究方法

（1）根据元谋干热区 1956～2010 年逐日的地面气象观测资料，采用 Microsoft Excel 软件完成数据预处理。

（2）根据 FAO-56 标准 Penman-Monteith 公式和作物系数计算该站点逐日的参考作物腾发量和小粒咖啡需水量，从而得出水分盈亏指数。

（3）利用软件 Minitab 16 的相关性分析，对小粒咖啡需水量与各气象因子作二元相关和偏相关分析，得出对需水量影响最显著的气象因子。

（4）借助 MATLAB 7.0 软件编程对该站点小粒咖啡需水量和部分气象因子的年际变化进行 Mann-Kendall 趋势检验和滑动 t 检验，分析该区小粒咖啡逐年需水量及部分气象因子的变化趋势与突变情况。

（5）利用通径分析法研究影响元谋干热区小粒咖啡需水量的主要因素。

5.2　元谋干热区概况

5.2.1　灌区地理位置

元谋大型灌区位于楚雄彝族自治州元谋县境内龙川江下游河谷段的元谋盆地，盆地东南高，西北低，南北平均长 76 km，东西平均宽 26 km，龙川江自南向北纵贯元谋盆地，于县境北部边缘汇入由西向东穿境而过的金沙江。灌区总土地面积 12.13 万 hm²，耕地面积 2.24 万 hm²，设计灌溉面积为 2.13 万 hm²，其中有效灌溉面积为 2.06 万 hm²，实际灌溉面积 1.01 万 hm²，占耕地面积的 46.43％。灌区涉及元谋县的老城乡、黄瓜园镇、元马镇、能禹镇、苴林乡、平田乡、物茂乡、江边乡 8 个乡（镇），是云南省 12 个灌区之一。灌区地处金沙江干流低海拔干热河谷地区，地理坐标为北纬 25°35′～25°54′，东经 101°46′～101°53′，海拔 860～1300 m。灌区地势平坦、土地肥沃、气温高、日照强、光热资源丰富、终年无霜，适宜种植多种经济作物，素有"天然温室"之称，是云南省发展热带经济作物及冬早蔬菜的生产基地之一，同时也是人类祖先"元谋人"的发祥地。

5.2.2　气候土壤概况

云南元谋县是人类的发祥地之一，元谋干热区属燥热河谷区，气候干燥炎热，光热资源充足，灌区年平均气温 21.9 ℃，极端最高气温 42 ℃，极端最低气温 −0.8 ℃。区内降雨时空分布不均，年际变化大，多年平均降水量 630 mm，降雨集中在 5～10 月，占全年降水量的 90.5％，多年平均蒸发量 3729 mm，是降水量的 5.9 倍，灌区具体气候要素见表 5-1。元谋干热区是种植亚热带作物的好地方，境内农作物复种指数为 158.7％，盛产水稻、蔬菜及芒果、龙眼、咖啡、酸角等多种热带亚热带作物。近年来，元谋充分利用"天然温室"这一独特的自然气候优势，按照无公害生产的标准和要求，建设了国家农业综合开发科技示范园区，现有热带亚热带经济作物香蕉 20000 亩(1 亩＝0.067 hm²)，龙眼 10000 亩，甘蔗、芒果、西瓜、荔枝、枣类、咖啡、核桃、酸角等 19000 亩，且种植面积每年都在递增。

表 5-1　元谋干热区气候要素表

年均温/℃	最热月(5月)均温/℃	最凉月(12月)均温/℃	≥10℃积温/℃	无霜期/d	日照时数/h	年降水/mm	相对湿度/%	年蒸发/mm
21.5	27.1	14.9	7996	≥350	2744	615.1	60	3569.2

元谋干热区总土地面积 12.13 万 hm²，土壤共分 9 个土类，14 个亚类，25 个土属，51 个土种。这 9 个土类分别为棕壤、黄棕壤、红壤、燥红壤、紫色土、石灰土、冲积土、盐土、水稻土，其中自然土壤占总面积的 85%，农业土壤占 15%，海拔较高的阳坡为紫色土，冲积土分布在河流两岸，水稻土多分布于低海拔地带。该灌区从上新世以来，形成了不同地质时期沉积的、岩土特性和厚度都不同的沉积物，区内为稀树灌木草丛植被，基带土壤为燥红土，侵蚀切割强烈，形成了沟谷纵横、地形破碎、土林土柱随处可见的强侵蚀景观特征。

5.2.3　水资源状况

元谋干热区年降水量 15.22 亿 m³，地表水年径流量 2.67 亿 m³。有常流河 17 条，季节河 40 条，年过境水量 16.02 亿 m³。水能理论蕴藏量达 89485 kW，可利用量 11715 kW，占 13.1%。盆地富水块地段下水储量丰富，年地下平均径流量 0.36 亿 m³，可开发利用地下水 200 万 m³。热水塘、摩诃温泉流量稳定，水温 37～44.5℃，素有"神泉"之称。被列入国家西部大开发投资 3.5 亿元的 30 万亩大型灌区的元谋干热区水源工程为蓄、引、提相结合，以龙头水库、骨干沟渠为主，众多水源、沟渠为辅联合调度的灌溉方式。现有中型水库 6 座，小型水库 36 座，塘坝 670 座，拦河坝 5 座，引水灌溉沟 15 条，泵站 15 座。尽管如此，灌区中等干旱年不足水量达 1.92 亿 m³，处于严重缺水状况。因此，在大规模进行农作物种植结构调整的情况下，必须大力推进灌区节水改造，以满足供水需求。

5.2.4　本节小结

元谋干热区位于云南省滇中高原北部，龙川江下游河谷盆地内，地处金沙江低海拔干热河谷地区，海拔 860～1300 m，干湿季分明，旱季长达半年以上，属干热气候特点。气候干燥炎热，光热资源丰富，坝区终年无霜，年均温 21.9℃，年均降水量 630.7 mm，年蒸发量 3426.3 mm，为降水量的 5.4 倍，干燥度高达 4.4。旱灾的频繁发生，导致水资源严重匮乏，制约着该灌区农业的可持续发展。在信息化飞速发展的今天，灌区信息化的全面建设对灌区管理提供了高效，可持续的解决方案，能充分利用整合管理灌区资源，进而带动灌区经济快速持续的发展。

5.3　小粒咖啡需水量的计算方法

5.3.1　作物需水量定义及计算方法

作物需水量是指在水分和肥料充分供应的大田条件下，为满足作物健壮生长并发挥全部生产潜力而蒸发蒸腾的水分总量，它不仅包括作物本身生长对水分的需求量，还包括农田水热状况对水分的需求量。作物需水量可由实测土壤水分通过水量平衡法计算得到，也可由综合性的气候学方法计算得到。本研究采用作物系数计算水稻需水量，计算公式如下：

$$ET_c = Kc \cdot ET_0 \tag{5-1}$$

式中，ET_c 为作物需水量，mm/d；ET_0 为参照作物腾发量，mm/d；Kc 为作物系数。

5.3.2　参考作物需水量的计算

因为参考作物需水量的计算是作物需水量计算的基础，所以首先进行参考作物需水量计算。参照作物腾发量为一种假象的参照作物冠层的腾发速率，根据联合国粮农组织 FAO 推荐的计算参照作物腾发量的最新修正的 Penman-Monteith 公式，这一计算方法以能量平衡和水汽扩散论为基础，及考虑了作物的生理特征，又考虑了空气动力学参数的变化，具有较充分的理论依据和较高的计算精度。计算公式如下

$$ET_0 = \frac{0.408\Delta(R_n - G) + \gamma\frac{900}{T+273}U_2(e_a - e_d)}{\Delta + \gamma(1 + 0.34U_2)} \tag{5-2}$$

上式为一个组合公式，共分两部分，前一部分为辐射项（ET_{rad}），后一部分为空气动力学项（ET_{aero}），该公式的具体计算过程见表.5-2。

表 5-2　彭曼公式中各参数项的含义以及具体计算过程

名称	公式	单位
参照作物腾发量	$ET_0 = ET_{rad} + ET_{aero}$	mm/d
辐射项	$ET_{rad} = \dfrac{0.408\Delta(R_n - G)}{\Delta + \gamma(1 + 0.34U_2)}$	mm/d
空气动力学项	$ET_{aero} = \dfrac{900\gamma U_2(e_a - e_d)/(T+273)}{\Delta + \gamma(1 + 0.34U_2)}$	mm/d
平均饱和水汽压	$e_a = 0.611 \times 10^{8.5T/(273+T)}$	kPa
饱和水汽压—气温关系斜率	$\Delta = 4098e_a/(T + 237.3)^2$	kPa/℃
干湿计常数	$\gamma = 0.00163P/\lambda$	kPa/℃
水的汽化潜热	$\lambda = 2.501 - 0.002361T$ 或 $\lambda = 2.45$	MJ/kg
冠层表面净辐射	$R_n = R_{ns} - R_{nl}$	MJ/(m² · d)
净短波辐射	$R_s = (0.25 + 0.5n/N)R_a$ $R_{ns} = (1 - 0.23)R_s = 0.77R_s$	MJ/(m² · d)

续表

名称	公式	单位
净长波辐射	$R_{nl}=2.45\times10^{-9}(0.1+0.9n/N)$ $(0.34-0.14\sqrt{e_d})(T^4_{kx}+T^4_{kn})$	MJ/(m² · d)
理论太阳总辐射	$R_a=37.6d_r(\omega_s\sin\varphi\sin\delta+\cos\varphi\cos\delta\sin\omega_s)$	MJ/(m² · d)
日－地相对距离	$d_r=1+0.033\cos(2\pi J/365)$	—
太阳磁偏角	$\delta=0.409\sin(2\pi J/365-1.39)$	rad
日落时角度	$\omega_s=\arccos(-\tan\varphi\tan\delta)$	rad
理论日照时数	$N=24\omega_s/\pi$	h
土壤热通量	$G=0.1[T_i-(T_{i-1}+T_{i-2}+T_{i-3})/3]$	MJ/(m² · d)

对公式中的有关参数做如下说明：

ET_0 为参照作物蒸散速率（mm/d）；R_n 为日太阳净辐射，MJ/(m² · d)；R_{ns} 为日冠层表面净短波辐射，MJ/(m² · d)；R_{nl} 为日太阳净长波辐射，MJ/(m² · d)；R_a 为极地（地外）辐射，MJ/(m² · d)；R_s 为太阳短波辐射，MJ/(m² · d)；J 为年内某天的日序数；δ 为太阳赤纬角，rad；n 为实际日照持续时间，h，通过实际观测获得；N 为最大可能的日照持续时间或日照时数，h；n/N 为相对日照持续时间。其他各参数的物理意义及相关计算详见参考文献。

地理纬度 φ 的单位转换：

由于公式中的地理纬度 φ 用弧度表示，因此将用十进制表示的地理纬度 φ 用公式转换成用弧度表示的地理纬度。纬度 φ 在北半球为正，南半球为负。

$$[弧度]=\frac{\pi}{180}[十进制度数] \tag{5-3}$$

它是太阳在天球坐标系上的两个球面坐标之一，是太阳的赤纬圈和天赤道之间的角度，从天赤道起沿通过太阳的赤经圈来量度，在天赤道以北为正，天赤道以南为负。在天文学中，测量角度经常采用时、分、秒作单位，它们和度、分、秒的关系是 24 h＝360°，1 h＝15°，1 min＝15′，1 s＝15″。ω_s 为太阳时角，rad。

太阳时角是真太阳时角的简称，太阳连续两次通过子午圈的时间间隔为一个真太阳日，把真太阳日分 24 等分，每一等份为真太阳时一小时，时与分的关系同赤纬角。

$$\omega_s=\arccos[-\tan(\varphi)\tan(\delta)] \tag{5-4}$$

5.3.3　小粒咖啡作物系数的确定

不同作物由于本身特性不同，其需水量不同，作物特性对需水量影响由作物系数 Kc 来反映，它指在最适宜的大田条件下，作物的蒸腾蒸发量和参考作物蒸腾蒸发量之比。作物系数与作物生育阶段有关，作物生育期划分为四个阶段：作物幼苗期需水量较小，随着作物的生长和叶面积的增加，需水量也不断增大，当作物进入生长旺盛期，需水量增加很快，叶面积最大时，作物需水量出现高峰，到作物成熟收获期，需水量又迅速下降。不同作物在不同发育阶段的作物系数不同，FAO（联合国粮农组织）推荐采用分段单值平均法确定作物系数，把全生育期的作物系数变化过程概化为 4 个阶段，如图 5-1 所示，即 Kc_{ini}、$Kc_{\mathrm{ini}} \sim Kc_{\mathrm{mid}}$、$Kc_{\mathrm{mid}} \sim Kc_{\mathrm{end}}$、$Kc_{\mathrm{end}}$，并分别采用 3 个作物系数值 Kc_{ini}、Kc_{mid}、Kc_{end} 予以表示。

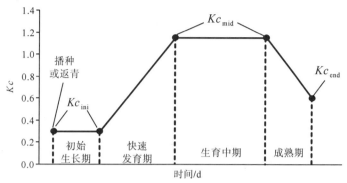

图 5-2　不同时段平均作物系数概化过程线

　　结合相关研究成果，小粒咖啡在生长初期和末期时有花果重叠现象，生育期具体划分为花期 Kc_{ini}、果期 Kc_{mid} 和成熟期 Kc_{end} 三个阶段，作物系数分别为 0.90、0.95 和 0.95。本研究结合式(5-1)和式(5-2)，根据逐日气象资料计算元谋干热区小粒咖啡逐日需水量，并统计逐月、逐年需水情况。

5.3.4　作物水分盈亏指数

　　目前，在我国用于评价农业干旱的指标较多，如降水量距平百分率(Pa)、土壤相对湿度(Rsm)、连续无有效降水(降雪、积雪)日数(Dnp)、水田连续断水日数(Dnw)、作物水分亏缺指数($CWSDI$)。降水距平百分率是表征某时段降水量较气候平均状况偏少的指标之一，能直观反映降水异常引起的农业干旱程度，降水量距平百分率等级适合于无土壤湿度观测、无水源供给的农业区和主要牧区；土壤相对湿度干旱指数是表征土壤干旱的指标之一，能直接反映作物可利用水分的减少状况，采用一定厚度土层的土壤的相对湿度，适用范围为旱地作物区和天然草原牧区；连续无有效降水或积雪日数是表征农田和北方牧区草原水分补给状况的重要指标之一。连续无有效降水日数适用范围为尚未建立墒情监测点的雨养农业区；连续无有效积雪日数适用范围为北方牧区草原日平均气温低于 0 ℃时期；水田连续断水日数是表征水稻田水分缺乏程度的重要指标，能反映水稻受旱的状况。适用于稻作区水稻移栽期和本田期；

　　为了更准确地反映元谋干热区小粒咖啡需水特性及水分供应情况，引入作物水分盈亏指数 CWSDI(Crop Water Surplus Deficit Index)的概念，它是由作物需水量和有效供水量两部分组成，具体指某时段农业有效雨量和同一时段作物需水量之差和作物需水量的比值，表示作物生长水分盈亏程度。具体表达式为

$$I = \frac{P_{\mathrm{e}} - ET_{\mathrm{c}}}{ET_{\mathrm{c}}} \tag{5-5}$$

式中，I 为作物水分盈亏指数，$I > 0$ 表明水分有盈余，$I < 0$ 表明水分亏缺，绝对值越大说明水分盈余或亏缺越明显；P_{e} 为日有效降水量，mm/d。

　　有效降水量是指用于满足作物蒸发蒸腾需要的那部分降水量，它不包括地表径流和渗漏至作物根区以下的部分，同时也不包括淋洗盐分所需的降水深层渗漏部分，因为

这部分水量没有用于作物的蒸散，应视为无效水。有效降水量是制定作物灌溉制度、灌溉排水规划以及灌溉用水管理等的重要依据。影响有效降水量的因素多而复杂，不同作物种类、作物特性、生长阶段、降雨特性、气象条件、土地和土壤特性、土壤水分状况、地下水埋深、作物覆盖状况以及农业耕作管理措施等因素都直接或间接地影响它的取值。目前中国各地已总结出一些计算不同作物有效降水量的检验公式，但这些经验公式均需要率先定出适合当地土质、作物等条件的计算参数，通用性较差。本研究采用应用最广的美国农业部土壤保持局推荐方法计算有效降水量。公式如下：

$$P_{e} = \begin{cases} P(4.17 - 0.2P)/4.17 & P < 8.3\,mm/d \\ 4.17 + 0.1P & P \geqslant 8.3\,mm/d \end{cases} \tag{5-6}$$

式中，P 为日降水量，mm/d。

5.4　元谋干热区小粒咖啡需水量时间变异性分析

5.4.1　时间变异性分析方法

1. 时间序列分析法

采用时间序列分析法分析元谋干热区参考作物蒸发蒸发量及小粒咖啡生育期需水量的年际变化趋势，主要指标为气候趋势系数和气候倾向率。

气候趋势系数（r_{xt}）为 n 个时刻（年）所对应的要素序列与自然数列 1，2，…，n 的相关系数：

$$r_{xt} = \frac{\sum_{i=1}^{n} (x_i - \bar{x})(i - \bar{t})}{\sqrt{\sum_{i=1}^{n} (x_i - \bar{x})^2 \sum_{i=1}^{n} (i - \bar{t})^2}} \tag{5-7}$$

式中，n 为年数，x_i 若是第 i 年要素值，x 为其样本均值，$\bar{t} = (n+1)/2$。通常使用 t 检验法（$r_{xt}\sqrt{n-2}/\sqrt{1-r_{xt}^2}$ 符合自由度 $n-2$ 的 t 分布）检验气候趋势是否显著。如果 n 个时刻所对应的要素序列与自然数列显著相关，表示该要素在所计算的 n 年内气候趋势明显，存在线性增加（减少）趋势。

气候倾向率是将气象要素的趋势变化用一次线性方程表示，即：$\dot{x}_t = a_0 + a_1 t$，$t = 1$，2，…，n。式中，$\dot{x}_t$ 为气象要素的拟合值；$10a_1$ 称为气候倾向率，表示气象要素每 10 年的变化率。

将元谋干热区小粒咖啡需水量（x）的长期变化趋势采用线性回归方程分析，其公式为

$$\overline{X} = a_0 + a_1 t, \quad a_1 = d\bar{x}_1/dt \tag{5-8}$$

式中，t 为年份序列号（$t = 1$，2，…，n）；a_0 为常数，a_1 为回归系数，当 a_1 为正或负时，表示要素在计算时段内线性增加或减弱。$10a_1$ 称为气候倾向率，表示要素每 10 年的变化率。

2. Mann-Kendall 趋势检验法

Mann-Kendall 非参数秩次相关检验法，是由世界气象组织（WMO）推荐并使用的统

计检验方法，其优点是不需要样本遵从一定的分布，也不受少数异常值的干扰。本研究利用 Mann-Kendall 检验法对元谋干热区小粒咖啡需水量及部分气象因素年际变化趋势进行分析，具体检验方法如下，对于具有 n 个样本量的时间序列 $X = (x_1, x_2, \cdots, x_n)$，构造一秩序列 s_k，

$$s_k = \sum_{i=1}^{k} r_i, \quad k = 2, 3, \cdots, n \tag{5-9}$$

$$r_i = \begin{cases} +1, & \text{当 } x_i > x_j, \\ 0, & \text{当 } x_i \leqslant x_j, \end{cases} \quad j = 1, 2, \cdots, i \tag{5-10}$$

式中，秩序列 s_k 为第 i 时刻数值大于 j 时刻数值个数的累计数。

在时间序列随机独立的假定下，趋势检验统计量为

$$U_k = \frac{[s_k - E(s_k)]}{\sqrt{\mathrm{var}(s_k)}}, \quad k = 1, 2, \cdots, n \tag{5-11}$$

$$E(s_k) = \frac{n(n+1)}{4} \tag{5-12}$$

$$\mathrm{var}(s_k) = \frac{n(n-1)(2n+5)}{72} \tag{5-13}$$

式中，$U_1 = 0$，$E(s_k)$ 和 $\mathrm{var}(s_k)$ 是累计数 s_k 的均值和方差，n 为序列长度，当 $n > 10$ 时，U_k 收敛于标准正态分布。

分别按时间序列 x 顺序 $x_1, x_2, \cdots, x_n$ 和时间序列 x 逆序 $x_n, x_{n-1}, \cdots, x_1$ 计算出趋势检验统计量序列 UF_k 和 UB_k。原假设为该序列无趋势，若 UF_k 或 UB_k 的值大于 0，则表明序列呈上升趋势，小于 0 则表明呈下降趋势。同时，给定显著性水平 α，查正态分布表取临界值，若 UF_k 或 UB_k 大于临界值时，表明上升或下降趋势显著，超过临界值的范围确定为出现突变的时间区域；反之，变化趋势不显著。

其中，α 为反射系数，取值范围如下：一般草场 $\alpha = 0.20$；死湿草 $\alpha = 0.2$；死干草 $\alpha = 0.3$；谷类 $\alpha = 0.25$；棉花 $\alpha = 0.2$；暗色有机质土壤 $\alpha = 0.1$；黏土 $\alpha = 0.2$；浅色沙土 $\alpha = 0.3$；假想的参考面 $\alpha = 0.23$（Penman-Monteith 公式）。

3. 滑动 t 检验法

研究小粒咖啡需水量的变异规律必须考虑突变情况的发生，滑动 t 检验法是用来检验两随机样本平均值的显著性差异，通过把一样本序列中两段子序列均值是否存在显著差异看作来自两个总体均值有无显著差异的问题来检验突变，借此对元谋干热区小粒咖啡需水量及部分气象因子作突变检验可明确突变时间。对于具有 n 个样本量的时间序列 x，设置某一时刻为基准点，基准点前后两段子序列 x_1 和 x_2 的样本分别为 n_1 和 n_2，突变检验统计量为

$$t = \frac{\overline{x_1} - \overline{x_2}}{s \sqrt{\dfrac{1}{n_1} + \dfrac{1}{n_2}}} \tag{5-14}$$

$$s = \sqrt{\frac{n_1 s_1^2 + n_2 s_2^2}{n_1 + n_2 - 2}} \tag{5-15}$$

式中，$\overline{x_1}$ 和 $\overline{x_2}$ 分别为两段子序列的平均值，s_1^2 和 s_2^2 分别为两段子序列的方差，式(5-14)

遵从自由度 $\nu = n_1 + n_2 - 2$ 的 t 分布，以滑动的方式连续设置基准点，并依次进行滑动的连续计算，可得到 t 统计量序列 $t_i [i=1, 2, \cdots, n-(n_1+n_2)+1]$，给定显著性水平 α，若 $|t_i| < t_a$，则认为基准点前后的两子序列均值无显著差异，否则认为在基准点时刻出现了突变。

5.4.2 元谋干热区小粒咖啡需水量的逐日变化规律

元谋干热区小粒咖啡逐日需水量、水分盈亏及水分盈亏指数（CWSDI）的变化曲线见图 5-2。研究表明：元谋干热区小粒咖啡逐日需水量均值为 3.8 mm/d，年内逐日分布情况呈单峰抛物线形状，自日序数 28 开始高于小粒咖啡需水量日平均值，至日序数 113 时达到峰值 6.1 mm/d，然后需水量开始逐渐下降，到日序数 186 时开始低于小粒咖啡需水量日平均值，从而得出日序数 28～185 期间为小粒咖啡需水关键时期。年内小粒咖啡逐日水分盈亏均为负，表明全年水分亏缺，均值为 −3.1 mm/d，日序数 15～155 期间水分亏缺均低于年内平均值，期间小粒咖啡水分亏缺明显，其中日序数为 111 时水分亏缺最大，为 5.9 mm/d；日序数 196～243 与 255～282 期间水分亏缺较小，其中日序数 261 时水分亏缺最小，为 0.6 mm/d，从而得出该阶段小粒咖啡生长对灌溉的依赖程度较低。年内小粒咖啡水分盈亏指数均值为 −59.2%，日序数 157～251 和 255～282 期间水分盈亏指数明显高于平均值，其中有 20 天水分盈亏指数为正，即表明水分有盈余，多余水量可以考虑其他用途；日序数为 162 时水分盈亏指数最大，为 34.1%，日序数为 25 和 357 时水分盈亏指数最小，为 100%，此时小粒咖啡生长完全依赖灌溉。

5.4.3 元谋干热区小粒咖啡需水量的月际变化规律

元谋干热区小粒咖啡逐月需水量、水分盈亏及水分盈亏指数（CWSDI）的变化曲线见图 5-3。研究表明：元谋干热区小粒咖啡逐月需水量均值变化曲线由每年 1 月开始呈较快上升趋势，到 4 月达到最大需水量，为 173.3 mm，之后便开始递减，至 9 月达到最低值 87.5 mm，其中 3～5 月小粒咖啡月需水量明显高于月均值 116.8 mm，为小粒咖啡生长需水关键阶段。年内小粒咖啡逐月水分盈亏均为负，均值为 −94.5 mm，自 1 月开始明显下降，即水分亏缺量显著增大，到 4 月达到水分盈亏最小值，为 −166.4 mm，随后便开始呈上升趋势，至 8 月达到水分盈亏最大值，为 −42.6 mm，从而得出 4 月和 9 月分别为年内小粒咖啡生长水分亏缺量最大和最小的月份。年内水分盈亏指数逐月分布情况呈单峰抛物线形状，7 月达到峰值 −10.5%，其中 6～10 月为水分盈亏指数明显高于年内逐月平均值 −59.3%，小粒咖啡生长灌溉需水量相对较少。纵观元谋干热区小粒咖啡逐月需水量、水分盈亏及水分盈亏指数，存在明显的季节变化规律，春季 3～5 月需水量明显高于其他月份，同时也是水分亏缺量最大时期，对灌溉依赖程度最大；夏季 6～8 月则是需水量最低时期，水分亏缺较小，即所需灌溉补给量较少；就季节而言，小粒咖啡生长对灌溉需求量从高到低依次为春季、冬季、秋季、夏季。

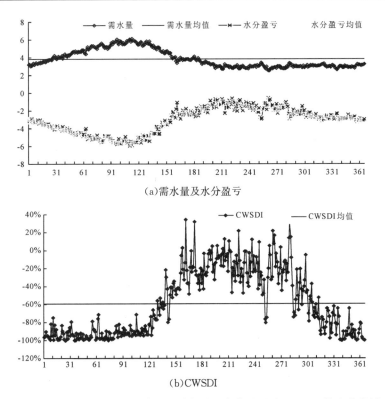

(a)需水量及水分盈亏

(b)CWSDI

图 5-2　元谋干热区小粒咖啡逐日需水量、水分盈亏及 CWSDI 的变化曲线

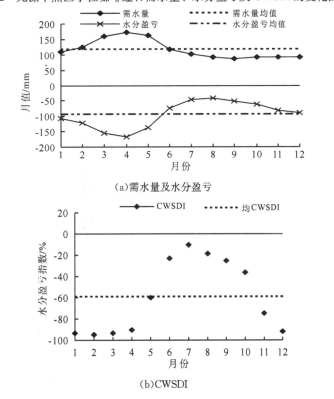

(a)需水量及水分盈亏

(b)CWSDI

图 5-3　元谋干热区小粒咖啡多年平均逐月需水量、水分盈亏及 CWSDI 的变化曲线

5.4.4　元谋干热区小粒咖啡需水量的年际变化规律

利用 Mann-Kendall 趋势检验法对元谋干热区小粒咖啡需水量、水分盈亏和 CWSDI 进行趋势分析及突变分析,给定显著性水平 $\alpha=0.05$,那么临界值 $u_{0.05}=\pm1.96$,具体变化曲线见图 5-5。根据图 5-4(a)统计量 UF 曲线可看出,自 1961 年以来,元谋干热区小粒咖啡需水量开始呈下降趋势,至 1982 年跌破临界值,之后这种下降趋势均超过显著性水平 0.05 临界线,甚至超过 0.001 显著性水平($u_{0.001}=2.56$),表明近 20 年元谋干热区小粒咖啡需水量的下降趋势是十分明显的。统计元谋干热区小粒咖啡近 55 年水分盈亏年总值均为负,表明水分亏缺,由 Mann-Kendall 检验结果图 5-4(b)的 UF 曲线得出,自 1961 年开始大于 0,表明小粒咖啡生长水分亏盈亏数值上开始呈增大趋势,即水分亏缺量逐渐减少,到 1982 年 UF 值超出显著性水平 0.05 临界线,表明 20 世纪 80 年代后水分亏缺量明显减少,即元谋干热区小粒咖啡生长灌溉需水量逐年显著递减,图中 UF 和 UB 曲线在 1981 年时出现交点,且交点在临界线之间,从而得出 20 世纪 80 年代后水分亏缺量较少是自 1981 年开始的突变现象。元谋干热区小粒咖啡近 55 年水分盈亏指数 CWSDI 也均为负,即为水分亏缺指数,其 M-K 检验结果见图 5-4(c),可看出自 1965 年 UF 统计量开始大于 0,水分盈亏指数数值上开始呈递增趋势,表示水分亏缺指数逐年降低,直至 1995 年超出显著性水平 0.05 临界线,表明近 15 年元谋干热区小粒咖啡亏缺指数呈显著下降趋势。

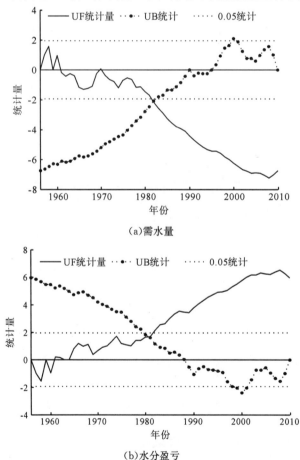

(a)需水量

(b)水分盈亏

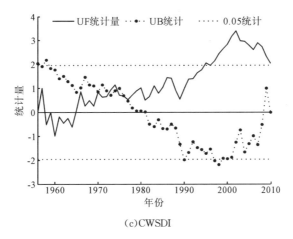

（c）CWSDI

图 5-4 元谋干热区小粒咖啡需水量、水分盈亏及 CWSDI 的 M-K 检验曲线

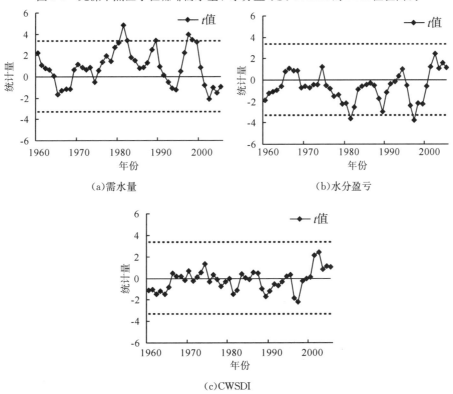

（a）需水量　　　　　　　　　　　（b）水分盈亏

（c）CWSDI

图 5-5 元谋干热区小粒咖啡需水量、水分盈亏及 CWSDI 的滑动 t 检验曲线

为了进一步确定元谋干热区近 55 年来小粒咖啡需水量、水分盈亏及 CWSDI 的变异情况，本研究借助滑动 t 检验法对其进行突变检验，分别取子序列长度 $3a$、$5a$、$10a$、$15a$ 进行分析。根据检验结果可得出，小粒咖啡需水量与水分盈亏发生了较显著的突变，CWSDI 则未检验出明显突变情况。图 5-5 为设定子序列长度 $n_1 = n_2 = 5a$ 时滑动 t 检验的结果，给定显著性水平 $\alpha = 0.01$，按 t 分布自由度 $\nu = 8$，那么临界值 $t_{0.01} = \pm 3.36$。从图 5-5 可看出，小粒咖啡需水量和水分盈亏均在 1981 年和 1997 年发生突变，而 CWSDI 则没有检验出突变点，其中需水量在 1981 年和 1997 年是由增长转为明显减少趋势，水分盈亏在 1981 年和 1997 年则是由减少转为

显著增大趋势，验证了 Mann-Kendall 检验所得结论，元谋干热区 20 世纪 80 年代小粒咖啡生长水分盈亏值增大，即水分亏缺量减少确实是在 1981 年发生了突变。

5.5　气候变化对小粒咖啡需水量影响分析

5.5.1　气候要素对小粒咖啡需水量影响的分析方法

1. 相关性分析

为了探讨各气象因子对元谋干热区小粒咖啡需水量的影响，对需水量和气象因子作二元相关和偏相关分析。当所研究的两个随机变量服从二元正态分布时，其相关性可由 Pearson 相关系数加以描述，它是衡量两个随机变量间线性相关密切程度的统计量，简称相关系数，即二元相关系数。设有两个变量 x_1，x_2，…，x_n 和 y_1，y_2，…，y_n，Pearson相关系数计算公式为

$$r_{xy} = \frac{\sum\limits_{i=1}^{n} (x_i - \overline{x})(y_i - \overline{y})}{\sqrt{\sum\limits_{i=1}^{n} (x_i - \overline{x})^2} \sqrt{\sum\limits_{i=1}^{n} (y_i - \overline{y})^2}} \tag{5-16}$$

式中，x_i 为自变量，$\overline{x}$ 为自变量的平均值，y_k 为因变量，$\overline{y}$ 为因变量的平均值，$i=1$，2，…，n，n 为数列的项数。Pearson 相关系数在显示两变量之间相互影响的同时，不排除受第三变量的影响。偏相关分析可以在研究两个变量之间的线性相关关系时，控制可能对其产生影响的变量，排除了一些因素的干扰，相当于人为地将其他若干因子控制在恒定的条件下研究两个变量之间的关系。偏相关系数是以每对变量之间的相关系数为基础的。对于两个要素 x 与 y，控制了变量 z，则变量 x、y 之间的偏相关系数被定义为

$$r_{xy,z} = \frac{r_{xy} - r_{xz} r_{yz}}{\sqrt{(1 - r_{xz}^2)(1 - r_{yz}^2)}} \tag{5-17}$$

式中，$r_{xy,z}$ 为在控制了 z 的条件下，x、y 之间的偏相关系数。

二元相关和偏相关分析的显著性检验方法相同，r 的取值均介于 $[-1, 1]$，当 $r>0$ 时，表明两变量呈正相关，越接近 1，正相关越显著；当 $r<0$ 时，表明两变量呈负相关，越接近 -1，负相关越显著；当 $r=0$ 时，则表示两变量相互独立。对小粒咖啡需水量分别与各个气象因子进行二元相关分析，可以找出二者之间的大致相关性，但不排除有其他因子的影响在内，再运用偏相关分析，对部分因子进行控制，排除其他因子的直接和间接影响，两种相关性分析方法的对比可更准确得出各气象因子对小粒咖啡需水量的影响程度。

2. 通径分析

通径分析(path analysis)的实质是标准化的多元线性回归分析，用于分析多个自变量和因变量之间的线性关系，找出自变量对因变量影响的直接效应和间接效应，能够克服简单相关分析与回归分析的不足，全面反映自变量对因变量的作用效应。本书采用通径分析来量化研究各气象因子对作物需水量的影响程度。

对于一个相互关联的系统，若有 n 个自变量 $x_i (i=1, 2, …, n)$ 和 1 个因变量 y 之

间存在线性关系，回归方程为

$$y = b_0 + b_1 x_1 + b_2 x_2 + L + b_n x_n \tag{5-18}$$

根据各自变量间的简单相关系数 $r_{x_i x_j}$ $(i, j \leqslant n)$ 和各自变量与因变量间的简单相关系数 $r_{x_i y}$ $(i \leqslant n)$，由式(5-18)通过数学变换，可建立正规矩阵方程为

$$\begin{bmatrix} 1 & r_{x_1 x_2} & \cdots & r_{x_1 x_m} \\ r_{x_2 x_1} & 1 & \cdots & r_{x_2 x_m} \\ \vdots & \vdots & & \vdots \\ r_{x_n x_1} & r_{x_n x_2} & \cdots & 1 \end{bmatrix} \begin{bmatrix} p_{yx_1} \\ p_{yx_2} \\ \vdots \\ p_{yx_n} \end{bmatrix} = \begin{bmatrix} r_{x_1 y} \\ r_{x_2 y} \\ \vdots \\ r_{x_n y} \end{bmatrix} \tag{5-19}$$

解方程(5-19)即可求出通径系数 p_{yx_i}，p_{yx_i} 表示自变量 x_i 对因变量 y 的直接通径系数，为 x_i 对因变量 y 的直接作用效应；$r_{x_i x_j} p_{yx_j}$ 表示自变量 x_i 通过 x_j 对因变量 y 的间接通径系数，为 x_i 通过 x_j 对因变量 y 的间接作用效应。剩余项的通径系数 p_{ye} 表示为

$$p_{ye} = \sqrt{1 - (r_{x_1 y} p_{yx_1} + r_{x_2 y} p_{yx_2} + L + r_{x_n y} p_{yx_n})} \tag{5-20}$$

如果剩余项的通径系数 p_{ye} 较小，说明已找出主要因素；如果 p_{ye} 数值较大，则表明还有更重要的因素未被考虑在内。

5.5.2　元谋干热区气候要素变化特征

对元谋干热区 1956～2010 年各个气象要素作描述性统计，具体结果见表 5-3。由此可得出：近 55 年来元谋干热区日均降水量为 1.66 mm，日平均气压为 88.55 kPa，日平均风速为 2.4 m/s，日平均气温为 21.85 ℃，日平均水汽压为 1.38 kPa，日平均相对湿度为 52.93%，日平均日照时数为 7.33 h，平均日最低气温为 16.38 ℃，平均日最高气温为 28.83 ℃。对元谋干热区各个气象要素近 55 年的变化趋势分析，具体结果见图 5-6。由此可得出：近 55 年来，元谋干热区气温变化呈显著上升趋势，即为该灌区出现了气候变暖趋势，这种现象与全球气候变化的特征相吻合。

表 5-3　元谋干热区 1956～2010 年气象要素作描述性统计

	日降水量 /mm	气压 /Pa	风速 /(m/s)	气温 /℃	水汽压 /kPa	相对湿度 /%	日照时数 /h	日最低气温 /℃	日最高气温 /℃
平均	1.66	88.55	2.40	21.85	1.38	52.93	7.33	16.38	28.83
标准误差	0.06	0	0.01	0.05	0.01	0.18	0.03	0.06	0.05
中位数	0	88.52	2.20	22.60	1.25	53.00	8.60	17.40	29.40
众数	0	88.60	2.00	25.20	0.66	34.00	0	22.50	31.00
标准差	5.97	0.43	1.41	5.20	0.62	18.58	3.42	5.96	4.95
方差	35.60	0.19	1.98	27.09	0.38	345.21	11.70	35.56	24.51
峰度	61.37	−0.16	−0.52	−0.69	−1.36	−0.99	−0.53	−0.83	0.10
偏度	6.63	0.36	0.36	−0.32	0.24	0.12	−0.80	−0.40	−0.48
区域	102.90	2.87	8.00	32.00	2.37	86.00	12.90	42.30	35.70
最小值	0	87.40	0	1.40	0.30	11.00	0	−13.80	6.30
最大值	102.90	90.27	8.00	33.40	2.67	97.00	12.90	28.50	42.00

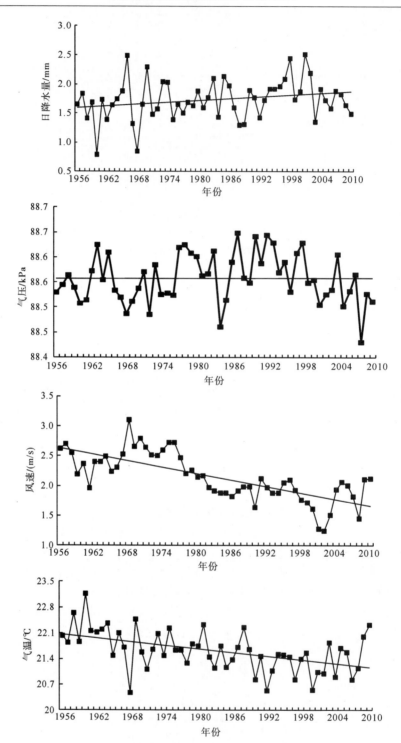

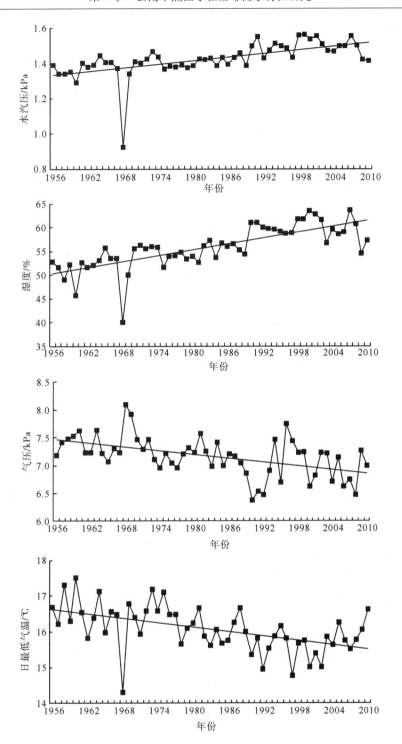

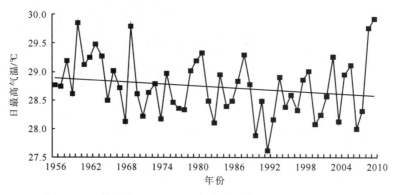

图 5-6　元谋干热区 1956～2010 年各气象要素年际变化趋势

5.5.3　各气候要素与小粒咖啡需水量的关系分析

1. 逐日小粒咖啡需水量与各气象因子相关性分析

根据元谋干热区小粒咖啡逐日需水量均值，利用 Minitab 16 软件分析小粒咖啡逐日需水量均值与日降水量，日平均气温，日最高气温，日最低气温，日平均水汽压，日平均相对湿度，日照时数，日平均风速，日平均气压等 9 个气象因子之间的相关系数，具体结果见表 5-3 和表 5-4。研究表明：元谋干热区小粒咖啡逐日需水量均值与各气象因子的相关程度从高到低依次为日平均风速、日平均相对湿度、日照时数、日最高气温、日平均水汽压、日降水量、日平均气压、日平均气温、日最低气温，除与日平均水汽压的相关系数为 0.099，未通过置信度 $\alpha = 0.01$ 的显著性检验，其他气象因子与小粒咖啡逐日需水量均为显著相关，其中与日平均风速、日照时数、日最高气温、日平均气温、日最低气温 5 个气象因子呈正相关关系，与日平均相对湿度、日平均水汽压、日降水量、日平均气压 4 个气象因子呈负相关关系。

表 5-4　元谋干热区小粒咖啡逐日需水量与气象因子的相关系数

气象因子	日降水量	日平均气温	日最高气温	日最低气温	日平均水汽压	日平均相对湿度	日照时数	日平均风速	日平均气压
相关系数	−0.374	0.296	0.459	0.099*	−0.413	−0.865	0.670	0.921	−0.350

注：* 表示相关系数未通过置信度 $\alpha = 0.01$ 的显著性检验。

2. 逐月小粒咖啡需水量与各气象因子偏相关系数显著性分析

偏相关系数法可排除要素间的相互影响，为了进一步探讨气象因子对元谋干热区小粒咖啡逐月需水量的影响，对需水量和各气象因子进行偏相关分析，具体见表 5-5。研究表明：风速和日照时数 2 个气象因子逐月的偏相关系数均通过了置信度 $\alpha = 0.001$ 的显著性检验，且均为正相关，其中 7 月时日照时数偏相关系数 0.932，是当月对小粒咖啡需水量影响最显著的气象因子，其余 11 个月最显著气象因子均为风速；水汽压和气温也是影响小粒咖啡需水量的重要因素，水汽压 1～10 月及 12 月和气温 1～7 月和 8～11 月的偏相关系数均通过了 $\alpha = 0.001$ 的显著性检验，水汽压为负相关，气温为正相关；1 月、3 月、5 月、7 月的相对湿度，5 月和 12 月的日最低气温及 8 月的降水量也都通过了 $\alpha = 0.001$ 的显著性检验，并且全部为正相关，分别对各月小粒咖啡需水量起到显著影响。

此外 2 月、4 月、6 月的相对湿度，8 月的气温，11 月的水汽压及 7 月的日最高气温通过了 $\alpha=0.01$ 的显著性检验，7 月和 12 月的降水量，2 月的气压，10 月相对湿度及 12 月的日最高气温过了 $\alpha=0.05$ 的显著性检验，这些气象因子对各月小粒咖啡需水量影响稍弱；不同季节影响小粒咖啡需水量的气象因子也有所区别，春季和夏季主要因素是风速和日照时数，秋季主要受风速、日照时数和气温的影响，冬季主要受风速、日照时数和水汽压的影响；纵观年内逐月小粒咖啡需水量与气象因子偏相关系数，风速和日照时数是对元谋干热区小粒咖啡生长需水量影响最为显著的气象因子，这与上文对逐日需水量与气象因子相关系数的研究结果基本保持一致。

表 5-5　元谋干热区小粒咖啡逐月需水量与气象因子的偏相关系数及显著因子

月份	日降水量 /mm	气压 /Pa	风速 /(m/s)	气温 /℃	水汽压 /kPa	相对湿度 /%	日照时数 /h	日最低气温 /℃	日最高气温 /℃	气象要素显著因子
1	0.051	−0.131	0.950***	0.721***	−0.741***	0.557***	0.821***	0.121	−0.267	W, S, −EM, TA, RH
2	0.132	0.300*	0.973***	0.661***	−0.742***	0.456**	0.692***	0.155	0.218	W, −EM, S, TA, RH**, PR*
3	0.060	0.062	0.983***	0.683***	−0.753***	0.489**	0.774***	0.064	−0.089	W, S, −EM, TA, RH
4	0.180	0.139	0.984***	0.696***	−0.689***	0.437**	0.840***	0.198	0.094	W, S, TA, −EM, RH**
5	−0.097	−0.194	0.969***	0.667***	−0.876***	0.752***	0.839***	0.449***	0.025	W, −EM, S, RH, TA, TL
6	0.111	−0.060	0.922***	0.549***	−0.669***	0.425**	0.887***	0.165	−0.061	W, S, −EM, TA, RH**
7	−0.340*	0.192	0.878***	0.760***	−0.765***	0.655***	0.932***	0.165	−0.428**	S, W, −EM, TA, RH, −TH**, −P*
8	0.504***	0.100	0.947***	0.440**	−0.467***	0.260	0.944***	0.046	0.118	W, S, P, −EM, TA**
9	−0.153	0.154	0.955***	0.492***	−0.473***	0.297	0.926***	0.043	−0.074	W, S, TA, −EM
10	−0.273	−0.206	0.948***	0.577***	−0.566***	0.337*	0.887***	0.017	−0.197	W, S, TA, −EM, RH*
11	0.092	−0.017	0.911***	0.558***	−0.455**	0.189	0.756***	−0.040	−0.193	W, S, TA, −EM**
12	0.354*	−0.011	0.949***	0.242	−0.859***	−0.155	0.817***	0.487***	0.337*	W, −EM, S, TL, P*, TH*

注：* 表示偏相关系数通过了置信度 $\alpha=0.05$ 的显著性检验；** 表示偏相关系数通过了置信度 $\alpha=0.01$ 的显著性检验；*** 表示偏相关系数通过了置信度 $\alpha=0.001$ 的显著性检验。"−"代表气象因子与小粒咖啡需水量的偏相关系数为负；表中给出偏相关系数显著的气象因子，并按相关系数递减顺序排列；P 为降水量；PR 为气压，W 为风速；TA 为气温；EM 为水汽压；RH 为相对湿度；S 为日照时数；TL 为日最低气温；TH 为日最高气温。

3. 影响小粒咖啡需水量的显著气象因子变化趋势分析

根据研究年内各气象因子与小粒咖啡需水量相关性的结果，风速和日照时数是对元谋干热区小粒咖啡生长需水量影响最为显著的气象因子，利用 Mann-Kendall 趋势检验法对元谋干热区近 55 年的风速和日照时数均值进行趋势分析及突变分析，同样给定显著性水平 $\alpha=0.05$，临界值 $u_{0.05}=\pm1.96$，具体变化曲线见图 5-7。从图 5-7(a)可看出，1969～1980 年元谋干热区风速呈逐渐增长趋势，其中 1976 年为显著增长，在 1981 年时 UF 和 UB 曲线在临界线之间出现交点，此时产生突变现象，自此风速开始呈递减趋势，至 1985 年跌破临界值，下降趋势显著，且之后的 UF 统计量均超出了 0.001 显著水平($u_{0.001}=2.56$)，表明 20 世纪 80 年代风速呈显著减小趋势。日照时数的 M-K 检验结果见图 5-7(b)，得出自 1974 始 UF 统计量开始小于 0，即日照时数呈下降趋势，至 1988 年超出显著性水平 0.05 临界线，表明 20 世纪 80 年代后期元谋干热区日照时数呈显著下降趋势。

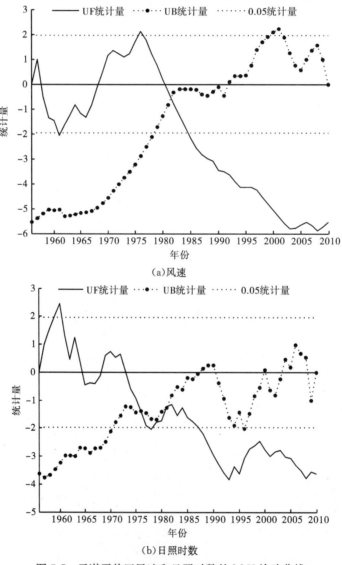

(a)风速

(b)日照时数

图 5-7　元谋干热区风速和日照时数的 M-K 检验曲线

利用滑动 t 检验法研究元谋干热区近 55 年风速和日照时数的突变情况,分别取子序列长度 $3a$、$5a$、$10a$、$15a$ 进行分析(表 5-9)。根据检验结果可得出,风速和日照时数均发生了明显的突变情况。图 5-8 为设定子序列长度 $n_1 = n_2 = 5a$ 时滑动 t 检验的结果,风速在 1966 年、1977 年、1981 年、1998 年均有突变发生,其中 1966 年是由减少突变为显著增长趋势,1977 年、1981 年和 1998 年则是由增长突变为显著减少趋势,包括 Mann-Kendall 检验出的 1981 年风速突变点,日照时数在 1972 年和 1988 年检验出突变情况,均为由增长转变为显著减少的突变情况。

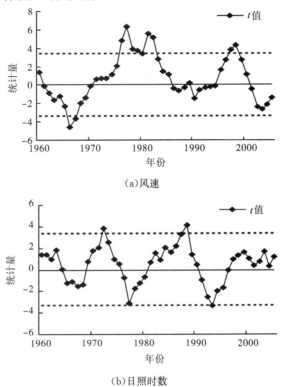

(a)风速

(b)日照时数

图 5-8　元谋干热区风速和日照时数的滑动 t 检验曲线

4. 影响小粒咖啡需水量的主因分析

本书采用通径分析来量化研究各气象因子对元谋干热区小粒咖啡需水量的影响程度,首先对 9 个气象因子(降水量、气压、风速、气温、湿度、日照、水汽压、最低气温和最高气温)及小粒咖啡需水量进行描述性分析,结果如表 5-6。其次对 9 个气象因子(降水量、气压、风速、气温、湿度、日照、水汽压、最低气温和最高气温)及小粒咖啡需水量进行回归分析,具体结果见表 5-7。然后对 9 个气象因子(降水量、气压、风速、气温、湿度、日照、水汽压、最低气温和最高气温)及小粒咖啡需水量进行相关性分析,所得结果见表 5-8。

综合表 5-6、表 5-7 和表 5-8 的结果对 9 个气象因子(降水量、气压、风速、气温、湿度、日照、水汽压、最低气温和最高气温)及小粒咖啡需水量进行通径分析。首先计算 9 个气象因子(降水量、气压、风速、气温、湿度、日照、水汽压、最低气温和最高气温)的通径系数,再根据通径分析原理,求解气象因子对作物需水量关于通径系数的正则方程组，计算各气象因子对作物需水量的直接作用(通径系数)和间接作用，最后分析各气象因子对回归方程估测可靠程度作物需水量的总贡献率，具体研究结果见表5-9。

由表5-9可得出，9个气象因子(降水量、气压、风速、气温、湿度、日照、水汽压、最低气温和最高气温)对该灌区小粒咖啡需水量的贡献大小依次为湿度、风速、日照、最高气温、气温、气压、水汽压、降水量、最低气温，其中风速、气温、日照、湿度、最低气温、降水量与冬小麦需水量呈正相关，其余3个气象因子均与需水量呈负相关；各个气象因子对元谋干热区小粒咖啡需水量的间接作用大小依次为：湿度、风速、最高气温、日照、气压、水汽压、降水量、气温、最低气温；对通径系数的显著性检验分析可知，风速对元谋干热区小粒咖啡需水量的通径系数为0.77，在各项指标中最大，其次是气温、日照、水汽压、湿度、最低气温、最高气温、气压、降水量，通径系数分别0.70、0.43、−0.39、0.27、0.14、−0.05、−0.03、0.01，与前文中各个气象因子依次为风速、湿度、日照、最高气温、水汽压、降水量、气压、气温、最低气温对元谋干热区小粒咖啡需水量相关性大小的结果进行对比，结果大致相吻合，得出风速、湿度、日照和最高气温是影响元谋干热区小粒咖啡需水量的重要指标。

表 5-6　描述性统计

	降水量/mm	气压/kPa	风速/(m/s)	气温/℃	水汽压/kPa	湿度/%	日照/h	最低气温/℃	最高气温/℃	需水量/(mm/d)
平均	1.66	88.55	2.40	21.85	1.38	52.93	7.33	16.38	28.83	4.11
标准误差	0.06	0	0.01	0.05	0.01	0.18	0.03	0.06	0.05	0.02
中位数	0	88.52	2.20	22.60	1.25	53.00	8.60	17.40	29.40	3.89
众数	0	88.60	2.00	25.20	0.66	34.00	0	22.50	31.00	3.90
标准差	5.97	0.43	1.41	5.20	0.62	18.58	3.42	5.96	4.95	1.77
方差	35.60	0.19	1.98	27.09	0.38	345.21	11.70	35.56	24.51	3.12
峰度	61.37	−0.16	−0.52	−0.69	−1.36	−0.99	−0.53	−0.83	0.10	−0.32
偏度	6.63	0.36	0.36	−0.32	0.24	0.12	−0.80	−0.40	−0.48	0.48
区域	102.90	2.87	8.00	32.00	2.37	86.00	12.90	42.30	35.70	9.41
最小值	0	87.40	0	1.40	0.30	11.00	0	−13.80	6.30	0.76
最大值	102.90	90.27	8.00	33.40	2.67	97.00	12.90	28.50	42.00	10.18

表 5-7　回归分析

	相关系数	标准误差	t统计	P值	下限95.0%	上限95.0%
截距值	7.62	0.68	11.15	0	6.28	8.96
降水量	0	0	9.94	0	0	0
气压	−0.11	0.01	−14.14	0	−0.12	−0.09
风速	0.48	0	224.86	0	0.48	0.49
气温	0.24	0	75.70	0	0.23	0.25
水汽	−2.21	0.02	−124.57	0	−2.24	−2.17
湿度	0.03	0	50.19	0	0.02	0.03

续表

	相关系数	标准误差	t 统计	P 值	下限 95.0%	上限 95.0%
日照	0.17	0	170.72	0	0.17	0.17
最低气温	0.04	0	23.25	0	0.04	0.05
最高气温	−0.02	0.00	−11.07	0	−0.02	−0.02

表 5-8　相关性分析

	降水量	气压	风速	气温	水汽压	湿度	日照	最低气温	最高气温	需水量
降水量	1	−0.01	−0.20	−0.01	0.30	0.39	−0.38	0.11	−0.11	−0.31
气压	−0.01	1	−0.31	−0.75	−0.38	0.24	−0.17	−0.65	−0.73	−0.45
风速	−0.20	−0.31	1	0.26	−0.36	−0.67	0.30	0.13	0.30	0.80
气温	−0.01	−0.75	0.26	1	0.57	−0.17	0.12	0.93	0.91	0.48
水汽	0.30	−0.38	−0.36	0.57	1	0.69	−0.41	0.74	0.36	−0.37
湿度	0.39	0.24	−0.67	−0.17	0.69	1	−0.60	0.10	−0.34	−0.84
日照	−0.38	−0.17	0.30	0.12	−0.41	−0.60	1	−0.17	0.40	0.67
最低气温	0.11	−0.65	0.13	0.93	0.74	0.10	−0.17	1	0.74	0.23
最高气温	−0.11	−0.73	0.30	0.91	0.36	−0.34	0.40	0.74	1	0.62
需水量	−0.31	−0.45	0.80	0.48	−0.37	−0.84	0.67	0.23	0.62	1

表 5-9　通径分析

气象因子	通径系数	间接作用									间接和	对小粒咖啡需水量的总贡献
		降水量	气压	风速	气温	水汽压	湿度	日照	最低气温	最高气温		
降水量	0.01	—	0	−0.08	−0.01	−0.23	0.10	−0.12	0.02	0.01	−0.31	−0.31
气压	−0.03	0	—	−0.12	−0.53	0.29	0.06	−0.06	−0.09	0.04	−0.41	−0.45
风速	0.77	0	0.01	—	0.28	0.38	−0.18	0.15	0.02	−0.02	0.64	0.80
气温	0.70	0	0.02	0.10	—	−0.44	−0.04	0.04	0.13	−0.05	−0.24	0.48
水汽压	−0.39	0	0.01	−0.14	0.40	—	0.19	−0.13	0.11	−0.02	0.41	−0.37
湿度	0.27	0	−0.01	−0.26	−0.12	−0.33	—	−0.20	0.02	0.02	−0.88	−0.84
日照	0.43	0	0	0.12	0.21	0.32	−0.16	—	−0.03	−0.02	0.44	0.67
最低气温	0.14	0	0.02	0.05	0.65	−0.57	0.03	−0.06	—	−0.04	0.08	0.23
最高气温	−0.05	0	0.02	0.12	0.57	−0.28	−0.09	0.13	0.11	—	0.58	0.62

5.6　结　论

5.6.1　结　论

　　本书基于元谋气象站点 1956～2010 年逐日的气象观测资料，计算并分析元谋干热区小粒咖啡需水量和水分盈亏指数的逐日变化、月际变化和年际变化，同时采用相关分析方法探讨各气象因子对该区小粒咖啡需水量的影响程度，得出以下结论：

(1)元谋干热区小粒咖啡需水量年内变化趋势呈单峰抛物线形状，3～5月为小粒咖啡生长需水关键阶段，同时也是水分亏缺量最大时期，对灌溉依赖程度最大，6～8月则是需水量最低时期，水分亏缺较小，即所需灌溉补给量较少，就季节而言，小粒咖啡生长对灌溉需求量从高到低依次为春季、冬季、秋季、夏季。

(2)对元谋干热区小粒咖啡逐日需水量均值与各气象因子作二元相关分析，得出相关程度从高到低依次为日平均风速、日平均相对湿度、日照时数、日最高气温、日平均水汽压、日降水量、日平均气压、日平均气温、日最低气温，对逐月需水量和各气象因子进行偏相关分析，进一步得出风速和日照时数是对元谋干热区小粒咖啡生长需水量影响最为显著的气象因子。

(3)近55年来元谋干热区小粒咖啡生长需水量呈递减趋势，且水分盈亏年总值55年来均为负值，即为水分亏缺，自1981年发生突变，20世纪80年代后小粒咖啡需水量呈显著下降趋势，同时水分亏缺量明显减少，表明元谋干热区小粒咖啡生长所需的灌溉补给量逐年显著递减。

(4)据相关研究，全球年平均地表温度持续上升，近年来我国西南地区气温也呈显著上升趋势，但元谋干热区近55年小粒咖啡需水量呈显著下降趋势，这与顾世祥等对元江干热河谷灌溉需水量变化趋势分析的结果相同，从而得出气温变化可能不是影响作物需水量变化的主导因子。根据本研究结果，元谋干热区影响小粒咖啡需水量最显著的气象因素是风速和日照时数，符合Roderick等得出的风速变化对影响蒸发的空气动力学分量更为重要的结论。

5.6.2　研究存在的不足及展望

首先，对作物需水量的影响因素考虑得不全面。在模拟计算作物需水量上，单从气象、作物特性或者土壤的水分状况进行的研究比较多，综合几个方面的研究比较少。例如：气象学观点往往采用经验公式计算作物需水量，仅仅建立某一项或者几项气象因素和作物需水量之间的关系。但是需水量与某气象因素之间的相关系数的大小在不同地区和不同时间是不同的，在某一地区可能是饱和差为主要影响因素，而在另外地区可能是温度，或者日照数占主要地位，这与当地的气候条件和变化特点有关。而且各个影响因素之间的关系也是比较复杂，在一个地区往往几个因素同时影响作物需水量。还有，只注重气象因子对作物需水量的影响，忽略了作物本身的调解作用。作物需水量是几个方面因素综合影响的结果，它是一种复杂的综合性的物理和生理过程。它既受外界气象因子的影响，又受到作物生理生态因子的调节和土壤水分状况的限制。因此，只有综合这几方面的考虑，才会对作物需水量有较为符合实际的评价。

其次，对作物的蒸散机理的研究不够深入。大多数的研究没有揭示作物本身的形态结构和生理特征是如何影响作物需水量的。虽然，生物学观点对此有些研究，但并没有揭示作物的蒸散机理。目前关于植物对蒸腾的调节作用主要是在气孔，还是在土壤和根的界面上，还没有一致的意见。虽然蒸腾的控制过程表现为气孔阻抗，但它可能取决于根吸收水分的能力。在计算蒸腾量时需要测定根从土壤中吸取的水分，这就要涉及根长或根的密度与抗阻之间的关系，以及植物与土壤之间的水分势同根的水分吸取能力的关系；这些材料都很难获得。另外，还与蒸腾量密切相关的就是叶面指数，对叶面指数的测定方法包括照相法、冠层分析仪法等，工作量较大。其次，对于蒸发力的研究仅限于一些公式的计算，对各种自然条件下的蒸发规律很少了解。综合观点虽然也考虑了作物的耗水特性，但缺乏关于作物种类对于耗水量的影响的分析。他们把作物的耗水系数看作是常量，但是在实际过程中耗水系数是改变的；因此在计算上会造成较大的误差。

最后，对作物需水量相关数据的测量精度不够。在计算作物需水量时，所需要的计算参数比较多，目前，由于测量仪器或者技术手段还存在着很多不足，常常使计算值偏离实际值。例如，在用水文学观点计算作物需水量的时候，它的计算精确程度取决于降水量、土壤含水量、地表地下水的改变量的准确测量程度。由于降水量的时间变化大，土壤含水量的空间变化较大，以及农田地面径流量不易准确测定，这些都会造成计算上的不准确。另外，多数结果没法进行充分检验，使得计算值失真。因此，要加强实验和数据处理的工作。

元谋干热区小粒咖啡需水量与当地的气候变化存在密切的关系，同时元谋干热区的复杂的地形对小粒咖啡需水量也有影响，但本书仅从气候变化的角度对元谋干热区小粒咖啡需水量及水分盈亏指数变化特征进行研究，若将灌区地形地貌与气象因子结合，可以更加准确地分析元谋干热区小粒咖啡需水量及水分盈亏的变异规律。在今后的研究中，需进一步考虑地形地势、土壤状况及灌溉条件等多种因素对作物需水量的影响。

参考文献

蔡甲冰，刘钰，雷廷武. 2004. 应用自适应神经模糊推理系统（ANFIS）的 ET_0 预测[J]. 农业工程学报，20(4): 13-16.

蔡甲冰，刘钰，雷廷武，等. 2005. 根据天气预报估算参照腾发量[J]. 农业工程学报，21(11): 11-15.

曹雯，申双和，段春锋. 2011. 西北地区生长季参考作物蒸散变化成因的定量分析[J]. 地理学报，66(3): 407-415.

陈超，金之庆，郑有飞，等. 2004. CO_2 倍增时气候及其变率变化对黄淮海平原冬小麦生产的影响[J]. 江苏农业学报，20(1): 7-12.

陈超，庞艳梅，潘学标，等. 2011. 四川地区参考作物蒸散量的变化特征及气候影响因素分析[J]. 中国农业气象，32(1): 35-40.

陈玉民，郭国双，王广兴，等. 1995. 中国主要作物需水量与灌溉[M]. 北京：中国水利电力出版社.

顾世祥，李远华，何大明，等. 2007. 近45年元江干热河谷灌溉需水的变化趋势分析[J]. 水利学报，38(12): 1512-1518.

顾世祥，王士武，袁宏源. 1999. 参考作物腾发量预测的径向基函数法[J]. 水科学进展，20(1): 40-43.

郭冬冬，周新国，孙景生，等. 2004. 时间序列法在参考作物腾发量分析与模拟中的应用[J]. 中国农村水利水电，8: 4-10.

郭宗楼，白宪台，马学强. 1995. 作物需水量灰色预测模型[J]. 水电能源科学，13(3): 186-191.

胡安焱，董新光，刘燕，等. 2006. 零通量面法计算土壤水分腾发量研究[J]. 干旱地区农业研究，24(2)：119—121.

金柏年. 2006. 沈阳地区玉米氮磷效应模型模拟寻优及肥料经济学研究 [D]. 沈阳农业大学.

金之庆，葛道阔，石春林，等. 2002. 东北平原适应全球气候变化的若干粮食生产对策的模拟研究[J]. 作物学报，28(1)：24—31.

金之庆，葛道阔，郑喜莲. 1996. 平均全球气候变化对我国玉米生产的可能影响[J]. 作物学报，5：513—524.

居辉，熊伟，许吟隆，等. 2005. 气候变化对我国小麦产量的影响[J]. 作物学报，31(10)：1340—1343.

李春强，李保国，洪克勤. 2009. 河北省近35年农作物需水量变化趋势分析[J]. 中国生态农业学报，17(2)：359—363.

李靖，段青松，邱勇. 2000. 灌区作物需水量预报的时间序列分析[J]. 云南农业大学学报，15(2)：102—104.

李蒙，朱勇，黄玮. 2010. 气候变化对云南气候生产潜力的影响[J]. 中国农业气象，31(3)：442—446.

李彦，王金魁，门旗，等. 2004. 修正温度法计算农作物蒸散量 ET_0 研究[J]. 灌溉排水学报，23(6)：62—64.

李勇，杨晓光，叶清，等. 2011. 1961~2007年长江中下游地区水稻需水量的变化特征[J]. 农业工程学报，27(9)：175—183.

李珍，姜逢清. 2007. 1961~2004年新疆气候突变分析[J]. 冰川冻土，29(3)：351—359.

刘钰，Perira L S. 2001. 气象数据缺测条件下参照腾发量的计算方法[J]. 水利学报，32(3)：11—17.

刘钰，汪林，倪广恒，等. 2009. 中国主要作物灌溉需水量空间分布特征[J]. 农业工程学报，25(12)：6—12.

刘宏谊，马鹏里，杨兴国，等. 2005. 甘肃省主要农作物需水量时空变化特征分析[J]. 干旱地区农业研究，23(1)：39—44.

刘晓英，李玉中，郝卫平. 2005. 华北主要作物需水量近50年变化趋势及原因[J]. 农业工程学报，21(10)：155—159.

刘晓英，林而达. 2004. 气候变化对华北地区主要作物需水量的影响[J]. 水利学报，2：77—87.

刘玉春，姜红安，李存东，等. 2013. 河北省棉花灌溉需水量与灌溉需求指数分析[J]. 农业工程学报，29(19)：98—104.

刘战东，段爱旺，肖俊夫，等. 2007. 旱作物生育期有效降水量计算模式研究进展[J]. 灌溉排水学报，26(3)：27—34.

罗玉峰，崔远来，蔡学良. 2005. 参考作物腾发量预报的傅立叶级数模型[J]. 武汉大学学报，38(6)：45—52.

罗玉峰，彭世彰，王卫光，等. 2009. 气候变化对水稻灌溉需水量的影响——以高邮灌区为例[J]. 武汉大学学报(工学版)，42(5)：609—613.

马黎华，康绍忠，粟晓玲，等. 2012. 农作区净灌溉需水量模拟及不确定性分析[J]. 农业工程学报，28(8)：11—18.

马鹏里，杨兴国，陈端生. 2006. 农作物需水量随气候变化的响应研究[J]. 西北植物学报，26(2)：348—353.

茆智，李远华，李会昌. 2002. 实时灌溉预报[J]. 中国工程科学，4(5)：24—33.

梅方权. 2003. 农业信息技术的发展与对策分析[J]. 中国农业科技导报，5(1)：13—17.

莫兴国，郭瑞萍，林忠辉. 2006. 无定河区域 1981—2000 年植被生产力和水量平衡对气候变化的响应[J]. 气候与环境研究，11(4)：477—486.

莫兴国，林忠辉，刘苏峡. 2000. 基于 Penman-Monteith 公式的双源模型的改进[J]. 水利学报，5：6—11.

裴相斌. 2001. 地理信息系统在农业经营管理和决策中的应用[J]. 遥感信息，2(6)：46—49.

彭永刚，关泰衫，董爱书. 2003. 计算机专家系统在杂草管理中的应用[J]. 黑龙江农业科学，(2)：35—37.

秦向阳. 2004. 智能化农业信息处理系统示范区建设的思考与探讨[J]. 科技导报，(1)：23—25.

阮本清，韩宇平，蒋仁飞. 2007. 灌区生态用水研究[M]. 北京：中国水利水电出版社.

单鱼洋，张新民，陈丽娟. 2008. 彭曼公式在参考作物需水量中的应用[J]. 安徽农业科学，36(10)：4196—4197.

上官周平. 2001. 旱地作物需水量预报决策辅助系统[J]. 农业工程学报，17(2)：42—46.

孙宏勇，胡春胜，张喜英，等. 2006. 三河市 40 年来温度和降水变化及对农业生产的影响[J]. 中国生态农业学报，14(2)：173—176.

孙宏勇，刘昌明，王振华，等. 2007. 太行山前平原近 40 年降水的变化趋势及其对作物生产的影响[J]. 中国生态农业学报，15(6)：18—21.

孙可可，陈进，许继军，等. 2013. 基于 EPIC 模型的云南元谋水稻春季旱灾风险评估方法[J]. 水利学报，44(11)：1326—1332.

田景环，刘法贵，邱林. 2002. 作物需水量与气温关系的静态灰色模型[J]. 华北水利水电学院学报，23(3)：1—3.

佟玲，康绍忠，粟晓玲. 2004. 石羊河流域气候变化对参考作物蒸发蒸腾量的影响[J]. 农业工程学报，20(2)：15—18.

汪志农，康绍忠，熊运章. 2001. 灌溉预报与节水灌溉决策专家系统研究[J]. 节水灌溉，(1)：4—8.

王立坤，刘庆华，付强. 2004. 时间序列分析法在水稻需水量预测中的应用[J]. 东北农业大学学报，35(2)：176—180.

王舒展. 2007. 气候变化对冬小麦产量影响的数值模拟研究 [D]. 北京：清华大学.

王卫光，孙风朝，彭世彰，等. 2013. 水稻灌溉需水量对气候变化响应的模拟[J]. 农业工程学报，29(14)：90—98.

王新华，李应海，王建雄. 2007. 气候变化对张掖地区作物需水量的影响[J]. 人民黄河，29(10)：61—64.

王志良，邱林，梁川，等. 2001. 作物需水量与气温关系的模糊回归分析[J]. 华北水利水电学院学报，22(4)：4—6.

吴金栋，王石立，张建敏. 2000. 未来气候变化对中国东北地区水热条件影响的数值模拟研究[J]. 资源科学，22(6)：36—42.

熊伟，陶福禄，许吟隆，等. 2001. 气候变化情景下我国水稻产量变化模拟[J]. 中国农业气象，22(3)：1—5.

张兵，袁寿其，成立，等. 2004. 基于 L-M 优化算法的神经网络的作物需水量预测模型[J]. 农业工程学报，20(6)：73—76.

张建平，赵艳霞，王春乙，等. 2007. 未来气候变化情景下我国主要粮食作物产量变化模拟[J]. 干旱地区农业研究，25(5)：208—213.

Aliza F, Ivgenia L, Robert M. 2008. Climate change, irrigation and Israeli agriculture: will warming be harmful[J]. Ecological Economics, 65: 508—515.

Chakraborty P, Chakrabarti D K. 2008. A brief survey of computerized expert systems for crop protection being used in India[J]. Progress in Natural Science. 18(4): 469—473.

De Silva C S, Weatherhead E K, Knox J W, et al. 2007. Predicting the impacts of climate change-A case study of paddy irrigation water requirements in Sri Lanka[J]. Agricultural water management, 93: 19—29.

Fulu T, Masayuki Y, Yousay H, et al. 2003. Future climate change, the agricultural water cycle, and agricultural production in China[J]. Agriculture, Ecosystems and Environment, 95: 203—215.

Gabre-Madhin EZ, Haggblade S. 2004. Successes in African agriculture: results of an expert survey[J]. World Development, 32(5): 745—766.

Glenn H S, William J O, Gerald E W. 1992. An expert system for integrated production management in Muskmelon[J]. Hortscience, 27(4): 305—307.

Gunther F, Franscesco N, Tubiello H V, et al. 2007. Climate change impacts on irrigation water requirements: effects of mitigation, 1990—2008[J]. Technological Forecasting & Social Change, 74: 1083—1107.

Holmesa Jonathan A, Cookb Edward R, Yang B. 2009. Climate change over the past 2000 years in Western China[J]. Quaternary International, 194: 91—107.

Izaurralde R C, Rosenberg N J, Brownb R A, et al. 2003. Integrated assessment of Hadley Center (HadCM2) climate-change impacts on agricultural productivity and irrigation water supply in the conterminous United States Part II. Regional agricultural production in 2030 and 2095[J]. Agricultural and Forest Meteorology, 117: 97—122.

Jukka K N, OlliK K, Kimmo H. 2003. What makes expert systems survive over 10 years—empirical evaluation of several engineering applications[J]. Expert System with Applications, 24: 199—211.

Liang L, Li L, Liu Q. 2010. Temporal variation of reference evapotranspiration during 1961—2005 in the Taoer river basin of northeast China[J]. Agricultural and Forest Meteorology, 150: 298—306.

Liao S H. 2005. Expert system methodologies and applications—a decade reviews from 1995 to 2004[J]. Expert Systems with Applications, 28(1): 93—103.

McVicar T R, Niel T, Li L, et al. 2007. Spatially distributing monthly reference evapotranspiration and pan evaporation considering topographic influences[J]. Journal of Hydrology, 338: 196—220.

Pearson Craig J, Delia Bucknell, Laughlin Gregory P. 2008. Modelling crop productivity and variability for policy and impacts of climate change in eastern Canada[J]. Environmental Modelling & Software, 23: 1345—1355.

Peiris D R, Crawford J W, Grashoff C, et al. 1996. A simulation study of crop growth and development under climate change[J]. Agricultural and Forest Meteorology, 79: 271—287.

Roderick M L, Rotstayn L D, Farquhar G D, et al. 2007. On the attribution of changing pan evaporation[J]. Geophysical Research Letters, 34(17): 1—6.

Rosenberg N J, Brownb R A, Izaurralde R C, et al. 2003. Integrated assessment of Hadley Centre (HadCM2) climate change projections on agricultural productivity and irrigation water supply in the conterminous United States I. Climate change scenarios and impacts on irrigation water supply simulated with the HUMUS model[J]. Agricultural and Forest Meteorology, 117: 73—96.

Thomas A. 2008. Agricultural irrigation demand under present and future climate scenarios in China[J]. Global and Planetary Change, 60: 306—326.

Thomas A. 2000. Spatial and temporal characteristics of potential evapotranspiration trends over China[J]. International journal of climatology, 20: 381—396.

Thornton P K, Jones P G, Alagarswamy G, et al. 2009. Spatial variation of crop yield response to climate change in East Africa[J]. Global Environmental Change, 19(1): 54—65.

Tung C, Haith D A. 1998. Climate change, irrigation, and crop response[J]. Journal of the American Water Resources Association, 34(5): 1071—1084.

Wei X, Declan C, Lin E, et al. 2009. Future cereal production in China: The interaction of climate change, water availability and socio-economic scenarios[J]. Global Environmental Change, 19(1): 34—44.

Zhang X, Kang S, Zhang L, et al. 2005. Spatial variation of climatology monthly crop reference evapotranspiration and sensitivity coefficients in Shiyang river basin of northwest China[J]. Agricultural Water Management, 97: 1506—1516.

（符娜、刘小刚、王心乐、杨启良、何红艳）